AF289991

Peter Gilch

Sonnensystem und Weltraum

Mit 188 Abbildungen

Autor: Peter Gilch
Umschlaggestaltung: Peter Gilch
Gesamtherstellung: Tredition-Verlag

ISBN
978-3-7469-6024-1 (Paperbook)
978-3-7469-6025-8 (Hardcover)
978-3-7469-6026-5 (e-Book)

Vorwort

Dieses Buch wurde für diejenigen Leser geschrieben, die vom Sternenhimmel fasziniert sind und mehr darüber wissen wollen bzw. ihre ersten Beobachtungen am Sternenhimmel mit einem Teleskop durchführen möchten.

Mit Hilfe von Illustrationen, Bildern und Diagrammen möchte ich dem Leser alles Wissenswerte über die Objekte in unserer nächsten Umgebung im Weltraum, vom Sonnensystem aus bis hin zu fernen Galaxien, näherbringen.

Mit der Hoffnung, dass dieses Buch dem Leser nicht nur als eine Quelle für wissenschaftliche Informationen dient, sondern bei ihm durch das Betrachten der Planeten- oder Mondbilder eine gewisse Faszination hervorruft, wünsche der Autor allen viel Spaß und angenehme Stunden.

Definitionen

Die Wissenschaft, die sich mit der Erforschung von Planeten und deren Satelliten, Kometen, Meteoren, Sternen und interstellare Materie, Galaxien und Galaxiengruppen beschäftigt nennt man **Astronomie**. Die Astronomie ist eine mit der Physik sehr eng verwandte exakte Naturwissenschaft und hat die Aufklärung der Verteilung und der Bewegung kosmischer Körper im Raum als Aufgabe.

Die moderne Astronomie (griechisch = Wissenschaft von den Gestirnen) teilt sich in die Zweige Astrometrie, Astromechanik, Astrophysik und Kosmologie auf.

Die **Astrometrie** beschäftigt sich aufgrund von Beobachtungen mit dem Studium der Positionen und der Bewegung der Himmelskörper.

Die Bewegungen der Himmelskörper mit Hilfe der Gravitationstheorie und Mathematik werden in der **Astromechanik** behandelt.

Wissenschaftler untersuchen in der **Astrophysik** die Entstehung, Entwicklung und die Endzustände von Himmelskörpern und -systemen. Dabei bemüht sich die Astrophysik um ein physikalisches Verständnis der Natur der kosmischen Materie und ihrer Strahlung, seien es Einzelkörper wie Planeten, Sterne und Galaxien, diffus verteiltes Gas und Festkörperpartikel im interstellaren Raum, Magnetfelder, das allgemeine Strahlungsfeld oder auch der Kosmos als Ganzes. Dabei kommt der zeitlichen Entwicklung eine zentrale Rolle zu.
Astrophysikern beobachten zur Untersuchung von Objekten und Sternensystemen über einen Zeitraum, die im gesamten elektromagnetischen Spektrum ausgesandten Strahlungen und untersuchen die Veränderungen. Die Untersuchungsergebnisse werden in theoretischen Modellen nachgestellt, wobei mit diesen Modellen die Mechanismen beschrieben werden sollen, mit denen Strahlung innerhalb oder in der Nähe des Objekts erzeugt wird.

Die **Kosmologie** stellt den Kosmos wie ein riesiges Laboratorium dar und gewährt somit Einblicke in irdisch oft nicht realisierbare Zustände extremer Dichte und Temperatur und die unter solchen Bedingungen ablaufenden physikalischen und chemischen Prozesse. Allein daraus resultiert schon eine unlösbare Verflechtung astrophysikalischer Forschung mit Disziplinen wie Atom-, Kern- und Elementarteilchenphysik, Physik kondensierter Materie, Plasmaphysik und Relativitätstheorie.
Darüber hinaus tragen Molekülphysik, Thermodynamik und die Optik kleiner Teilchen zum Verständnis kosmischer Objekte bei.
Auch Erkenntnisse aus der Mathematik, der Informatik und der Chemie sind beim Studium kosmischer Prozesse von Nutzen.
Der Zugang zu seinem Forschungsgegenstand geht für Astronomen und Astrophysiker überwiegend über die elektromagnetische Strahlung, wobei die Abdeckung des gesamten Bereiches von der Gamma- und Röntgenstrahlung, über die ultraviolette, optische und Infrarotstrahlung, bis hin zu den Millimeter- und Meterwellenlängen des Radiobereichs unabdingbar ist. Charakteristisch dabei sind, der Anfall riesiger Datenmengen und die Entwicklung von Methoden zu deren effektiver Verarbeitung.
Auf der theoretischen Seite ist die mathematische Modellierung von Sachverhalten ein wichtiges erkenntnistheoretisches Werkzeug der Astronomie und speziell der Astrophysik

Inhaltsverzeichnis

1 Entwicklung der Astronomie

Wenn sich auch die Wissenschaft der Astronomie in den letzten 5000 Jahren entwickelt hat, so
können wir davon ausgehen, dass sich die Menschheit seit Beginn ihrer Existenz vor über zwei
Millionen Jahren mit den Gestirnen und mit der Struktur des Universums beschäftigt hat. Dies belegen
auch Felsen- bzw. Höhlenzeichnungen (s. Abb. 1) rund um den Globus, deren Entstehung weit vor
dieser Zeitspanne datiert worden sind.

Die weltweit älteste Himmels-
darstellung[1] wurde 1998 bei
Sondierungsarbeiten an der
Decke in einem Grab beim
kleinen japanischen Ort Asuka
gefunden. Die Karte beinhaltet 68
Sternbilder mit deren Ster-
nenpositionen. Die Bewegungen
der Sterne sowie der Weg der
Sonne werden durch Kreise
dargestellt.

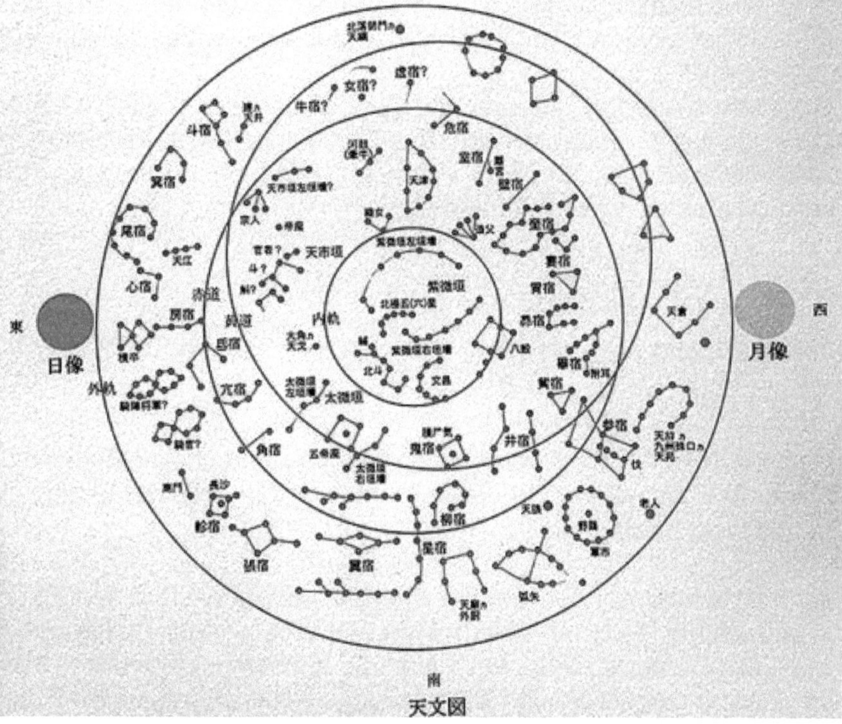

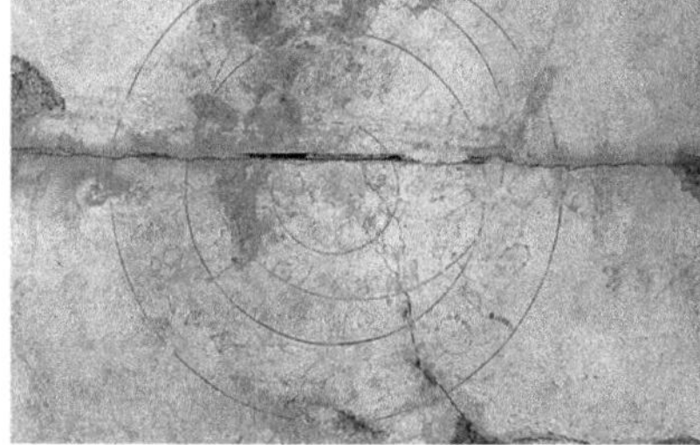

Abbildung 1 Sternenkarte[1]

Aus den kultischen Handlungen der ersten Jahrtausende entwickelte sich im Laufe der Zeit die
heutige Astronomie als exakte Wissenschaft. Vermutlich war es nicht nur Neugier, die die alten Völker
zu der Beobachtung der Himmelsphänomene, Tag und Nacht, Sonne Mond und Sterne, führte.
Vielmehr wurde es für diese Völker zur Notwendigkeit den genauen Zeitpunkt für die Saat und die
Ernte sowie die Richtungen und Standorte auf langen See- und Landreisen bestimmen zu können.
Der Himmel zeigten den alten Völkern viele regelmäßige Erscheinungen, wie die Trennung von Tag
und Nacht durch die helle Sonne, die jeden Morgen im Osten aufgeht und während des Tages über
den Himmel in die entgegen gesetzte Richtung nach Westen hin bewegt, wo sie dann unter geht.

Außerdem waren nachts die Sterne zu sehen, die sich wie die Sonne auf regelmäßigen Bahnen
bewegen. Dabei stellte sie fest, dass dauerhafte Sternengruppen, die man Sternbilder nannte, sich
scheinbar um einen festen Punkt am Himmel, dem nördlichen Himmelspol, drehend bewegen.
In den nördlichen gemäßigten Zonen bemerkte man, dass die Tag- und Nachtdauer unterschiedlich
lang war. An langen Tagen ging die Sonne im Nordosten auf und stand mittags hoch am Himmel und
an Tagen mit langen Nächten ging die Sonne im Südosten auf und stieg nicht so hoch. Durch die
Beobachtung von Sternen, die nach Sonnenuntergang im Westen oder vor Sonnenaufgang im Osten
zu sehen sind, wurde festgestellt, dass sich die Position der Sonne zu den Sternen allmählich ändert.
Weiterhin konnten die Menschen mit bloßem Auge beobachten, dass sich die Sonne, der Mond und
fünf helle Planeten, Merkur, Mars, Venus, Jupiter und Saturn, auf einer engen Bahn, die der Tierkreis

---

[1] Die mysteriösen Sterne des Kitora-Grabes (Veröffentlicht am 03/08/2015 von deutschelobby, Autor Andreas von Rétyi)

genannt wurde, über die Sternenkuppel bewegen. Der Mond durchquerte den Tierkreis schnell und über holt dabei die Sonne in einem Turnus von 29,5 Tage. Diesen Zeitraum nennt man synodaler Monat. Die alten Völker versuchten die Tage und Monate oder Jahre in ein zusammenhängendes Zeitsystem zu bringen. In diesen ersten Kalendern wurden den Monaten verschiedene Anzahlen von Tagen zugeordnet. Dabei stellte sich dann heraus, dass die durchschnittlichen Daten fast den tatsächlichen Werten entsprechen. So sieht der moderne Kalender 97 Schaltjahre in einem Zeitraum von 400 Jahren vor und es ergibt sich für ein Jahr im Durchschnitt 365,2425 Tage, was ziemlich genau dem astronomischen Wert von 365,2422 entspricht.

Im Gegensatz zur Sonne und Mond, die den Tierkreis immer von Westen nach Osten durchziehen, bewegen sich die fünf hellen Planeten, normalerweise vor dem Hintergrund der Sterne auch nach Osten, unterschiedlich lange nach Westen oder rückwärts. Deshalb erscheint es uns Menschen so, als ob die Planeten ihren Kurs nach Osten unberechenbar gestalten und Schleifen auf ihren Weg einlegen würden.

Schon seit dem Altertum glaubten die Menschen, dass bestimmte Ereignisse am Himmel, wie etwa die Bewegungen der Planeten oder das Erscheinen eines Kometen, mit ihrem Schicksal eng verbunden wären. Dies führte zur Astrologie, der Entwicklung von mathematischen Aufzeichnungen zur Vorausberechnung von Planetenbewegungen.

1.1 Sumerische Astronomie

Vor etwa 5000 lebten in Vorderasien die Sumerer und hinterließen uns die ersten schriftlichen Gedanken über unser Sonnensystem. Für die Sumerer war die Erde der Mittelpunkt des Universums und zwar als flache und nicht bewegliche Scheibe.

In ihrer Vorstellung war der Himmel eine Blechkuppel in der die Götter die Sterne, die Sonne, den Mond und die fünf hellen Planeten, Merkur, Mars, Venus, Jupiter und Saturn je nach Belieben umher schoben. Die Sumerer erkannten schon die unterschiedliche Größe der leuchtenden Objekte, es schien aber für sie, als ob sich alle etwa im gleichen Abstand zur Erde bewegen. Hinter der Blech-kuppel glaubten sie, befände sich nichts mehr.

1.2 Steinzeitliche Astronomie

Die Menschen bauten zunächst einfache, dann vollkommenere Vorrichtungen, um den Lauf der Sonne, des Mondes und der Planeten zu beobachten. Ein Beispiel dafür ist die aus monumentalen Trilithen erbaute Anlage in Stonehenge (s. Abb.2), die sich in der Grafschaft Wiltshire unweit Salisbury in England befindet (ca. 130 km westlich von London entfernt).

Stonehenge wurde in drei Bauphasen erschaffen. Graben und Fundament wurden etwa auf das Jahr 2800 vor Christus datiert. Die heute noch sichtbare Gruppe eines 30 Meter durchmessenden Kreises von aufrechtstehenden Sandstein-Megalith Blöcke entstand um das Jahr 2000 vor Christus. Einige der Blöcke bilden vordere und rückwärtige Markierungen, die mit erstaunlicher Genauigkeit auf besondere Auf- und Untergangspunkte für Sonne und Mond hinweisen. In der am 26. Oktober 1963 erscheinenden naturwissenschaftlichen Zeitung „Nature" gab der Astronom Gerald Hawkins, vom Smithsonian Astrophysical Observatory, Massachusetts, seine Forschungsergebnisse über Stonehenge bekannt. Dabei stellte er fest, dass 24 Richtungsbauten und Sichtmöglichkeiten auf astronomische Zusammenhänge hinwiesen. Hawkins war der Überzeugung, dass die 56 Aubrey-Löcher (benannt nach ihrem Entdecker, John Aubrey) untereinander in geraden Linien und mit dem Fersenstein, aber auch mit den Trilithen und

den „Blausteinen" in Verbindung stehen. Danach gab er in einen Computer 1740 möglich Ver-
bindungslinien ein und ließ diese daraufhin prüfen, ob bestimmte Linien häufiger in Konnex

Abbildung 2 Stonehenge

mit Gestirnen stehen, als es der Zufall erwarten lässt. Das Ergebnis war verblüffend. Es stellte sich
heraus, dass Stonehenge früher als eine große Sternwarte diente, mit deren Hilfe sich ganze Ketten
von astronomischen Voraussagungen machen ließen. So wussten z.B. die steinzeitlichen Astronomen, dass der Mond in genau 18,61 Jahren zwischen einem nördlichsten und einem südlichsten
Punkt pendelt. Vom Zentrum des Steinringes aus konnten sie über dem Fersenstein den Sonnenaufgang zur Sommersonnenwende beobachten.

1.3 Babylonische Astronomie

Die Ersten, die einen vollkommenen Kalender erstellten, waren etwa 400 v Chr. die Babylonier. Dazu
erforschten sie Sonne und Mond. Als ersten Tag eines Monats bezeichneten sie den Tag nach dem
Neumond, wenn also der zunehmende Mond zum ersten Mal nach Sonnenuntergang erscheint.
Ursprünglich wurde dieser Tag durch Beobachtung ermittelt, später aber wollten die Babylonier ihn
vorausberechnen.
Sie bemerkten auch die unregelmäßigen Geschwindigkeiten, mit der sich Sonne und Mond von
Westen nach Osten über den Tierkreis bewegten. Dabei entdeckten sie auch, dass sich Sonne und
Mond auf der Hälfte ihrer Bahn mit zunehmender Geschwindigkeit bewegen, bis sie eine bestimmte
höchste Geschwindigkeit erreichen, dann langsamer werden und zu ihrer Ausgangsgeschwindigkeit
zurückkehren. Diesen Zyklus versuchten die Babylonier arithmetisch darzustellen, indem sie dem
Mond zwei verschiedene Geschwindigkeiten zuordneten, nämliche eine feste Geschwindigkeit für die
erste Hälfte und eine andere feste Geschwindigkeit für die zweite Hälfte des Zyklus. Diese mathematische Methode verfeinerten sie dann später, indem sie die Geschwindigkeit des Mondes als Faktor
darstellten. Dieser Faktor wächst während des ersten Umlaufs linear vom Minimum auf das Maximum
an und nimmt dann bis zum Ende des Zyklus auf das Minimum ab. Mit diesen Berechnungen der
Mond- und Sonnenbewegungen konnten die babylonischen Astronomen die Zeit des Neumonds und
somit den Anfang des neuen Monats vorhersagen. Aus diesen Berechnungen ergaben sich auch die
jeweiligen Positionen der Sonne und des Mondes für jeden Tag.

Nachdem Archäologen Hunderte von Tontafeln mit diesen Berechnungen ausgegraben haben, wurde festgestellt, dass die Babylonier auf ähnliche Art und Weise die Positionen der Planeten und ihre Bewegungen nach Osten und Westen berechnen und darstellen konnten. Einige dieser Tafeln wurden in den Städten Babylon und Uruk, die am Fluss Euphrat lagen, ausgegraben und trugen die Namen der damaligen Astronomen, wie z.B. Naburiannu (ca.491v Chr.) oder Kidinnu (ca. 379 v Chr.). Vielleicht waren es genau diese beiden Astronomen, die dieses Berechnungsschema damals entdeckt hatten.

1.4   Griechische Astronomie

Bedeutende theoretische Beiträge zur Astronomie wurden von den Griechen geliefert, wie die Beziehung von Homers Odyssee auf die Sternbilder des Großen Bären, des Orion und der Plejaden. Er beschreibt auch darin, wie man sich bei der Navigation an den Sternen orientieren kann. Hesiod informierte in einem seiner Werke (Erga) die Bauern darüber, welche Sternbilder zu verschiedenen Jahreszeiten vor dem Morgengrauen aufgehen, um auf die richtigen Zeitpunkte zum Pflügen, Säen und Ernten hinzuweisen.

Griechische Naturforscher begannen etwa 600 v Chr. mit der systematischen Erforschung des Himmels. Eine Legende von damals erzählt, dass Thales die totale Sonnenfinsternis am 28. Mai 585 v Chr. vorhersagte. Der Grieche Aristoteles kam zu der Erkenntnis, dass die Erde wahrscheinlich rund sei, da der Schatten der Erde eine Rundung zeigte, wenn er während der Mondfinsternis auf die Mondscheibe fiel.

Um etwa 450 v. Chr. begannen die Griechen mit Untersuchungen der Planetenbewegungen. Der Pythagoreer Philolaos nahm an, dass sich Erde, Sonne, Mond und die Planeten um ein zentrales Feuer, das durch eine dazwischen liegende Gegenerde verborgen wurde, bewegen. Er glaubte auch, dass die Drehung der Erde um dieses Feuer in einem Zeitraum von 24 Stunden für die tägliche Bewegung Sonne und der Sterne verantwortlich ist.

Um 370 v Chr. wurden diese Bewegungen vom damaligen Astronomen Eudoxos von Knidos mit einer großen Kugel, die sich einmal am Tag um die Erde drehte, erklärt. Auf der Innenseite dieser Kugel befänden sich die Sterne und zur Deutung der Planetenbewegungen nahm er an, dass innerhalb der Sternenkugel die Planeten auf mehreren miteinander verbundenen durchsichtigen Kugeln befestigt seien und diese Kugeln sich unterschiedlich drehen würden.

Ein anderer griechischer Himmelsgelehrter Aristarch, 310 -230 v Chr., war auch ein Meister der Geometrie. Während einer Mondfinsternis fiel Aristarch die Größe des Erdschattens auf dem Mond fest und ermittelte mit seinen Winkelmessungen, dass die Sonne sehr viel größer sein musste als die Erde und sie viel weiter von der Erde entfernt sein musste als der Mond.

Aufgrund seiner Erkenntnisse von der Größe der Sonne versuchte Aristarch die Bewegungen am Himmel zu erklären und stellte die erste revolutionäre Theorie auf, die unter der Bezeichnung „geozentrisches System" bekannt ist und für ungefähr 2000 Jahre praktisch unangefochten blieb. Die Theorie von Aristarch aus Samos besagt, dass sich die Erde alle24 Stunden um die eigene Achse dreht und zusammen mit den anderen Planeten um die Sonne kreist. Die Planeten bezeichnete er in seiner These aber dabei als Sterne.

Seine Erkenntnisse hielt er in Schriften fest, die bis auf eine alle der Nachwelt erhalten blieben. In einer dieser Schriften erörterte er bestimmte Hypothesen, wie die, dass die Fixsterne und die Sonne an einem Ort feststehen und das die Erde die Sonne in einer Kreisbahn umläuft und die Sonne den Mittelpunkt der Kreisbahn bildet.

Ein weiterer hervorragender griechischer Astronom war Hipparch von Nicäa, der etwa 150 v. Chr. auf Rhodos ein eigenes Observatorium errichtete. Dort baute er einige Instrumente, wie Astrolabien (s. Abb. 3) und Armillarsphären (s. Abb. 4), mit deren Hilfe er Entfernungsbeziehungen zwischen

Abbildung 3 Die Benutzung dieses Astrolabiums aus Messing war nicht einfach. Sie dienten zur Positionsbestimmung von Himmelskörpern und bestehen aus einem mit Gradzahlen markierten Kreis mit einem beweglichen Schenkel, der drehbar am Kreismittelpunkt befestigt ist

den einzelnen Himmelskörpern aufstellte sowie die Größe einiger nahe gelegenen Objekte bestimmte. Hipparch ermittelte die Positionen von ungefähr 850 Sternen und benutzte die daraus resultierende Sternkarte als Basis für seine Messungen der Planetenbewegungen. Er berechnete die Entfernung Erde - Mond und kam bis auf wenige Kilometer an den tatsächlichen Wert heran. Außerdem entwickelte er eine Methode mit der man die Stellungen von Sonne und Mond für das ganze Jahr vorausberechnen konnte.

Abbildung 4 Diese Armillarsphäre hat als Mittelpunkt die Erde. Diese Instrumente stellten die Großkreise, wie die Ekliptik und den Himmelsäquator sowie andere Himmelskreise dar und dienten zur Ortsbestimmung von Sternen.

Der bekannteste antike griechische Astronom war wohl Claudius Ptolemäus, der im 2. Jahrhundert n. Chr. lebte, obwohl seine Hypothesen falsch waren. Ptolemäus verwarf die Thesen von Aristarch und stellte in seiner Hauptthese, das Ptolemäische System (s. Abb.5), die Erde als feststehenden Mittelpunkt im Universum dar, um die sich die Sterne in immer größer werdenden konzentrischen Kreisen bewegen.

Ptolemäus benannte zahllose Sterne und die Sternbilder und ihm war auch schon bekannt, dass die Sterne im Gegensatz zu den Planeten in stets gleichen Bahnen über den Nachthimmel wandern. Ihm fiel auf, dass die Planeten oft eine rückläufige oder retrograde Bewegung machten und die äußeren Planeten sogar periodisch wiederkehrende Schleifen zogen. Dieses Phänomen erklären Ptolemäus folgendermaßen in seiner These: Jeder Himmelskörper bewegt sich gleichmäßig auf einer zweiten Kreisbahn, einem so genannten Epizyklus, dessen Mittelpunkt auf der ersten Kreisbahn liegt. Durch sorgfältige Wahl von Durchmesser und Geschwindigkeit der zwei Kreisbewegungen, die den einzelnen Himmelskörpern zugewiesen wurden, ließ sich die beobachtete Bewegung darstellen. In einigen Fällen war sogar noch eine dritte Kreisbahn erforderlich. Dieses Verfahren beschrieb Ptolemäus in seinem frühen Werk ,,Größte Syntaxis" (Almagest), dass aus 13 Bänden bestand. Dieses Werk, das zugleich eine Darstellung des gesamten astronomischen Wissens enthielt, überdauerte bis ins Mittelalter, wo es zum Rückgrat des ,,Römisch-Katholischen Dogmas" über das Wesen des Universums wurde. Dieses Dogma besagte, dass durch den Ratschluss Gottes die Erde als ruhender Pol im Mittelpunkt aller Dinge liege, umgeben vom Himmel in seiner absoluten Vollkommenheit, so wie ihn auch Ptolemäus definiert hatte.

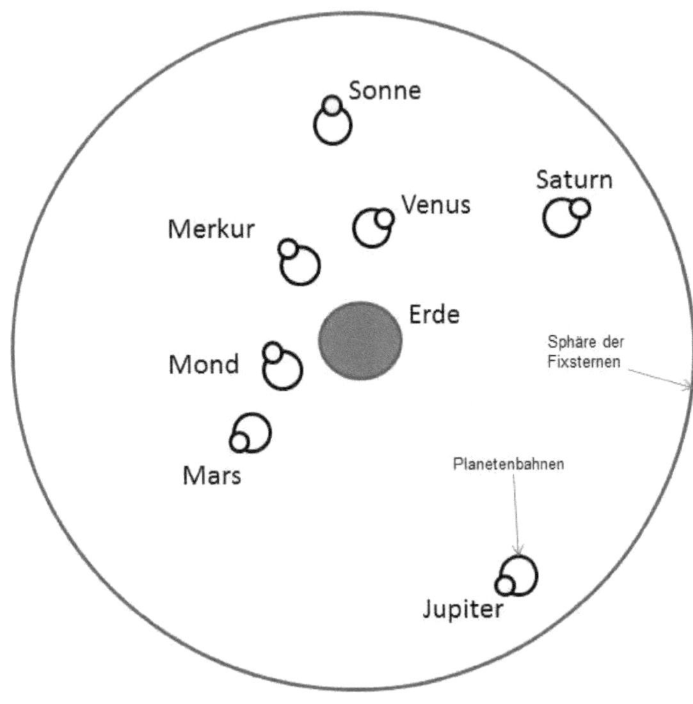

Abbildung 5 Darstellung der Ptolemäischen These mit der Erde als Mittelpunkt der Welt, umkreist von Sonne, Mond und den Planeten und begrenzt durch die Sphäre von Fixsternen.

1.5   Arabische Astronomie

Im 9. Und 10. Jahrhundert erstellten arabische Astronomen neue Sternverzeichnisse und entwickelten danach Tabellen mit den Planetenbewegungen. Im 13. Jahrhundert kamen dann arabische Über-setzungen vom Almagest (abgeleitet vom Arabischen *al-maǧistī*) des Ptolemäus nach Westeuropa. Dort begnügte man sich am Anfang damit Tabellen der Planetenbewegungen nach dem System von Ptolemäus zu erstellen. Es entstanden dabei kurze und allgemeinverständliche Berichte über seine Theorien.

1.6 Mittelalterliche Astronomie

Die bis zum Mittelalter gültige These von Ptolemäus wurde erst durch den polnischen Astronomen
Nikolaus Kopernikus widerlegt. Dieser wurde 1473 als Sohn einer Kaufmannsfamilie in Thom, Polen,
geboren. Er studierte in einer Zeit, in der Polen eine Blütezeit der Wissenschaften und Kultur erlebte,
an der Universität in Krakau (Kraköw). Im Jahre1496 ging er nach Italien und studierte dort 10 Jahre
lang Kirchenrecht, Medizin und Astronomie. Nach seiner Heimkehr nach Polen nahm er bei seinem
Onkel, einem Bischof, die Stelle des Privatsekretärs und Leibarztes ein und entwickelte innerhalb von
20 Jahren, in denen er den Himmel erforschte und seine Beobachtungen sammelte, seine für
damalige Zeiten höchst radikale These der Himmelsordnung. Er setzte sich dabei kritisch mit der
Ptolemäischen Theorie eines geozentrischen Universums auseinander. Er wählte beispielsweise
anstelle der Erde die Sonne als Zentralgestirn und begann daran zu glauben, dass die Erde sich im
Universum bewegt.
Kopernikus zog sich mit seinen privaten Aufzeichnungen 1531 in den Stiftsturm von Frauenburg
zurück und vollendete dort sein astronomisches Werk 1533. Dieses Werk, das den Titel „De
revolulionibus orbium coelestium libri VI" (= Sechs Bücher über die Umläufe der Himmelskörper),
unterzeichnete er mit der lateinischen Form seines Namens, Copernicus. Er schrieb in seinem Werk
"Wie auf einem Königsthron herrscht die Sonne über die Familie der Planeten, die sie umkreisen".
Genau wie Aristarch versetzte Kopernikus die Erde zurück neben die anderen Planeten und stellte
fest, dass der Mond der einzige Himmelskörper ist, der sich um die Erde bewegt. Aus dem stetigen
Wechsel von Tag und Nacht folgerte er, dass die Erde sich um die eigene Achse dreht.

Im Gegensatz zu Aristarch ging Kopernikus dann einen Schritt weiter und rückte die Planeten an ihre
richtige Stelle und ließ ihre Bewegungen mit der richtigen relativen Geschwindigkeit innerhalb des
Sonnensystems vollziehen. Mit diesem Aufbau (s. Abb. 6) des Sonnensystems konnten einige der
scheinbar widersprüchlichen Planetenbahnen erklärt werden. So schienen sich die äußeren Planeten
rückläufig zu bewegen, weil die Erde auf ihrer kleineren Umlaufbahn schneller als diese Planeten
die Sonne umlief und so der Eindruck entstand, dass sie gegen den fernen Hintergrund der Sterne
zurückwich.

Abbildung 6 Kopernikus machte in
seiner These die Sonne zum Mittelpunkt, um die die Erde mit dem Mond
und die übrigen Planeten kreisen.
Kopernikus glaubte auch noch an die
runden Planetenbahnen und hielt
deshalb an die Epizyklen des Ptolemäischen Weltbilds fest.

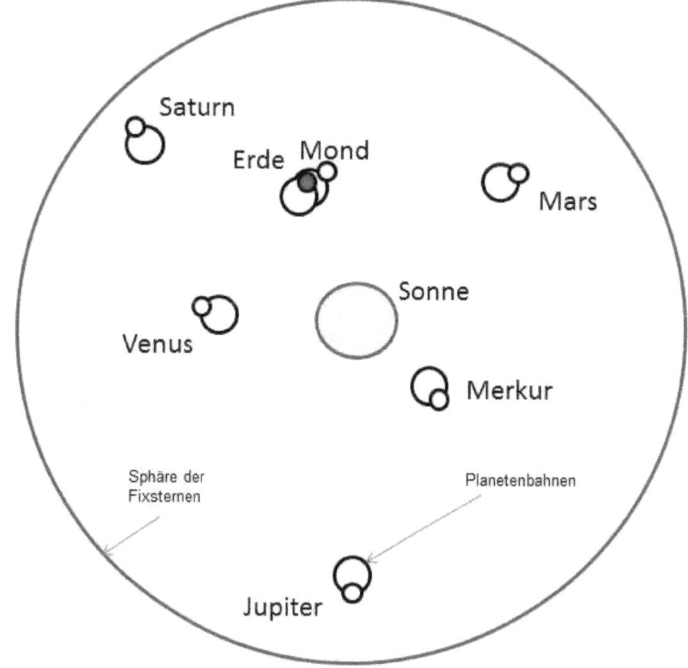

Als Kopernikus 1543 an den Folgen eines Schlaganfalles starb, erlebte er nicht mehr, dass sein Werk, obwohl es teilweise auf Erkenntnisse anderer beruhte und einige Ungenauigkeiten enthielt, heftigen Streit zwischen der Kirche und den Naturwissenschaften auslöste. Die größte Ungenauigkeit bestand darin, dass sich die Planeten auf Kreisbahnen bewegen. Kopernikus behalf sich deshalb mit Epizyklen, um einige der auffälligen Planetenbahnabweichungen zu erklären.

Um 1600 begann eine Epoche großer Entdeckungen und Erfindungen und dies, obwohl die Kirche über die Einmischung der Astronomie in ihre Lehre sehr erzürnt war. Dies zeigte auch die Verbrennung des Gelehrten Giordano Bruno auf dem Scheiterhaufen, nur weil er behauptete, dass es außer der Erde im Universum noch andere bewohnte Planeten geben könnte.

Ein weiterer bekannter Astronom des Mittelalters war Johannes Kepler, der durch Zufall in den Besitz von unschätzbaren Daten über die Planetenbewegungen kam, die vom in Prag arbeiteten Tycho Brahe stammten, einem dänischen Himmelsbeobachter, bei dem Kepler als Gehilfe arbeitete. Kepler hatte vorher selbst ein Modell unseres Sonnensystems entwickelt, das auf einem Zusammenhang zwischen Planetenbahnen und den fünf regelmäßigen oder platonischen Körpern der Geometrie basierte. Nachdem Brahe gestorben war, übernahm Kepler dessen Aufzeichnungen und entdeckte in Brahes Aufzeichnungen, die sich mit dem rätselhaften Bahnverlauf des Planeten Mars befassten, Hinweise darauf, dass sich die Planeten in ellipsoiden Bahnen um die Sonne bewegen.

In der „Astronomia nova" (=Neue Astronomie) veröffentlichte Kepler acht Jahre später zwei Gesetze. Das erste Gesetz besagte, dass sich die Planeten in einer Ellipse um die Sonne bewegen, wobei die Sonne einen der zwei Brennpunkte bildet. Das zweite Gesetz lautete, dass sich ein Planet am schnellsten im sonnennächsten und am langsamsten im sonnenfernsten Punkt seiner Umlaufbahn bewegt (s. Abb. 7). In seinem Werk „Harmonice mundi libriV" (=Weltharmonie in fünf Büchern) stellte Kepler sein drittes Gesetz auf, demzufolge sich die Quadrate der Umlaufzeiten der Planeten wie die dritte Potenz der großen Halbachsen ihrer Bahnellipsen verhalten. Diese Gleichung half Kepler bei der Berechnung der relativen Abstände zwischen der Sonne und den Planeten. Als Normwert nahm er die mittlere Entfernung zwischen Erde und Sonne und bezeichnete diese als Astronomische Einheit (AE). Die ihm bekannten Umlaufzeiten von Erde und Mars dienten ihm zur fast exakten Bestimmung des Abstandes Mars – Sonne mit 1,523 AE. Die drei Gesetze von Kepler erklärten fast alle Ungereimtheiten der Planetenbewegungen.

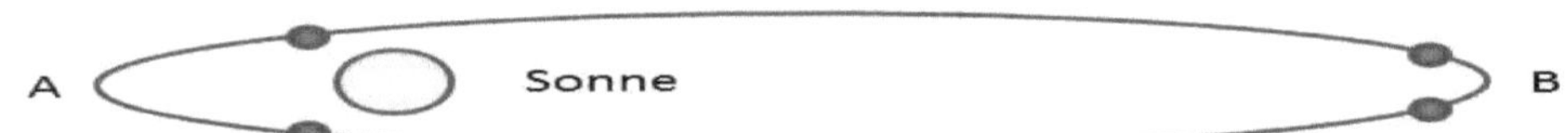

Abbildung 7 Der Einfluss der Sonne auf die Bahngeschwindigkeit der Planeten erklärt, warum der Planet für die Strecke zwischen den Punkten bei A genauso lange benötigt wie für die Strecke zwischen den Punkten bei B.

Kepler wurde später wegen Ketzerei exkommuniziert und starb verarmt im Jahre 1630.

Zur gleichen Zeit wie Kepler lebte in Italien Galileo Galilei, der ebenfalls ein Gegner der Ptolemäischen Theorie war. Als Keplers „Astronomia nova" erschien lebte Galilei in Padua, lehrte Mathematik und Astronom an der dortigen Universität und erfuhr von der holländischen Erfindung des ersten Linsenfernrohres. Er baute dieses Fernrohr nach und erreicht damit sogar eine 32fache Vergrößerung.

Mit diesem Fernrohr sah Galilei, dass die Venus sämtliche Lichtphasen von der schmalen Sichel bis zur vollen Scheibe durchlief. Dies bewies ihm, dass die ptolemäische Theorie falsch war, da in dem ptolemäischen System von Epizyklen, bei dem sich die Sonne stets in größerer Entfernung als die Venus befand und beide die Erde umkreisten, konnte die Venus nie über eine dünne Sichel hinauswachsen.

1610 entdeckte Galilei durch sein Fernrohr gleichzeitig den Planeten Jupiter und vier seiner Monde. Weiterhin entdeckte er auf der Sonnenoberfläche Flecken, die sich bewegten und er sah Krater und Gebirge auf der Mondoberfläche, die man bis dahin für völlig eben gehalten hatte. Außerdem beobachtete er noch die Ringe des Saturns.

1632 brachte er sein Werk „Dialogo" (= Dialog über die beiden Weltsysteme) heraus. Sein Werk und die offene Parteinahme für die Theorie von Kopernikus führten zu einem Prozess vor den Kirchen-behörden und vor der Inquisition, Obwohl er gezwungen wurde, seine Annahmen und Schriften zu widerrufen, konnte die Theorie von Galilei nicht unterdrückt werden. Galilei wurde vom damaligen Papst zu einem lebenslangen Hausarrest verurteilt. In seinem Landhaus bei Florenz lebte und arbeitete er noch 9 Jahre bis zu seiner Erblindung, ehe er im Jahre 1642 starb.

Der englische Mathematiker und Physiker Isaac Newton brachte die Anziehungskraft ins Spiel, um die drei Gesetze von Kepler zu erklären. Er postulierte eine Anziehungskraft zwischen der Sonne und den einzelnen Planeten, wobei diese Kraft, die von den Massen der Sonne und der Planeten und von der Entfernung zwischen ihnen abhängig ist, die Grundlage für die physikalische Interpretation der drei Gesetze von Kepler liefert. Die Newtonsche Theorie wird als universelles Gravitationsgesetz bezeichnet. Diese Theorie veröffentlichte er im Jahre 1687 mit dem Titel „Philosophiae naturalis principia mathematica" (=Mathematische Grundlagen der Naturwissenschaften).
Er stellte fest, dass sich Massekörper, wie die Sonne und die Planeten, proportional zu ihrer Masse und umgekehrt proportional zum Quadrat ihres gegenseitigen Abstandes anziehen. Diese Anziehungskraft nannte Newton Gravitation.
Ein weiteres Gesetz besagte, dass sich jeder in Bewegung versetzte Körper mit gleichbleibender Geschwindigkeit in die gleiche Richtung bewegt, bis er von einer anderen Kraft, wie etwa der Gravitation, abgelenkt wird. So wirkt der Masse und der Geschwindigkeit des Mondes die Gravitation zwischen Mond und Erde entgegen und es entsteht so ein Gleichgewicht, das den Mond in seiner Umlaufbahn hält. Das gleiche Gesetz gilt für alle anderen Körper, die am Himmel ihre Bahn ziehen.

Im Jahre 1727 starb Newton und hinterließ ein neuartiges Reflexionsteleskop, das mit einem Hohl- und einem Planspiegel ausgestattet war. Dieses Spiegelteleskop diente William Herschel, einen in England lebenden Preußen, als Vorlage für die Konstruktion eines riesigen Fernrohrs mit einer Brennweite von über 2 Metern eine Öffnung von 15,7 Zentimetern besaß.

Am Abend des 13. März 1781 leitete er damit eine neue Zeit in der Erforschung unseres Sonnen-systems ein. Er entdeckte mit seinem Spiegelteleskop den Planeten Uranus, den er ursprünglich Georgs-Stern, nach seinem Gönner König Georg III von England, nennen wollte.

Kurz darauf, nachdem Herschel die wechselnde Position der Sterne beobachtet hatte, verkündete er, dass die Sonne an keinen Fixpunkt gebunden ist, sondern zusammen mit ihren Planeten eine Eigenbewegung durch das Weltall vollführt.

Der Planet Neptun wurde von Johann Gottfried Galle, der am Observatorium von Berlin arbeitetet, am 23. September 1846 nach Berechnungen von dem Franzosen Leverrier entdeckt. Der Franzose, dem man später die Entdeckung zuerkannte, wollte dass der Himmelskörper nach ihm benannt wurde, aber wieder siegte die Mythologie und man nannte den Planeten Neptun.

Angesteckt durch diese Entdeckung wurde daraufhin das Weltall mit Teleskopen durchforscht. Der italienische Astronom Giovanni Schiaparelli entdeckte auf der Marsoberfläche Furchen und Rillen, die er „canali" nannte.

Als Percival Lowell im Jahre 1877 Über die Marskanäle las, widmete er den Rest seines Lebens der Erkundung des Alls. Er sucht nach Beweisen von Leben auf dem Mars als auch nach einem unbekannten Planeten den er mit X bezeichnete. Dazu ließ er auf einer Anhöhe beim Ort Flagstaff in Arizona eine Sternwarte errichten und forscht 20 Jahre. Er kam zwar bezüglich Leben auf der Marsoberfläche zu Ergebnissen, die aber jeglicher wissenschaftlichen Grundlage entbehrten. Ebenso war es ihm versagt den Planeten X zu finden.

Um 1929 nahm das Lowell-Observatorium die Spur nach dem Planeten X erneut auf. Der damals am Observatorium neu angestellte Astronom Glyde Tombaugh begann eine Vielzahl winziger Himmelssegmente per Teleskop zu fotografieren. Die Fotoplatten, die Zehntausende von Sternabbildung enthielten, wurden dann verglichen. Am Morgen des 18. Februar 1930 war es dann so weit, als Tombaugh beim Vergleich zweier Platten, die im Abstand von 6 Tagen vom gleichen Himmelssegment gemacht wurden, einen Punkt entdeckte. Dieser neue Zwergplanet, der einzige der im 20. Jahr-hundert entdeckt wurde, wurde nach dem Gott der Unterwelt Pluto benannt.

1.7   Moderne Astronomie

Während des 20. Jahrhunderts wurden immer leistungsfähigere Teleskope gebaut, sie entwickelten sich zu Riesen von etwa 500 Tonnen Gewicht und besitzen Spiegeldurchmesser zwischen zweieinhalb und fünf Metern, mit denen man die Struktur riesiger, weit entfernter Galaxien und Galaxienhaufen entdeckte.

Ende der 30er Jahre wurde das Radioteleskop entdeckt, mit dem man die von unsichtbaren Sternen ausgehenden Radiowellen bis an ihren Ursprung zurückverfolgen konnte und es ermöglichte bestimmte Aspekte im Verhalten und Aufbau der Sterne zu analysieren.

In Laborexperimenten mit elektronischen Zeitmessern stellte sich heraus, dass das Licht im Vakuum mit 299 792,458 Kilometern pro Sekunde fortpflanzt. Mit dieser Lichtgeschwindigkeit, eine sehr genaue Konstante, konnte die Laufzeit der von nahen Himmelskörpern reflektierten Radiowellen ermittelt werden. Mit dieser Laufzeit konnten dann die unwahrscheinlichen Entfernungen des interstellaren Raumes gemessen werden. Auf die gleiche Art und Weise konnte durch optische und elektronische Messungen die genaue Form des Andromeda Spiralnebels, die uns am nächsten gelegene Galaxis, bestimmt werden. Zur Entfernungsbestimmung wurde die Helligkeit eines Sternes dieser Galaxis mit einem anderen ähnlichen Stern, dessen Abstand von der Erde aus bereits bekannt war, verglichen. Jenseits des Andromeda-Nebels erstrecken sich wieder um Milliarden weitere Galaxien. Es wurden Galaxien von unterschiedlichsten Formen entdeckt, wie elliptische Nebel- und Balkenspiralgalaxien. Inmitten dieser Unendlichkeit erschien den Menschen nun die Milchstraße mit ihren 100000 Lichtjahren Durchmesser, die man einmal für das Universum gehalten hat, als winziger Fleck.

In der 2. Hälfte des 20. Jahrhunderts, nach dem zweiten Weltkrieg also, haben Entwicklungen auf dem Gebiet der Physik zu immer neuen Geräten geführt. Mit diesen Geräten konnten Strahlungen unter-schiedlichster Wellenlängen (z.B. Gamma-, Röntgen-, Ultraviolett- und Infrarotstrahlen) aufgezeichnet werden. Mit dieser Technologie konnten einige Objekte und Phänomene erforscht werde, wie die Plasmen von Doppelsternen, die Geburtsstätten von neuen Sternen, die im optischen Bereich kalten Staubwolken, die energiereichen Kerne von Galaxien, die Schwarzen Löcher sowie die Hintergrund-strahlung, die vom Urknall stammt und Auskunft über die Frühgeschichte des Universums geben kann.

Durch den raschen Fortschritt der Technik wurde das goldene Zeitalter der Raumforschung eingeleitet und es wurde eine Menge von aufsehenerregenden Erkenntnissen gewonnen. So wurden die

Zusammenhänge und die Mechanismen unseres Sonnensystems aufgeklärt und die ersten Versuchs-
raketen, die mit elektronischen Beobachtungs- und Messgeräten ausgerüstet waren, konnten die
Erdatmosphäre durchbrechen. Im Oktober 1957 wurde von der damaligen Sowjetunion der erste
künstliche Satellit, Sputnik, in die Erdumlaufbahn gebracht und es begann damit ein regelrechtes
Wettrennen zwischen den USA und der Sowjetunion bei der Weltraumerforschung bis hin zur
bemannten Raumfahrt. Beide Staaten rüsteten immer bessere Raumkapseln für immer weitere
Mission. Dabei ermittelten Sonden die Strahlengürtel der Erde und beobachten das globale Wetter-
system. Andere Sonden erkundeten die Sonne und lieferten unter Anderem wertvolle Hinweise auf die
Kernreaktion im Sonnenkern sowie über die Eruptionen an der Sonnenoberfläche. Einige dieser
Sonden machten Bilder von den Oberflächen der Planeten Venus und Mars und landeten sogar auf
dem Mond. Im Juli 1969 kam es zu einem Höhepunkt in der bemannten Raumfahrt, der erste Mensch
setzte seinen Fuß auf die Mondoberfläche.

Während der 70er und 80er Jahre setzte sich dieser Vorstoß in den Weltraum fort. Neue modernere
Sonden, wie Pioneer und Voyager, die als Gasriesen bezeichneten Planeten Uranus, Jupiter und
Saturn in unserem Sonnensystem. Bodenproben und Bilder der Marsoberfläche wurden durch das
Projekt Viking ermöglicht. Diese Forschung gipfelte in der Zusammenarbeit bei dem Bau der
internationalen Raumstation ISS (s. Abb. 8) zur Jahrtausendwende.

Abbildung 8 Die **International Space Station** (**ISS**) ist eine bemannte Raumstation, die mittels internationaler
Zusammenarbeit betrieben und ausgebaut wird. Die in ca. 400 km Höhe die Erde umkreisende Stadion wird seit Ende 2000
dauerhaft von Astronauten bewohnt.

2   Entstehung der Astronomie

Vor über 12 bis 18 Milliarden Jahren entstand das Universum aus einem explodierenden Feuerball. Im Universum gibt es überall die zwei Elemente Wasserstoff und Helium. Diese zwei Urstoffe dienten als Materie für die Sonne, ihre Planeten und deren Trabanten. Die Urstoffe hatten sich zu Sternen zusammengeballt, die starben und dadurch wiederum zur Geburt neuer Materiewolken beitrugen. Diesem Kreislauf ist auch unsere Sonne und ihre Planeten unterworfen.

Wissenschaftler nehmen an, dass vor etwa 4,6 Milliarden Jahren in unserer Galaxis, der Milchstraße, ein Riesenstern, der seine glühende Masse nicht mehr zusammenhalten konnte, in einer Supernova (s. Abb. 9) detonierte. Bei dieser gigantischen Explosion wurde das Licht von Milliarden Nachbarsternen um ein Vielfaches übertroffen. Gleichzeitig begann in einem fernen Ausläufer der Milchstraße eine Dunkelwolke, eine Wolke aus Gas und kosmischen Staub, zu schrumpfen. Auf diese Dunkelwolke prallten nun infolge der Explosion des Riesensterns Stoßwellen, wodurch die Wolke kollabierte und sie begann sich zu verdichten. Dieses Ereignis führte zur Geburt unseres Sonnensystems.

Abbildung 9 Aufnahme durch das Anglo-Australische Teleskop - Komitee des Tarantel-Nebels in der Großen Magellanschen Wolke und die Supernova 1987A. Der helle Stern links oben ist die erste **Supernova**, die seit fast 400 Jahren mit bloßem Auge zu sehen ist. Zum Zeitpunkt der Aufnahme hat sich die ausdehnende Hülle bereits etwas abgekühlt und ihre Farbe wechselte von Blau zu Orange. Weil die Supernova in der Großen Magellanschen Wolke liegt, kann sie nur vom Südhimmel aus- gesehen werden. Ihre Veränderungen im Spektrum können das ganze Jahr über beobachtet werden, da die Große Magellansche Wolke immer über dem Horizont des Teleskopstandortes in Australien steht.

Etwa 100.000 Jahre nach dem Beginn des Schrumpfungsprozesses zog sich die Dunkelwolke zu einer rotierenden Scheibe zusammen. Diese Scheibe zog immer mehr Gase und Staub in ihr Inneres, bis infolge des im Innern herrschenden Drucks ein sehr dichter und heißer Zentralkörper entstand, die Sonne.

Dieser Zentralkörper verdampfte im Umkreis von 650 Millionen Kilometern alles bis auf die Gesteinspartikel, die später als Bausteine für die inneren Planeten dienten. Weiter vom Zentralkörper entfernt waren die Temperaturen so niedrig, dass große Mengen von Wasserdampf und geringe Mengen von verschiedenen Gasen, wie Methan und Ammoniak, zu Eis kondensierten und die wenigen in der Nähe befindlichen Gesteinspartikel mit einer Eisschicht überzogen. Diese eisbeschichteten Gesteinspartikel bildeten später die Kerne der äußeren Planeten, die im Laufe der Zeit immer größere Mengen an Gas aus dem sie umgebendem Nebel zogen.

Während dieser Phase des gewaltigen Trennprozesses begann langsam der eigentliche Aufbau von den Gesteinspartikeln zu den Planeten und ihren Monden. Dieser Aufbau setzte sich dann über Millionen von Jahren immer schneller fort. Die Partikel im Nebel der Sonne waren am Anfang leicht und verschmolzen bei Berührung zu Klumpen. In einem dünnen Gebiet um die Äquatorialebene der Sonne siedelten sich unter der Einwirkung der Gravitation diese Klumpen an und verbanden sich dann durch Zusammenstöße zu Planetensimalen, Objekten mit bereits einem Durchmesser von einigen Kilometern.

Diese Planetensimalen stießen dann wieder gegeneinander und verbanden sich zu immer größer
werdenden Körpern. Je größer diese Körper wurden umso heftiger wurden auch die Kollisionen.

Die vier gesteinshaltigen inneren Planeten (Merkur, Venus, Erde und Mars) und die fünf aus Gasen
bestehenden äußeren Planeten (Jupiter, Saturn, Uranus, und Neptun) entstanden bei diesem
Vereinigungsprozess. Zwischen den inneren und äußeren Planeten befindet sich eine Lücke mit
zahllosen Planetensimalen, deren Materie ausreichen würde, um einen neuen Planeten zu bilden.
Das Zusammenwachsen dieser Planetensimale scheiterte aber an der Anziehungskraft des Gasriesen
Jupiter. Diese Kraft schleuderte die Planetensimale mit ungeheurer Gewalt gegeneinander und nahm
ihnen so die Möglichkeit, sich in einem langen Prozess zu verbinden. Diese Planetensimale, die uns
als Asteroiden bekannt sind, haben sich seit der Entstehung des Sonnensystems vor 4,6 Milliarden
Jahren kaum verändert.

Diese Ur-Sonne leuchtete in ihren Anfängen heller als heute und von ihrer Oberfläche schossen
gewaltige Eruptionen in das Weltall. Eine damals 1000mal stärkere Ultraviolettstrahlung prallte gegen
die gerade entstandenen Planeten. Ein von der Sonne ausgehender Strom an Partikeln, der Sonnenwind, jagte mit mehr als drei Millionen Stundenkilometern durch das Weltall und fegte die Reste an
Staub und Gasen aus unserem Sonnensystem. Dabei rissen der Sonnenwind und die Ultraviolettstrahlung einen Großteil der Atmosphären der inneren Planeten mit sich. Nur die riesigen äußeren
Planeten behielten durch ihren größeren Sonnenabstand und ihren größeren Gravitationsfeldern ihre
eigenen Gashüllen. Die Sonnenwinde wurden erst nach etwa neun Millionen Jahren schwächer und
es begann eine neue Phase für die Planeten und ihren Monden.

In einigen Planeten und Monden staute sich die Hitze im Inneren so weit auf, dass sie durch
Vulkaneruptionen und Lavafluten an die Oberflächen kam. Außerdem standen alle Planeten und
Monde durch die Überreste des Ur-Nebels, die zu schwer waren um vom Sonnenwind fortgerissen zu
werden, unter einem heftigen Beschuss. Zuerst prallten kleine und mittelgroße Brocken von
Restmaterie, die sich um die Planeten und Monde geschart hatten auf deren Oberflächen. Dann
prallten eisige Planetensimale der äußeren Regionen, die durch die starken Anziehungskräfte der
Planeten Jupiter und Saturn ihren Weg ins Innere des Sonnensystems fanden, gegen die Oberflächen
Der Planeten und Monde. Diejenigen in unmittelbarere Nähe der Planeten Jupiter und Saturn
befindlichen Planetensimale wurden ihrerseits aber in Weltraum hinausgeschleudert und bildeten am
äußersten Rand des Sonnensystems eine riesige Kometenwolke, die Oortsche Wolke, die noch heute
ihre Bahn zieht.

Diese Materiegeschosse hatten beim Aufprall Geschwindigkeiten von 30.000 bis 80.000 Stundenkilometern und ihre Einschläge rissen riesige Krater auf die Planeten- und Mondoberflächen. Einige
Planeten und Monde verdanken den Fragmenten aus dem äußeren Sonnensystem mehr als nur ihre
Krater, denn die Eisgebilde verdampften durch die große Hitze, die durch den Einschlag der Frag-
mente erzeugt wurde, und es wurde Wasser freigesetzt. Dieses Wasser kondensierte und bildete
zusammen mit dem beim Aufbrechen des Oberflächengesteins infolge Hitze entstandenen Wassers
auf der Erde beispielsweise die Ozeane.

Vor etwa 3,8 Milliarden Jahren hörte dieser Materiebeschuss allmählich auf und es gab auf einigen
Planeten und Monden noch gewaltige Vulkanausbrüche. Aus den Spalten der Mondkruste entwichen
Gase, die infolge seines geringen Schwerefeldes in den Weltraum entwichen. Die bei Vulkanaus-
brüchen freigesetzten Gase des Erdinneren wurden aber wegen ihres starken Gravitationsfeldes
festgehalten und es konnte sich eine Atmosphäre bilden. Diese dichte Uratmosphäre (s. Abb. 10) der
Erde bestand aus Kohlendioxid, Wasserdampf, Stickstoff, Kohlenmonoxid sowie von Spuren aus
Ammoniak und Methan.

Im nächsten Schritt fiel aus den Ozeanen kondensiertes Wasser als warmer Regen auf die Krater-
landschaft der Erde und vergrößerte so die neu entstandenen Gewässer. In diese Gewässer fielen
Aminosäuremoleküle. Diese bildeten sich durch Gas-Atome in der Atmosphäre, die durch Einwirkung
von Sonnen- und Blitzenergie zusammengeballt wurden.

Diese Aminosäuren, die kleinsten Bausteine des Lebens, führten unter Einwirkung von reinem Sauerstoff zur Entwicklung von vielfältigem Leben. Dieser zur Entwicklung des Lebens notwendige reine Sauerstoff entstand vor gut 3 Milliarden Jahren, als ganz einfache Organismen, die in der damals giftigen Atmosphäre leben konnten, das Kohlendioxid aufnahmen und als Sauerstoff wieder abgaben. Ein Teil dieses Sauerstoffs wurde in Ozon umgewandelt, der in der Atmosphäre dann als Schutzschicht gegen die große Ultraviolettstrahlung wirkte. Von nun an zerstörte die Sonne nicht mehr das Leben, sondern fungierte als Nahrung.

Abbildung 10 Entstehung der **Uratmosphäre**

3 Sonnensystem

3.1 Aufbau des Sonnensystems

Wie wir bereits aus dem vorhergehenden Kapitel erfuhren, wurden mit dem Teleskop viele neue
Bestandteile unseres Sonnensystems entdeckt. Den Planeten Uranus fand beispielsweise 1781 der in
Deutschland geborene Astronom William Herschel. Neptun wurde 1846 unabhängig voneinander
durch den britischen Astronomen John Couch Adams und dem französischen Astronomen Urbain
Jean Joseph Leverrier entdeckt. Den Zwergplaneten Pluto fand 1930 der amerikanische Astronom
Glyde William Tombaugh. Mit immer moderneren Beobachtungsgeräten ließen sich die natürlichen
Satelliten der Planeten des Sonnensystems besser erkennen. Zwischen den Umlaufbahnen von Mars
und Jupiter hat man bis heute mehr als 1.600 Asteroiden beobachtet und es wurden mehrere hundert
Kometen katalogisiert. Die Planeten wurden wegen ihrer individuellen Weise der gleichsam herum-
irrenden Bewegungen, durch die sie sich von den übrigen Sternen am Sternenhimmel unterschieden,
entdeckt. Später stellte sich durch die Dechiffrierung der komplizierten Bewegungen dieser Planeten
(Wandelsterne) heraus, dass unsere Erde ebenfalls ein Planet ist, der um die Sonne kreist.

Abbildung 11 Diese Fotomontage unseres **Sonnensystems** zeigt die Sonne und die neun Planeten. In der ersten Reihe
unterhalb der Sonne sind von links unten nach rechts oben Merkur, Venus, Erde und Mars und in der zweiten Reihe Jupiter,
Saturn, Uranus, Neptun und Pluto zu sehen.

Das Sonnensystem, zu diesem System zählt man die Sonne, die acht Planeten Merkur, Venus, Erde,
Mals, Jupiter, Saturn, Uranus, Neptun, die Zwergplaneten Pluto, Sedna, Haumea, Makemake, Eris
und ihre Satelliten, die Asteroiden, Kometen und Meteoriten sowie interplanetarer Staub und inter-
planetarisches Gas. Alle Daten über die Planeten und ihre Satelliten befinden sich im Anhang des
Buches.

Der Großteil der Masse des Sonnensystems ist in der Sonne konzentriert, nämlich 99,85%. Die
Planeten nehmen 0,135%, die Kometen 0,01%, die Satelliten 0,00005%, die Meteoriten und
Asteroiden 0,0000003% und das Interplanetarische Medium 0,0000001% für sich in Anspruch.

Um sich unser Sonnensystem vorstellen zu können, habe ich im folgenden Modell alle Größen um den Faktor 1 Milliarde verkleinert. Die Sonne würde dann etwa einen Durchmesser von 1,5 Metern und einen Abstand zur Erde von ca. 150 Metern haben. Die Erde, mit einem Durchmesser von 1,3 cm, würde dann vom Mond in einem Abstand von 30 Zentimetern umlaufen. In 750 Metern Entfernung würde der Jupiter mit einem Eigendurchmesser von 15 Zentimetern die Sonne umkreisen. Die Entfernung des Saturn von der Sonne würde dann1,5 Kilometer, von Uranus und Neptun 3 bzw. 4,5 Kilometer betragen. Der uns am nächsten gelegene Stern würde über 40.000 Kilometer entfernt sein. Die echten Entfernungen der einzelnen Planeten zur Sonne in Astronomischen Einheiten gemessen sind in der Abb. 12 dargestellt.

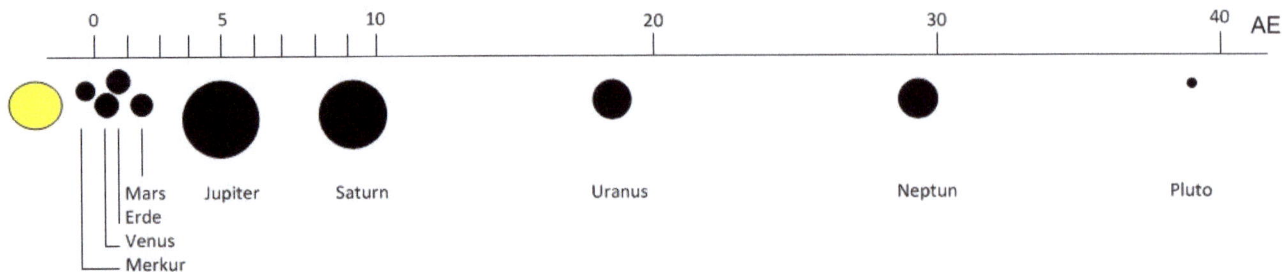

Abbildung 12 Darstellung der Entfernung / Größenvergleich der Planeten von / mit der Sonne.

Nur die Sonne strahlt eigenes Licht aus. Alle übrigen Körper im Sonnensystem sind kalt und reflektieren lediglich das Licht, dass sie von der Sonne empfangen. Die Sonne ist eine fast uner-schöpfliche Quelle an Strahlungsenergie (elektromagnetische Energie). Diese Strahlungsenergie versorgt die Erde mit der unentbehrlichen Wärme und mit Licht. Man kann sich schwer vorstellen, dass die Sonne ein gewöhnlicher Stern ist, eines aus der Vielzahl der am Firmament sichtbarer Sternchen. Das eigentliche Wesen der Sterne ist uns durch ihre große Entfernung verborgen. Um sie zu überwinden, braucht das Licht, das sich mit einer Geschwindigkeit von 300.000 km/s (Lichtge-schwindigkeit) fortpflanzt, Jahre, Jahrhunderte oder viele Jahrtausende. Das Sonnenlicht erreicht dagegen die Erde in nur 8,5 Minuten, den Zwergplaneten Pluto in 5,5 Stunden und den nächsten Nachbarstern zum Sonnensystem, Alpha Centauri, in 4,3 Jahren.

3.2   Planeten im Sonnensystems

Die Planeten im Sonnensystem teilt man in zwei grundlegende Gruppen ein, die erdähnlichen und die jupiterähnlichen Planeten. Grundlegende Angaben über diese Planeten und deren Satelliten, den Monden, enthalten die Tabellen am Ende des Buches.

Die erdähnlichen Planeten (s. Abb. 13) Merkur, Venus, Erde und Mars haben eine große Dichte. Sie bestehen vorwiegend aus Gestein, Metallen und einem unerheblichen Anteil an Gasen in deren dünnen Atmosphären. Eine Ausnahme bildet dabei der Planet Merkur, der keine atmosphärische Hülle besitzt. Trotz dieser grundlegenden Verwandtschaft unterscheiden sich die physikalischen Bedingungen auf der Oberfläche der erdähnlichen Planeten außerordentlich voneinander. Der derzeitige Zustand auf jedem dieser Planeten ist das Ergebnis eines langen Zusammenspiels der inneren und äußeren Einflüsse sowie der unterschiedlichen Entfernung von der Energiequelle, der Sonne, zurückzuführen.

Abbildung 13   Diese Fotomontage der erdähnlichen Planeten zeigt von links nach rechts Merkur, Venus, Erde und Mars.

Die jupiterähnlichen Planeten (s. Abb. 14) Jupiter, Saturn, Uranus und Neptun sind viel massereicher und vom Durchmesser her gesehen viel größer als die erdähnlichen Planeten. Ihre mittlere Dichte liegt nahe bei der Dichte des Wassers und in ihrer chemischen Zusammensetzung ähneln sie eher der Sonne als der Erde. Sie sind gasförmige Riesen, deren Hüllen aus Wasserstoff und Helium, mit Beimengungen von Methan und weiteren Verbindungen bestehen. Die jupiterähnlichen Planeten haben einen festen, kleineren und aus Stein bestehenden Kern. Die großen Planeten haben zahlreiche Satelliten und komplizierte Ringsysteme.

Abbildung 14 Diese Fotomontage der jupiterähnlichen Planeten zeigt von links nach rechts Jupiter, Saturn, Uranus und Neptun

3.3 Monde, die Satelliten der Planeten im Sonnensystem

Die meisten Planeten werden von Monden umkreist. über 60 Monde sind uns heute bekannt, von denen viele allerdings sehr klein sind. Es gibt aber auch Riesen unter den Monden. Titan, ein Saturnmond übertrifft zum Beispiel den Planeten Merkur in seinem Durchmesser. Die Namen und Daten der Monde des Sonnensystems sind im Anhang aufgeführt. Bei den Monden gibt es unregelmäßig geformte Felsen, wie die Marsmonde Deimos und Phobos, eisbedeckte Monde wie der Jupitermond Ganymed und Monde mit starker Vulkantätigkeit, wie der Jupitermond Io. Eine große Ausnahme bei den Monden bildet der Saturnmond Titan, der sogar eine eigene Atmosphäre besitzt.

3.4 Kometen, Asteroiden und Meteore im Sonnensystem

Die masseärmsten Bewohner des Sonnensystems sind die Kometen, Asteroiden und Meteoriten. Die Kometen, besonders die mit größter Helligkeit und mit langem Schweif, ziehen unter diesen die Aufmerksamkeit auf sich. Das Interesse der Wissenschaftler konzentriert sich jedoch auf die weniger auffallenden Kometenkerne, die Reste der ursprünglichen unveränderten Materie aus der Entstehungszeit des Sonnensystems enthalten können.

3.5 Bewegungen der Planeten und Asteroiden im Sonnensystem

Die Planeten und Asteroiden bewegen sich heute alle in derselben Richtung um die Sonne. Die Umlaufbahnen der Planeten sind Ellipsen und haben die Sonne als einen der Brennpunkte, wobei alle außer denen von Merkur und Pluto fast kreisförmig sind. Alle Orbitale liegen mehr oder weniger in der selben Ebene wie die Erdumlaufbahn und die Äquatorebene der Sonne. Diese Ebene wird auch Ekliptik genannt und wird definiert durch die Ebene der Erdumlaufbahn.
Die Ekliptik ist um einen Winkel von 7 Grad zum Sonnenäquator geneigt. Die Umlaufbahn von Pluto weicht dabei mit einem Winkel von 17,2 Grad am meisten von der Ekliptik ab.
Die Planetenbahnen liegen sämtlich innerhalb 40 AE (AE = Astronomische Einheit; 1 AE = 149,6 Millionen Kilometer; ein Lichtjahr = 63.240 AE) Entfernung von der Sonne, doch reicht der Einfluss der Sonnenschwerkraft vermutlich weit darüber hinaus. Kometen, die nur in den sonnennäheren Regionen des Sonnensystems ihre unverwechselbare Gestalt offenbaren, stammen vermutlich aus der Oortschen Wolke. Diese Wolke ist ein vermutetes schalenförmiges Gebiet, welches das Sonnensystem in einer Entfernung von etwa einem Lichtjahr umgibt und in der sich Milliarden von Kometenkernen aufhalten, deren Gesamtmasse etwa der Erde entspricht.
Die Wolke ist vermutlich das Reservoir für Kometen, die durch die Schwerkraft eines vorbeiziehenden Sterns in das innere Sonnensystem umgelenkt werden. E. Öpik [2] äußerte diese Idee erstmals 1932 und Jan Oort [3] entwickelte sie in den 50erJahren weiter. Es gibt keinen direkten Hinweis für die Wolke, sondern lediglich die indirekte Forderung, dass es ein ursprüngliches Reservoir geben muss, dessen Entfernung man aus den Kometenbahnen erschließen kann.
Wie eine solche Wolke entstehen konnte ist unklar. Möglicherweise bildeten sich die Kometenkerne in dem Gebiet der großen Planeten und wurden von deren Schwerkraft in die äußeren Bereiche des Sonnensystems geschleudert.

---

[2] **Ernst Julius Öpik** ein aus Estland stammender Astronom, dessen Hauptforschungsgebiet die Kleinkörper des Sonnensystems wie Asteroiden, Kometen und Meteore waren.

[3] **Jan Hendrik Oort**, ein niederländischer Astronom, der auch das Milchstraßenzentrum 30.000 Lichtjahre von der Erde entfernt im Sternbild *Sagittarius* (Schütze) lokalisierte. Er berechnete auch, dass die Milchstraße eine Masse von 100 Milliarden Sonnenmassen hat.

3.6　Das interplanetarische Medium

Vom Rauminhalt scheint es zwischen den Planeten und deren Monden, den Kometen, den Meteoriten und Asteroiden des Sonnensystems eine große Leere zu sein. Doch weit gefehlt. Aus dieser Leere des Weltraums setzt sich das interplanetarische Medium zusammen. Es enthält verschiedene Formen der Energie und schließlich zwei materielle Komponenten, den interplanetarischen Staub und das interplanetarische Gas (s. Abb. 15).
Der Staub besteht aus mikroskopisch kleinen stabilen Partikeln. Das Gas hingegen aus einem schwach strömenden Gas und geladenen Partikeln, meist Protonen und Elektronen und schließlich aus dem Plasma, welches von der Sonne her strömt und Sonnenwind genannt wird.

Abbildung 15 Das schwach leuchtende Zodiak-Licht entsteht durch Reflexion und Streuung von Sonnenlicht an Partikeln der interplanetaren Staub- und Gaswolke.

Der Sonnenwind kann von Raumschiffen aus gemessen werden und hat einen großen Einfluss auf die Kometenschweife. Außerdem hat er einen messbaren Einfluss auf die Bewegung von Raumschiffen. Die Geschwindigkeit des Sonnenwindes beträgt in der Nähe der Umlaufbahn der Erde um die Sonne über 400 Kilometer pro Sekunde.

Der Punkt an dem der Sonnenwind auf das Interplanetarische Medium trifft (s. Abb. 16) wird Heliopause genannt. Man bezeichnet auch die Heliopause als Grenze zwischen dem Sonnensystem und dem interstellaren Weltraum und sie liegt schätzungsweise bei 100 astronomischen Einheiten. Der Weltraum innerhalb dieser Grenze der Heliopause, die die Sonne und das Sonnensystem beinhaltet, wird Heliosphäre genannt.

Abbildung 16 Sonnenwinde treffen in der Heliopause auf das interplanetarische Medium. Den Weltraum innerhalb der Heliopause nennt man Heliosphere.

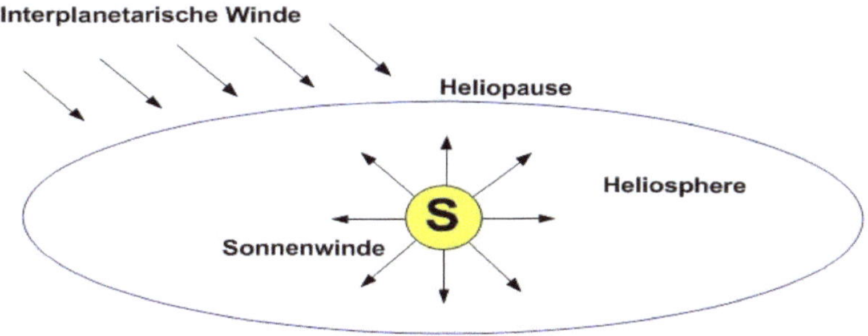

3.7   Lage des Sonnensystems im Universum

Am weitesten entfernen sich jedoch die Kometen von der Sonne. Sie besitzen äußerst exzentrische Umlaufbahnen, deren weiteste Punkte zum Teil bis über 50 000 astronomische Einheiten von der Sonne entfernt sind. Das Sonnensystem scheint nicht das einzige Planetensystem im Weltall zu sein. In den achtziger Jahren entdeckte man, dass einige relativ nahe gelegene Sterne von Objekten unbestimmter Größe umkreist werden. Die Wega zum Beispiel, hellster Stern (Größenklasse 0) im Sternbild Leier (Lyra), ist der fünfthellste Stern am Himmel und der hellste am nördlichen Sternhimmel. Sie leuchtet mit einem deutlichen Blaustich und ist etwa 26 Lichtjahre von der Erde entfernt. 1983 erkannte man auf Aufnahmen des Infrarot-Astronomiesatelliten (IRAS), dass die Wega von einem Schwarm von Himmelskörpern noch unbekannter Größe umgeben ist.

Astronomen beobachteten auch Sterne, die von Himmelskörpern begleitet werden. Dabei handelt es sich vermutlich um braune Zwerge. Viele Astronomen halten es für wahrscheinlich, dass unterschiedliche Planetensysteme im Universum zahlreich vorkommen.

1995 bestimmte eine amerikanische Astronomin exakt die Position unseres Sonnensystems innerhalb der Milchstraße. Es befindet sich 68 Lichtjahre oberhalb der Mittelachse der Milchstraße und ist von deren Zentrum 25 000 Lichtjahre entfernt.

Das Solare Magnetfeld dehnt sich bis in den interplanetarischen Raum aus. Es kann auf der Erde und von Raumschiffen aus gemessen werden. Das Solare Magnetfeld dominiert überall in den interplanetarischen Regionen des Sonnensystems, bis auf die unmittelbare Umgebung der Planeten, die ihre eigenen Magnetfelder besitzen.

Das ganze Sonnensystem umkreist unsere Heimatgalaxis, eine aus ca. 200 Billionen Sternen bestehenden Spiralscheibe, genannt Milchstraße. Die Nachbargalaxien unserer Galaxis sind die Große und Kleine Magellansche Wolke sowie die 2 Millionen Lichtjahren entfernte und damit uns am nächsten gelegene Galaxie Andromeda (s. Abb. 17).

Abbildung 17 Die Andromeda-Galaxie.

4 Sonne ☉

4.1 Aufbau der Sonne

Die Sonne ist das größte Objekt des Sonnensystems und enthält 99,8% der gesamten Masse des Sonnensystems. Sie ist einer von mehr als 100 Milliarden Sternen in unserer Galaxis.
In der Mythologie der Griechen wurde die Sonne Helios und in der Mythologie der Römer Sol genannt.
Die Sonne, mit einer Gesamtnasse von 1,989 10^{30} kg, besteht momentan aus 75% Wasserstoff, 24,9% Helium und 0,1% an verschiedenen Metallen.

Die Sonne (s. Abb. 18) ist gemessen an anderen Sternen nur ein Stern mittlerer Größe und durchschnittlich hell (Spektraltyp G2; s. auch im Kapitel "Sterne" - Spektraltyp). Die Sonne hat eine durchschnittliche Oberflächentemperatur von 5.800 Kelvin (ca. 6000°C) und ihr Durchmesser beträgt 1.390.000 Kilometer.

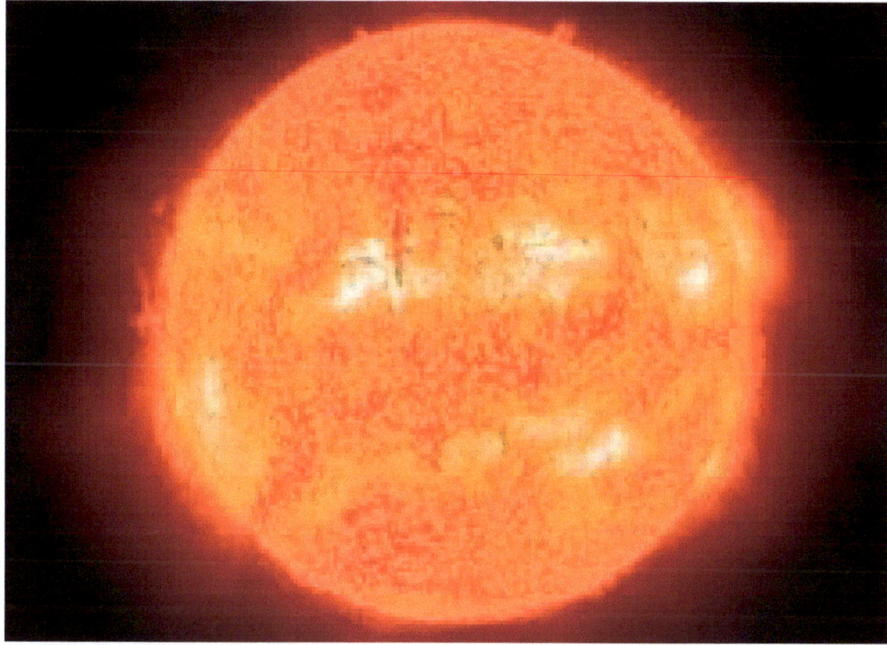

Abbildung 18 Unsere Sonne ist ein typischer Vertreter der gelben Hauptreihensterne. Ihre Masse, Oberflächentemperatur, Durchmesser und ihre chemische Zusammensetzung liegen etwa in der Mitte zwischen den Extremen, die anderen Sternen vorzuweisen haben.

Wie alle Sterne stellt sie eine Kugel aus heißem Gas dar (s. Abb. 19), die ihre Energie durch die Kernfusion im Zentrum bei Temperaturen um 14,5 Millionen °Kelvin gewinnt. Bei dieser Kernfusion werden in jeder Sekunde etwa 700.000.000 Tonnen Wasserstoff zu ca. 695.000.000 Tonnen Helium und 5.000.000 Tonnen Energie in Form von Gammastrahlen verbrannt. Jede Sekunde verliert die Sonne durch diese atomare Verschmelzung von Wasserstoff in Helium rund 4 Millionen Tonnen an Masse.

In den äußeren Schichten der Sonne sind unterschiedliche Rotationen zu beobachten. Am Äquator dauert eine Rotation der Oberfläche 25,4 Tage, hingen in der Nähe des Sonnenpols 36 Tage. Dies kann man darauf zurückführen, dass die Sonne kein fester Körper ist. Diese unterschiedliche Rotation reicht sogar beträchtlich weit ins Sonneninnere, wobei der Kern der Sonne wie der eines festen Körpers rotiert.

Jenseits des Kerns, hier herrschen Temperaturen um die 15.600.000 °Kelvin und ein Druck von 250 Milliarden Atmosphären, erstreckt sich die Strahlungszone. In der Strahlungszone werden während der Fusion erzeugte hoch-energetische Photonen, die mit Elektronen und Ionen zusammenstoßen, in Form von Licht und Hitze zurückgestrahlt.

Auf die Strahlungszone folgt die Konvektionszone. Diese Konvektionszone ist eine Schicht in einem Stern, in der Konvektionsströme den Hauptmechanismus darstellen, durch die Energie nach außen transportiert wird. Energie fließt nach außen, weil es einen kontinuierlichen Abfall der Temperatur zwischen dem Kern des Sterns und seiner Oberfläche nach außen hingibt.

Es gibt die zwei Mechanismen, Strahlung und Konvektion.

Dort, wo der Temperaturgradient steil genug wird, setzt Konvektion ein, insbesondere dort, wo die Temperatur niedrig genug ist für die Kombination von Atomkernen und Elektronen zu Atomen und negativen Ionen. Dadurch wird das Gas lichtdurchlässig, so dass es für Strahlung schwierig wird, nach außen zu dringen.

In einer Konvektionszone steigen Ströme heißen Gases auf und sinken nach Verringerung ihrer Temperatur wieder ab. Diese Zirkulationsströme sind die Ursache für die wabenartige Oberflächen-struktur der Sonne oder die Granulation. Diese Granulation ist eine zelluläre Verteilung, die man

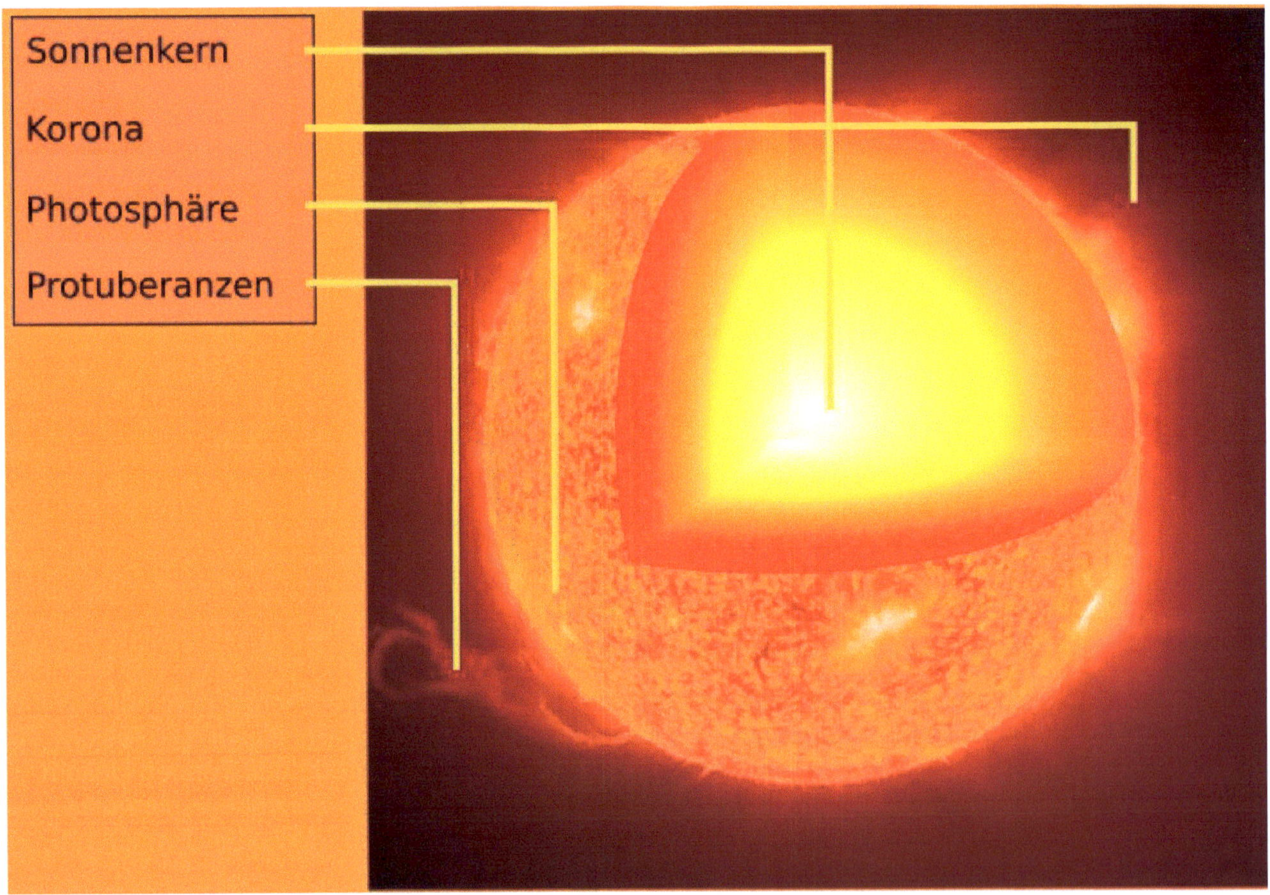

Abbildung 19 Kompletter Aufbau der Sonne, vom Kern bis zu ihren äußersten Schichten.

auf hochauflösenden Bildern der Sonnenphotosphäre beobachtet. In der Sonne erstreckt sich eine Konvektionszone unmittelbar unter der Photosphäre über etwa 1/5 des Sonnenradius.

In den Hauptreihensternen (s. Kapitel "Sterne"), die kühler und weniger massereich sind als die Sonne, steigt die Bedeutung der Konvektionszone mit abnehmender Masse an. Sterne, die heißer sind als F5 (Wert im HRD), haben keine signifikante äußere Konvektionszone. Bei Hauptreihensterne handelt es sich um Sterne, bei denen Temperatur und Leuchtkraft jeweils solche Werte annehmen, dass sie im Hertzsprung-Russel-Diagramm (HRD) auf der Hauptreihe liegen.

Auf die Konvektionszone folgt die Sonnenatmosphäre, die Photosphäre, in der das Licht erzeugt wird. Bei der Photosphäre handelt es sich um die sichtbare Oberfläche der Sonne oder eines Sterns. In der 500 km dicken Photosphäre der Sonne ändert sich die Durchlässigkeit für das Licht. Im unteren Bereich ist sie undurchsichtig, das für uns sichtbares Licht wird emittiert. Die Temperatur fällt von 6.000 auf 4.000°Kelvin am unteren Rand der über der Photosphäre liegenden Chromosphäre. In der Photosphäre finden auch jene Ereignisse statt, welche die Sonnenaktivitäten beeinflussen, etwa Sonnenflecken, Flares (Fackeln) und die Facula.

Unter Sonnenaktivitäten versteht man die Gesamtheit der unterschiedlichen energetischen Erscheinungen auf der Sonne, deren Häufigkeit und Intensität zyklische Veränderungen unterworfen sind. Der bekannteste Zyklus der Sonne erstreckt sich über 11 Jahre, doch gibt es auch Hinweise auf andere Sonnenzyklen.

Sonnenflecken (s. Abb. 20) sind Regionen auf der Sonnenoberfläche, in denen die Temperaturen niedriger sind als in der übrigen Photosphäre und erscheinen daher relativ dunkler als ihre Umgebung. Starke Magnetfeldlinien die im Bereich von Sonnenflecken an die Oberfläche treten, führen zu einem Kühleffekt. Sonnenflecken können einzeln auftreten, meistens jedoch erscheinen sie in paarweise Gruppen von entgegen gesetzter magnetischer Polarität. Sonnenflecken können einen Durchmesser von bis zu 50.000 Kilometern haben.

Abbildung 20 Sonnenflecken auf der Sonnenoberfläche.

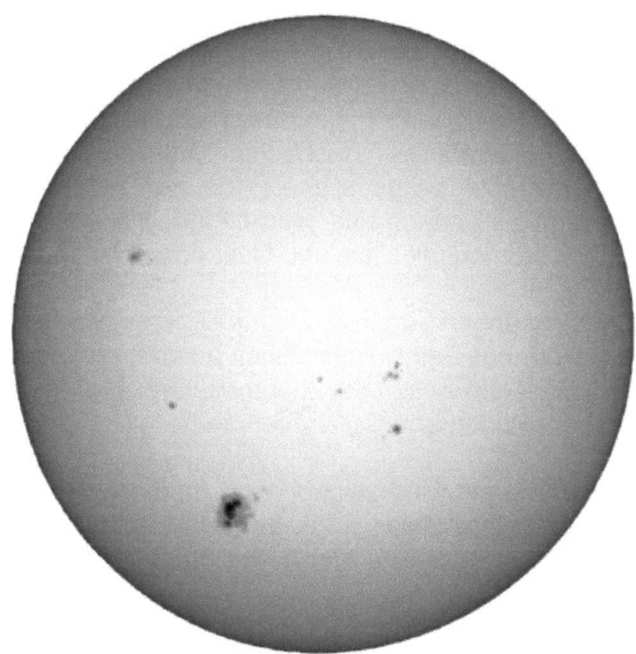

Im dunklen Zentralteil des Sonnenfleckens, der Umbra erreicht die Temperatur 3.800 °Kelvin, im Gegensatz zu den 5.800 °Kelvin der Photosphäre. Der äußere hellere Bereich eines Sonnenfleckens, die Penumbra, setzt sich aus hellen, gekörnten Strukturen auf dunklerem Grund zusammen, die sich radial ausgerichtet um den Fleck anordnen.

Bei Faculas handelt es sich um helle Gebiete in der Sonnenphotosphäre, deren Erscheinung von mit dem nachfolgenden Auftreten von Sonnenflecken in derselben Gegend und mit Sonnenaktivitäten im Allgemeinen verbunden ist.

Auf die Photosphäre folgt weiter außen die Chromosphäre der Sonne und ist während einer totalen Sonnenfinsternis als leuchtender rosafarbener Kranz um die Sonne sichtbar. Aus der Chromosphäre schießen Fackeln (Flares), Spiculen und Protuberanzen heraus. Nach außen setzen sich die dünnsten Schichten der Sonnenatmosphäre fort und bilden die Korona. Bei der letzten totalen Sonnenfinsternis in Deutschland, die am11. August 1999 stattfand, konnte man sehr gut die Chromosphäre und die Korona der Sonne beobachten.

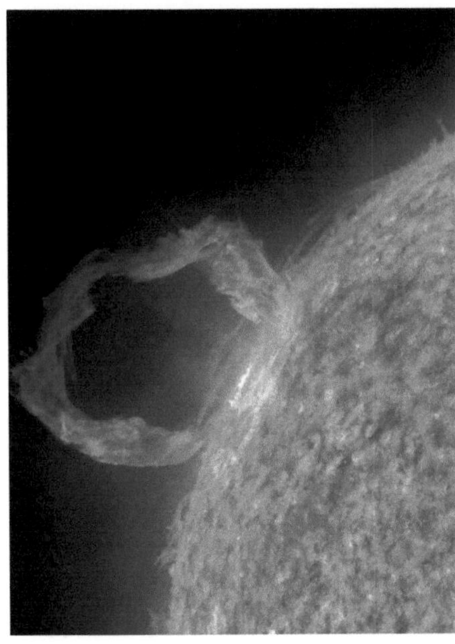

Abbildung 21 Die weißen Gebiete sind heißer als ihre Umgebung und zugleich auch Gebiete hoher Sonnenaktivität. Außerdem ist folgendes zu sehen:

Protuberanzen
(links Mitte)

Flares
(rechts oben)

Spikulen
(am Sonnenrand auf der linken Seite unten, ähnlich einer brennenden Grassteppe)

Unter Flare (s. Abb. 21) versteht man ein Phänomen in der Chromosphäre und Korona der Sonne, verursacht durch ein plötzliches Freiwerden von Energie, welche Materie in der Sonnenatmosphäre aufheizt und beschleunigt. Flares sind Explosionen, die meist ein paar Minuten andauern. Während dieser Zeit erreicht die Materie Temperaturen von Hunderten vor Millionen Grad. Der größte Teil der Strahlung wird im Röntgenbereich abgestrahlt, aber Flares lassen sich leichter im sichtbaren Licht oder im Radiobereich beobachten. Sie sind assoziiert mit aktiven Gebieten auf der Sonne. Die in den Sonnenfackeln mitgerissenen atomaren Teilchen, hauptsächlich Elektronen und Protonen und bekannt als Sonnenwind, werden auf so hohe Geschwindigkeit beschleunigt (ca. 450 km/s), so dass sie zusammen mit Hitze und Licht das Schwerefeld der Sonne verlassen können.

Bei Messungen durch die Sonde Ulysses wurden Daten übermittelt, die zeigten, dass der Sonnenwind, der aus den Polarregionen austritt, fast doppelt so schnell fließt (750 km/s) als in niederen Breiten. Auch weicht die Zusammensetzung des Sonnenwinds der Polarregionen von den Sonnenwinden anderer Breiten ab.

Dieser Sonnenwind gelangt auch zur Erde, auf der er für unterschiedliche Auswirkungen sorgt. So kann er beispielsweise Störungen im Radiobereich verursachen und geomagnetische Stürme und Polarlichter oder eine Aurora auslösen.

Unter Spikulen (s. Abb. 21) versteht man Lichtzungen in der Chromosphäre der Sonne, die Flammen ähneln und die am Sonnenrand beobachtet werden können. Sie verändern sich rasch und weisen eine Lebensdauer von nur fünf bis zehn Minuten auf. Typische Spikulen erstrecken sich über eine Fläche von 1.000 Quadratkilometern und werden bis zu 10.000 Kilometer lang. Sie sind nicht gleichförmig über die Sonne verteilt, sondern konzentrieren sich entlang der Grenze der Konvektionszellen, die auch in der Granulation der Sonne auftreten.

Protuberanzen (s. Abb. 21) sind eine Reihe von wolken- und flammenartiger Erscheinungen in der Chromosphäre und Korona der Sonne, in denen eine höhere Dichte und eine geringere Temperatur herrschen als in der Umgebung. Am Sonnenrand erscheinen sie als helle Struktur in der Korona, vor der Sonnenscheibe sieht man sie jedoch als dunkle Filamente. Die ruhigen oder stationären Protuberanzen bilden sich abseits von aktiven Regionen. Sie bleiben über Monate stabil und sind einige zehntausend Kilometer hoch. Aktive Protuberanzen hängen mit Sonnenflecken und Flares zusammen und erscheinen wie Hecken, Sprays oder als Bögen. Sie bewegen sich schnell, ändern rasch ihr Aussehen und haben eine Lebensdauer bis zu einigen Stunden. Kühleres Material, das aus den Protuberanzen in die Photosphäre zurückfällt, wird als koronaler Regen beobachtet.

Die Korona (s. Abb. 22), die äußerste Schicht der Sonne, wird als weißes Halo während einer Sonnenfinsternis sichtbar und streckt sich noch Millionen von Kilometer in den interplanetarischen Raum hin bis sie in das interplanetarische Medium übergeht. Die Temperatur innerhalb dieser Korona liegt bei 100.000 °Kelvin. Sie besteht aus mehreren Komponenten.

Abbildung 22 Die Korona der Sonne.

Die K-Korona (Elektronen-Korona oder Kontinuums-Korona) beobachtet man als weißes Licht der Photosphäre, das an hoch-energetischen Elektronen mit Temperaturen von einer Million Grad gestreut wird. Die K-Korona ist nicht gleichmäßig, sondern zeigt variable Struktur, wie leuchtende Bänder, Kondensationen, Fackeln, und Strahlen. Da Elektronen sich mit hohen Geschwindigkeiten bewegen, sind die Fraunhoferschen Linien verwaschen.

Fraunhofersche Linien sind die dunklen Absorptionslinien im Spektrum der Sonne und, unter Erweiterung des Begriffs, im Spektrum irgendeines Sterns.

Viele der stärkeren Linien wurden erstmals kartiert von Joseph von Fraunhofer (1787 - 1826), der einige der prominentesten Linien mit Buchstaben bezeichnete. Einige dieser Identifikationsbuchstaben sind in Physik und Astronomie allgemein in Gebrauch, insbesondere die Natrium-D-Linie und die Kalzium-H- und K-Linie.

Buchstabe	Wellenlänge	Chem. Ursprung
A	759.37	Atmosphärisches O_2
B	686.72	Atmosphärisches O_2
C	656.28	Wasserstoff α
D1	589.59	Neutrales Natrium
D2	589.00	Neutrales Natrium
D3	587.56	Neutrales Natrium
E	526.96	Neutrales Natrium
F	486.13	Wasserstoff β
G	431.42	CH-Molekül
H	396.85	Ionisiertes Kalzium
K	393.37	Ionisiertes Kalzium

Die F-Korona (Fraunhofer-Korona oder Staubkorona) besteht aus Licht der Photosphäre, das an langsam sich bewegenden Staubteilchen in der Umgebung der Sonne gestreut wird. In ihrem Spektrum sieht man Fraunhofersche Linien. Die Ausweitung der F-Korona in den interplanetarischen Raum sieht man als Zodiakallicht.

Zodiakallicht ist ein schwacher Lichtkegel entlang der Ekliptik, der in mondlosen Nächten im Westen nach Sonnenuntergang und im Osten vor Sonnenaufgang zu sehen ist. Es entsteht durch die Streuung von Sonnenlicht an kleinsten Teilchen (Mikrometer-Bereich) des Zodiakalstaubes in der Ebene des Sonnensystems. Das Zodiakallicht ist schwach entlang der gesamten Ekliptik vorhanden, ein Phänomen, das gelegentlich als Zodiakalband bezeichnet wird. Eine Aufhellung ergibt sich in dem der Sonne genau gegenüberliegenden Bereich, der Gegenschein genannt wird.

Die E-Korona (Emissionslinien-Korona) besteht aus dem Licht diskreter Emissionslinien von hoch ionisierten Atomen, insbesondere Eisen und Kalzium. Sie kann man nur bis zu einem Abstand von zwei Sonnenradien nachweisen. Die E-Korona emittiert auch Strahlung im extremen Ultraviolett und weichen Röntgenbereich des Spektrums.

Emissionslinien begrenzen einen schmalen Wellenbereich in einem Spektrum, in dem Energie in einem höheren Maß emittiert wird als im umgebenden Kontinuum. Emissionslinien entstehen bei Übergängen zwischen verschiedenen Energieniveaus in Gas-Atomen oder -Molekülen mit einer Netto-Freigabe an elektromagnetischer Energie.

Die Ausdehnung und Form der Korona verändert sich im Verlauf eines Sonnenzyklus hauptsächlich aufgrund der Lichtstreifen (Streamer), die von den aktiven Gebieten ausgehen. Der Sonnenzyklus ist eine periodische Veränderung im Betrag der Sonnenaktivität, vor allem in der Anzahl an Sonnenflecken. Die Zyklusperiode beträgt rund 11 Jahre, doch verringert sich diese während des 20. Jahrhunderts in Richtung auf eine 10-jährige Dauer.

Zu Beginn eines jeden neuen Zyklus treten, wenn überhaupt, nur wenige Sonnenflecken auf. Die ersten neuen Zyklen erscheinen zwischen 35° und 45° nördlicher als auch südlicher heliographischer Breite. Im weiteren Verlauf des Zyklus folgen Flecken in Äquatornähe, bis dieser mit Flecken um 7° nördlicher und südlicher Breite abschließt. Dieses Verteilungsmuster lässt sich graphisch als Schmetterlingsdiagramm darstellen.

Das Schmetterlingsdiagramm ist eine graphische Darstellung der Variation des Auftretens von Sonnenflecken mit der solaren Breite während eines Sonnenzyklus. Es wurde erstmals von E. W. Maunder gezeichnet und ist auch als Maunder-Diagramm bekannt. Als Maunder-Minimum wurde die sehr geringe Sonnenaktivität in der zweiten Hälfte des 17. Jahrhunderts bekannt. Dies fiel zufällig mit einer ungewöhnlich kalten Periode in Nordeuropa zusammen, die man auch als kleine Eiszeit bezeichnete.

Auf einem Graphen mit der solaren Breite als senkrechte Achse und der Zeit in Jahren als horizontale Achse wird für jeden Sonnenfleck innerhalb dieser Garrington-Rotation eine senkrechte Linie an der Stelle des betreffenden Breitengrades über einem Breitengrad gezogen. Das Ergebnis ist ein Muster, welches an Schmetterlingsflügeln erinnert und darum diesem Diagramm seinen populären Namen gegeben hat.

Die Carrington-Rotationszahl ist eine Zahl, die jede einzelne Rotation der Sonne identifiziert. Die Sequenz begann mit Rotation 1 vom 9. November 1953. Das System wurde von R. C. Carrington begonnen, der auch die mittlere synodische Rotationsperiode für Sonnenflecken einführte, die er zu 27.2753 Tagen bestimmte. Da die Sonne nicht als Festkörper rotiert, variiert die Periode eigentlich mit der solaren Breite.

Man nimmt an, dass der Sonnenzyklus durch ein Zusammenspiel zwischen der Dynamo-Wirkung des Sonnenmagnetismus und der Rotation der Sonne verursacht wird. Die Sonne rotiert nicht wie ein starrer Körper, sondern die Regionen in Äquatornähe drehen sich am schnellsten. Dadurch wird ein magnetisches Feld induziert, welches in der Photosphäre die Sonnenflecke hervorruft. Am Ende eines jeden Zyklus kehrt sich das Magnetfeld der Sonne um. Hieraus führt eine Periode von 22 Jahren, die als Hale-Zyklus bekannt ist.

Das Magnetfeld der Sonne ist nach irdischen Maßstäben sehr stark und sehr kompliziert. Die Magnetosphäre auch bekannt als Heliosphäre der Sonne dehnt sich bis hinter den Zwergplaneten Pluto aus.

4.2   Erforschung der Sonne

Die ersten Daten der Sonne wurde ab 1959 bis 1987 von den Sonden Pioneer 5 - 9 übermittelt. Dann folgte das Weitraumlabor Skylab, die Explorer 49-Sonde und die Sonden Helios 1 u. 2, die bis auf 43 bzw. 47 Millionen Kilometer an die Sonnenoberfläche herankamen.

Dann folgte die Solar Maximum Mission (SMM) (s. Abb. 23), deren Hauptaufgabe die koordinierte Beobachtung von Sonnenaktivitäten war. Dabei wurden insbesondere Flare der Sonne während eines Höchststandes der Sonnenaktivitäten erforscht. Dabei wurden sieben besonders ausgewählte Instrumente zum Studium der Kurzwellen und der Strahlung der Korona verwendet. Diese lieferten Daten über die Energie von Flaren, die Teilchenbeschleunigung, Gestaltung des heißen Sonnen-plasmas und der Masseausstoßung. Ergänzend zu diesen Studien wurde als Gastuntersuchungs-programm von dem Raumfahrzeug ISEE 3 Messungen der Teilchenemission von Flaren durchgeführt. Die Mission wurde am 14. Februar 1980 gestartet.

Abbildung 23 Die SMM - Beobachtungsstation war eine Modulkonstruktion, die in ein annähernd 4 Meter langen und im Durchmesser von 2,3 Metern kreisförmige Hülle eingepasst war. Das Instrumentenmodul nahm eine Höhe von 2,3 Metern ein und enthielt alle solaren Messinstrumente zusammen mit dem punktgenauen Sonnensensor. Unter dem Instrumentenmodul befand sich das Multimission Modular Spacecraft (MMS), welches die Systeme der Fluglagekontrolle, der Kraftstation, der Kommunikation sowie des Datenaustausches beinhaltete. Zwischen dem Instrumentenmodul und dem MMS war ein Übergangsstück, dass zwei Solarpaddel unterstützte, die zwischen 1.500 und 3.000 W lieferten.

Das Raumfahrzeug konnte die Umlaufbahn nicht halten und wurde 1984 durch Astronauten eines Shuttles (Mission STS-41C) erfolgreich repariert. SMM sammelte daraufhin bis zum 24. November 1989 Daten und trat in die Erdatmosphäre am 2. Dezember 1989 ein.

Die Ulysses-Sonde (vorher „Internal Solar - Polar Mission (ISPM)" genannt) wurde 1990 gestartet und führte die ersten Messungen über die Sonne in einer polaren Umlaufbahn durch. Auf seiner Route zur Sonne machte die Sonde einen Vorbeiflug (am 8. Februar 1992) am größten Planeten des Sonnen-systems, dem Jupiter, und führte dort Messungen durch. Der erste Polüberflug war im Juni 1994.

Die Ulysses-Missionen (s. Abb. 24) wurde in Zusammenarbeit von ESA und NASA durchgeführt. Der europäische Teil bestand in der Bereitstellung und Einsatzfähigkeit des Raumfahrzeugs und in über der Hälfte der Experimente. NASA lieferte die Starteinheit an Bord des Space-Shuttles Discovery, den Oberstufenmotor, den Raumfahrzeugkraftgenerator und ist für die übrigen Experimente verant-wortlich. NASA unterstützt außerdem ihr bei der Mission Gebrauch findendes Deep Space Network (DSN). Die ursprüngliche Mission wurde mit zwei Raumfahrzeugen geplant, eines von der NASA und das andere von der ESA gebaut, aber die NASA sagte ihr Raumfahrzeug 1981 ab.

Die Hauptziele der Mission sind die Untersuchungen über die Eigenschaften der Solarwinde, das Gefüge der Sonne/Wind-Wechselbeziehung, das heliosphärische Magnetfeld, die Ausbrüche von Radio- und Plasmawellen, die solaren Röntgenstrahlen, die solaren und kosmischen Strahlen sowie über den interplanetaren Staub und das interplanetare Gas.

Die sekundären Ziele der Mission beinhalten interplanetarische physikalische Untersuchungen während der Erde – Jupiter Umlaufphase, Messungen in der Jupiteratmosphäre bei der Jupiterbegegnung, die Entdeckung von kosmischen Gammastrahlenausbrüchen sowie der Suche nach Gravitationswellen.

Das Ulysses Raumfahrzeug wird von einem einfachen Radio-Isotop-Generator angetrieben. Alle Raumfahrzeugsysteme und die neun Instrumentensets, die die wissenschaftliche Nutzlast ausmachen, funktionieren auch weiterhin nach dem gefährlichen Flug durch die Jupiteratmosphäre.

In Zukunft wird die Ulysses-Missionen noch viele aufschlussreiche Untersuchungen während des ungefähr 11 Jahre andauernden Zyklus von Sonnenaktivitäten durchführen. Die Mission bietet die einmalige Gelegenheit unser Wissen über bisher unbekannte Gebiete durch das studieren der wechselnden Zustände der Sonnenaktivitäten zu erweitern.

Die am 30. August 1991 in Zusammenarbeit zwischen Japan/USA/England gestartete Yohkoh (Solar A) - Mission soll die hoch-energetische Strahlung von Sonnenflaren studieren. Diese Mission ist der Nachfolger von der Hinotori-Mission, die bei einem Höchststand der Sonnenaktivität stattfand.

Yohkoh (s. Abb. 25) ist ein an drei Achsen stabilisiertes Observatorium, das sich in einer kreisförmigen Erdumlaufbahn befindet. Es beinhaltet an Instrumenten zwei Kameras und zwei Spektrometer. Die Kameras sind so ausgerichtet, dass keine Aufnahme einer Sonneneruption auf der sichtbaren Seite der Sonne ausgelassen wird.

Abbildung 25 Yohkoh, annähernd 50 MB an Daten werden pro Tag gesammelt und an Bord des Raumfahrzeuges gespeichert.

Am 12. September 1995 wurde mit Hilfe einer Atlas 2-AS Rakete von Cape Canaveral in Florida aus die „Solar and Heliospheric Observatory" -Mission (SOHO) gestartet. Ziele der Mission sind die Sammlung und Speicherung von Daten über die Chromosphäre der Sonne, der Korona und der Sonnenwinde. Außerdem soll SOHO die innere Struktur der Sonne anhand von helioseismologischen Mittel und durch die Beobachtung von Änderungen in der Sonnenstrahlung erforschen. SOHO ist ein Teil des „International Solar-Terestrial Physics Program (ISTP)".

Das SOHO - Raumfahrzeug ist an drei Achsen stabilisiert und zeigt mit einer Genauigkeit von +/- 10 arcsek pro 15 Min zur Sonne. Es besteht aus einem Nutzlastmodul, in dem die Instrumente unterge-bracht sind und einem Servicemodul, das die Raumfahrzeuguntersysteme beinhaltet. SOHO wurde im Lagrangepunkt L1 platziert, indem ununterbrochen das Sonnenlicht empfangen werden kann. Die Nutzlast besteht aus zwölf Instrumenten, die einen stetigen Strom an Daten produzieren, die im Goddard Space Flight Center der NASA ausgewertet werden.

4.3   Zukunft und Ende der Sonne

Die Sonne hat mit einem Alter von 4,5 Milliarden Jahren etwa die Hälfte ihres Lebensweges hinter sich. Seit ihrer Geburt hat sie also ungefähr die Hälfte des Wasserstoffes in ihrem Kern verbraucht. Mit zunehmendem Alter wird sie in ihrem Kern mehr Wasserstoff aufzehren und immer schneller arbeiten müssen, um dort die Temperaturen und den Druck aufrechtzuerhalten. Als Folge davon wird sich die Sonne langsam in einen größeren, helleren und heißeren Stern verwandeln und dabei immer mehr Wärme an die Planeten im Sonnensystem abgeben.

Das Schicksal der Erde ist deshalb untrennbar mit dem Altern der Sonne verknüpft. Als „Roter Riese" wird die Sonne die Felsen auf Erde zum Schmelzen bringen und danach als „Weißer Zwerg" die Erdoberfläche in einen Tiefkühlkeller verwandeln. Das haben nach Angaben des britischen Wissen-schaftsmagazins „New Scientist" Modellberechnungen von US-Astrophysikern ergeben. Die Sonne wird immer heller und heißer, wie Astronomen schon längere Zeit wissen. Seit ihrer Entstehung hat ihre Strahlung um 30 % zugelegt. Daraus haben die Wissenschaftler für die Zukunft einen Anstieg von 10% alle 1,1 Milliarden Jahren errechnet. Wenn in 6,4 Milliarden Jahre der Wasserstoff der Sonne verbrannt sein wird, dann soll sie doppelt so hell wie heute scheinen. Der Treibhauseffekt wird sämt-liche Ozeane verdunsten lassen. Die Sonne beginnt sich auszudehnen, wenn das Helium in ihrem Inneren durch einen Heliumblitz gezündet wird und brennt. Durch dieses explosionsartige Ereignis expandiert der Kern der Sonne und es entstehen Stoßwellen, die dann etwa ein Drittel der Sonnen-masse nach außen hin mit sich reißen. Als "Roter Riese" wird die Sonne in den nächsten 1,3 Milliarden Jahren einen 170mal so großen Durchmesser wie heute haben. Die gleißende Atom Glut der äußeren Sonnenschale verschlingt dann den der Sonne am nächsten stehenden Planeten Merkur und die Tagestemperaturen der Erde wird bis auf 1.400°C ansteigen. Beim letzten Zucken im Todeskampf bläht sich die Sonne bis zur Umlaufbahn der Erde aus und wird dann 5.200mal so hell wie heute sein.

Da unser Sonnensystem zu wenig Masse besitzt, wird die Sonne nicht in einer Supernova explo-dieren. Stattdessen wird sie sich in einen kleinen, hellen Stern verwandeln. Die Materie dieses so ge-nannten Weißen Zwergs wird dann so zusammengepresst, dass ein Teelöffel davon etwa 5 Tonnen wiegt. Ist dann der letzte Brennstoff der Sonne verbraucht, wird sie allmählich vergehen und zu einem kalten, toten Körper werden, den man als „Schwarzen Zwerg" bezeichnet.

Während des Umwandlungsprozesses wird der größte Teil der Elemente nicht aus dem Weißen Zwerg entweichen können, sondern in Form von abkühlender Schlacke zusammenbleiben. Ein geringer Prozentsatz davon wird aber in das Weltall gelangen und sich dann irgendwo mit einer Urwolke aus Gas und Staub vermischen und so wiederum einen neuen Stern und Planeten entstehen lassen. Das führt möglicherweise sogar zu Vorgängen, die neues Leben hervorbringen.

5 Merkur ☿

Der Planet Merkur war schon den alten Sumerern bekannt und wurde von den Römern nach dem Gott
des Handels, der Reisenden und der Diebe benannt und war damit der römische Pedant zum griechischen Gott Hermes, dem schnellfüßigen Götterboten. Der Planet bekam wohl den Namen, weil es
zur damaligen Zeit den Anschein hatte, als würde der Merkur sich schneller bewegen als alle anderen
beobachteten Planeten. Die Griechen gaben ihm sogar zwei Namen, Apollo wegen seiner Erscheinung als Morgenstern und Hermes als Abendstern. Sie wussten aber, dass sich die beiden Namen auf
denselben Planeten bezogen. Der Grieche Heraklit glaubte sogar, dass die Planeten Merkur und
Venus die Sonne umkreisen und nicht die Erde.

5.1 Aufbau des Merkurs

Der Merkur (s. Abb. 26) steht der Sonnen am nächsten und ist der kleinste der erdähnlichen
(terrestrischen) Planeten sowie der zweit kleinste Planet unseres Sonnensystems. Sein Durchmesser
beträgt 4.880 Kilometer und ist somit 40 % kleiner als der Erddurchmesser und 40 % größer als der
Monddurchmesser. Merkur ist sogar kleiner als der Jupitermond Ganymed und der Saturnmond Titan,
dafür aber massereicher. Merkur besitzt keine uns bekannten Satelliten.

Abbildung 26 Merkur, der sonnennächste Planet, ist der
mysteriöseste der inneren Planeten im Sonnensystem.
Das bisher einzige Raumfahrzeug, das zur Erforschung
des Merkurs ausgesendet wurde, war die Mariner 10 –
Sonde, die am 03.November 1973 auf der Erde gestartet
wurde. Sie vollführte in den Jahren 1974/75 drei
Vorbeiflüge.

Wenn jemand über die Oberfläche von Merkur ginge, würde er eine Welt entdecken, die der Mondoberfläche ähnelt. Die von Staub bedeckten Hügel wurden durch das stetige Bombardement von
Meteoriten erodiert. Klippen und Felsen erheben sich mehrere Kilometer in die Höhe und besitzen
eine Ausdehnung von einigen hundert Kilometern. Krater übersäen die Oberfläche. Außerdem würde
er feststellen, dass die Sonne zweieinhalbmal länger als auf der Erde scheint, jedoch ist der Himmel
immer schwarz, da der Merkur so gut wie keine Atmosphäre besitzt. Wenn man von der Oberfläche
des Merkurs in den Weltraum hinaussehen würde, würde man zwei Planeten entdecken. Einen
cremefarbenen, die Venus, und einen blauen Planeten, die Erde.

Astronomische Beobachtungen von der Erde aus sind sehr schwierig, da der Planet zum einen sehr
klein ist und sich zum anderen am Himmel nicht weiter als 28° von der Sonne entfernt. Aus diesem
Grund zeigt der Merkur Phasen ähnlich wie der Mond. Mit dem Fernrohr ist der Merkur nur kurze Zeit
am Tage oder in der Dämmerung durch die unruhigen und dem Horizont nahe liegenden schichten
der Erdatmosphäre zu beobachten. Man sieht auf dem Planeten im besten Fall nur unbestimmte

helle und dunkle Flecken, die Albedo-Formationen. Die dunklen Flecke werden als Solitudo bezeichnet, das so viel wie Ödland bedeutet.

Bis 1965 war die Rotationszeit von Merkur nicht zuverlässig bekannt. Führende Experten auf dem Gebiet der visuellen und fotografischen Beobachtung der Planeten behaupteten in einem Buch über Planetenastronomie, dass der Merkur gebunden rotiere, was so viel heißt, dass er der Sonne, wie der Mond der Erde, ständig dieselbe Seite zuwende. Bei einer solchen gebundenen Rotation folgerten diese Wissenschaftler müsste sich der Merkur während eines Sonnenumlaufs einmal um seine Achse drehen. Durch Versuche mit Radarstrahlen von Pettengill/Dyce (1965), dabei maßen die beiden die Frequenzen von Radarimpulsen die vom Arecibo-Observatorium aus zu den äußeren Rändern der Oberfläche von Merkur und von dort wieder reflektiert wurden, und später durch Goldstein (1971) stellte sich heraus, dass der Merkur im Rechtssinn (gleicher Drehsinn wie die Erde) und mit einer Periode von 59 Tagen um seine Achse rotiert.

Der italienische Himmelsmechaniker Giuseppe Colombo fand heraus, dass die Periode von 59 Tagen mit der Umlaufzeit von 88 Tage annähernd in einem Verhältnis von 2 zu 3 steht. Colombo nahm deshalb eine Kopplung von Bahndrehimpuls und Eigendrehimpuls, genannt die Spin-Bahn-Kopplung, mit einer Rotationsdauer von 58,65 Tagen an. Im Verlauf zweier Sonnenumläufe dreht sich der Merkur dreimal um seine eigene Achse. Diese Vermutung von Colombo wurde durch weitere Radarbeobachtungen und durch Fotografien von der Sonde Mariner 10 bestätigt. Durch die langsame Rotation entspricht ein Tag auf dem Planeten zwei Jahren auf der Erde.

Die Temperatur an der Oberfläche des Merkurs ändert sich zwischen Tag und Nacht von +427°C bis -173°C. Diese hohen Temperaturunterschiede, die größten unter den Planeten im Sonnensystem, werden durch die große Bahnexzentrität von Merkur, d.h. durch die erhebliche Variation der Sonnenentfernung, hervorgerufen. Diese Sonnenentfernung schwankt zwischen 46 (Perihel) und 70 Millionen (Aphel) Kilometern. Als Folge der synchronen Rotation zeigt der Merkur im Perihel, d.h. bei einer Sonnenentfernung von 46 Millionen Kilometern, der Sonne immer die gleichen Punkte, und zwar entweder dem 0ten oder den 180sten Meridian. In diesen Punkten liegen auch die Hitzepole (z.B. das Caloris-Becken), da diese Punkte 2,5mal mehr Sonnenenergie empfangen als die um 90° versetzten Meridiane. Dies ist der Grund dafür das es auf dem Merkur, trotz seiner senkrechten Rotationsachse, Jahreszeiten auftreten. Auf dem Merkur verursacht die Spin-Bahn-Kopplung Jahreszeiten für verschiedene Längengrade.

Unter der Oberfläche von Merkur gibt es interessante Temperaturbeobachtungen. In der Nähe des Äquators liegt die Temperatur immer über dem Gefrierpunkt von Wasser, hingegen in den Polregionen immer deutlich darunter. Da die Sonneneinstrahlung bei den verschiedenen Längengraden des Merkurs variiert und deshalb Wasser an die Planetenoberfläche kommen könnte, könnte dieses Wasser dort charakteristische Spuren hinterlassen. Überraschenderweise wurden weder auf Radarkarten noch auf Fotografien der Raumsonde Mariner 10 solche Spuren gefunden.

1991 entdeckten Wissenschaftler von Caltech durch das Aufprallen lassen von Radiowellen auf den Nordpol von Merkur, eine ungewöhnliche und vielversprechende Antwort. Bei der Entdeckung am Nordpol handelt es sich um Signalantworten, die auf Wassereis auf oder unmittelbar unter der Oberfläche schließen lassen. Dies kann möglich sein, da die Rotation des Merkurs fast senkrecht zu seiner orbitalen Ebene ist und der Nordpol die Sonne immer nur gerade über den Horizont sieht. Auch werden die Innenseiten der Krater nie der Sonnenbestrahlung ausgesetzt und die Wissenschaftler vermuten deshalb, dass dort konstante Temperaturen um die -161°C herrschen.
Dieses Wassereis, nehmen die Wissenschaftler an, hat ein Alter von vielen Milliarden Jahren.
Bei diesen frostigen Temperaturen können die ausströmenden Gase des Planeten eingefangen werden. Es besteht außerdem die Möglichkeit, dass Eis durch den Aufprall von Kometen auf den Merkur gebracht wird. Diese Eisablagerungen könnten mit der Staubschicht überzogen sein und würden dann für diese ungewöhnlichen Signalantworten sorgen.

Wegen dieser hohen Temperaturen und der geringeren Masse kann der Merkur keine Atmosphäre halten. Es wurden jedoch geringe Mengen an Schwefel und Helium nachgewiesen, die wegen der Hitze von Merkur zügig in den Weltraum entweichen. Diese werden vermutlich frei, wenn Mikrometeoriten auf der Oberfläche einschlagen, radioaktive Elemente im Oberflächenmantel zerfallen oder sie werden aus dem Sonnenwind eingefangen.

Merkur besitzt mit 5,43 g/cm3 eine nur um weniges geringere Dichte als die Erde. Zieht man die geringere Größe und damit einen geringeren Druck im Inneren von Merkur in Betracht, so kommt man zu der Vermutung, dass etwa 70% der Gesamtmasse in einem ausgedehnten Eisenkern stecken müssen, dessen Radius zwischen 1.800 und 1.900 Kilometer beträgt. Auch ein schwaches Magnetfeld, das etwa ein Prozent des irdischen erreicht, spricht für einen metallischen Kern. Die äußere Hülle besteht aus Silikaten ist etwa 500 bis 600 Kilometer dick.

Die meisten wissenschaftlichen Befunde über den Merkur kamen von der Raumsonde Mariner 10, die am 03. November 1973 gestartet wurde. Zum ersten Mal flog sie am 29. März 1974 in einer Entfernung von 705 Kilometern zur Merkuroberfläche am Planeten vorbei. Am 21. September 1974 passierte sie ihn zum zweiten Mal und am 16. März 1975 zum dritten Mal, bevor das Steuergas der Sonde zur Neige ging und sie sich nicht mehr kontrollieren ließ. Da bei allen drei Vorbeiflügen (s. Abb. 27) immer die gleiche Seite des Merkurs von der Sonne beleuchtet war, konnte nur etwa die Hälfte (ca. 45%) der Oberfläche von Merkur kartiert werden. Bei diesen Vorbeiflügen am Merkur wurden von der Mariner 10 - Sonde insgesamt 2.700 Fotografien gemacht und zur Erde übermittelt.

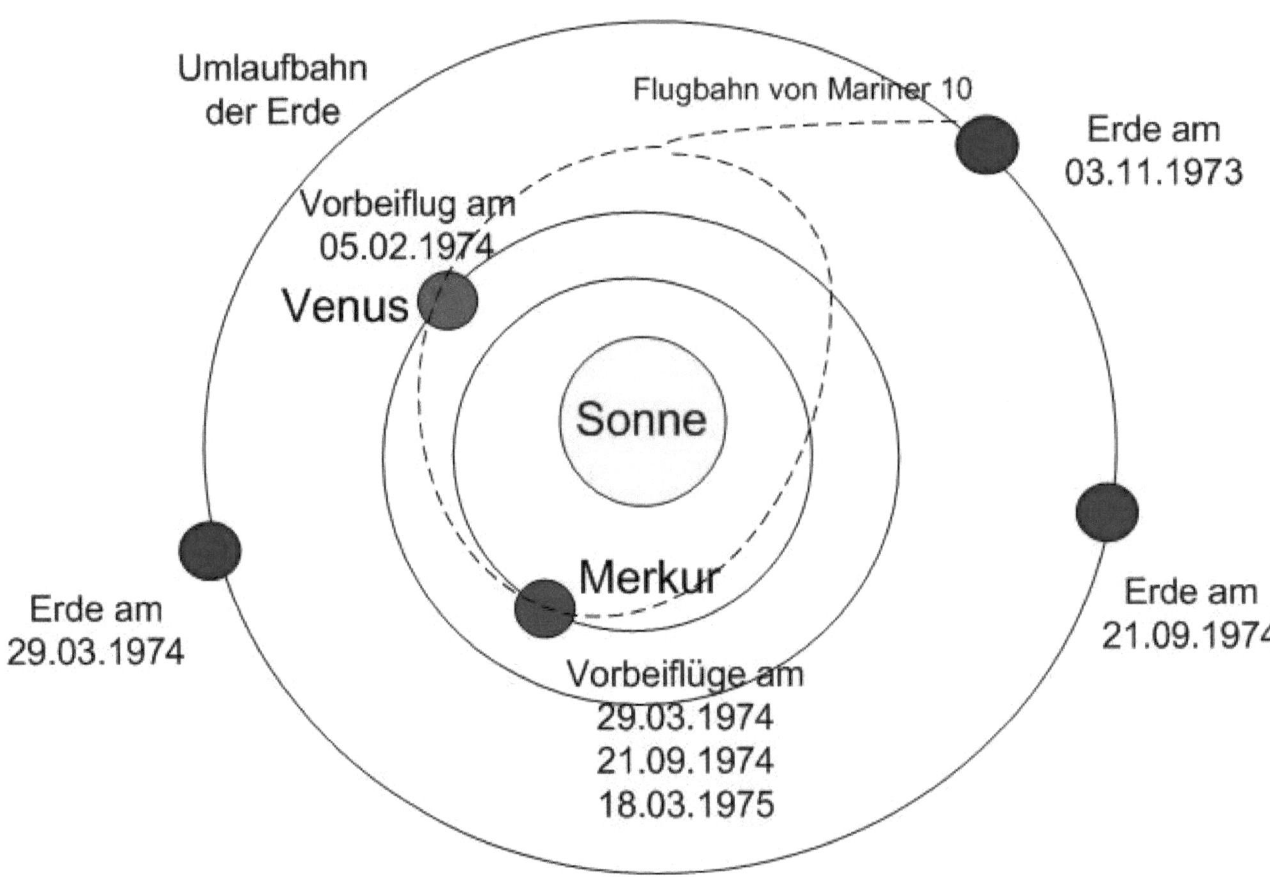

Abbildung 27 Nach dem Start am 03. November 1973 flog die Sonde Mariner 10 zunächst zum Planeten Venus, in dessen Gravitationsfeld wurde die Sonde dann abgelenkt und erreicht auf diese Weise die gewünschte Umlaufbahn um die Sonne. In dieser Umlaufbahn betrug die Umlaufzeit 176 Tage oder zwei Merkurjahre und brachte die Sonde in ihrer aktiven Phase insgesamt dreimal in die unmittelbare Nähe von Merkur.

Bis zu diesem Zeitpunkt vermuteten die Wissenschaftler kein Magnetfeld auf dem Merkur. Sie dachten, da der Merkur vom Durchmesser klein war, dass sein Planetenkern sich vor langer Zeit gefestigt habe. Das Vorhandensein eines magnetischen Feldes weist darauf hin, dass ein Planet einen Eisenkern besitzt, der teilweise geschmolzen ist. Magnetfelder entstehen durch das Rotieren von leitenden und geschmolzenen Kernen und ist als Dynamoeffekt bekannt. Die Raumsonde Mariner 10 entdeckte, dass der Merkur ein Magnetfeld mit der Stärke von 1% des Erdmagnetfeldes besitzt. Dieses Magnetfeld neigt sich 7° zur senkrechten Rotationsachse des Merkurs und produziert eine Magnetosphäre rund um den Planeten. Die Stärke des Magnetfeldes ist unbekannt und wird teilweise vom geschmolzenen Eisenkern im Planeteninneren erzeugt. Eine andere Ursache des Magnetfeldes ist der Restmagnetismus von Eisen, das in Felsen enthalten ist. Diese Felsen wurden magnetisiert, als der Planet in seiner Anfangszeit noch ein starkes Magnetfeld hatte. Als der Planet abkühlte, bewahrte sich ein Restmagnetismus in diesen Felsen auf.

Von der Mariner 10 -Sonde aufgenommene Fotografien, mit Details bis zu 100 Metern, zeigen eine mondähnliche mit Kratern übersäte Oberfläche (s. Abb. 28) mit einem plattentektonischen Aufbau. Es bestehen jedoch Unterschiede zwischen der Mond- und der Merkuroberfläche. So kann beispiels- weise eine genaue Analogie der dunklen Mondmeere auf dem Merkur nicht gefunden werden und die mit Kratern übersäten Regionen des Merkurs zeigen deutliche Ebenen oder relativ flache Areale zwischen den Kratern und den Becken, wo hingegen auf unserem Mond die Hochländer dicht ge- packte und überlappende Krater aufweisen. Ein weiteres Unterscheidungsmerkmal sind die vielen großen Krater mit bis zu 20 - 50 Kilometern Durchmesser auf der Oberfläche von Merkur, die auf dem Mond sehr selten vorkommen.

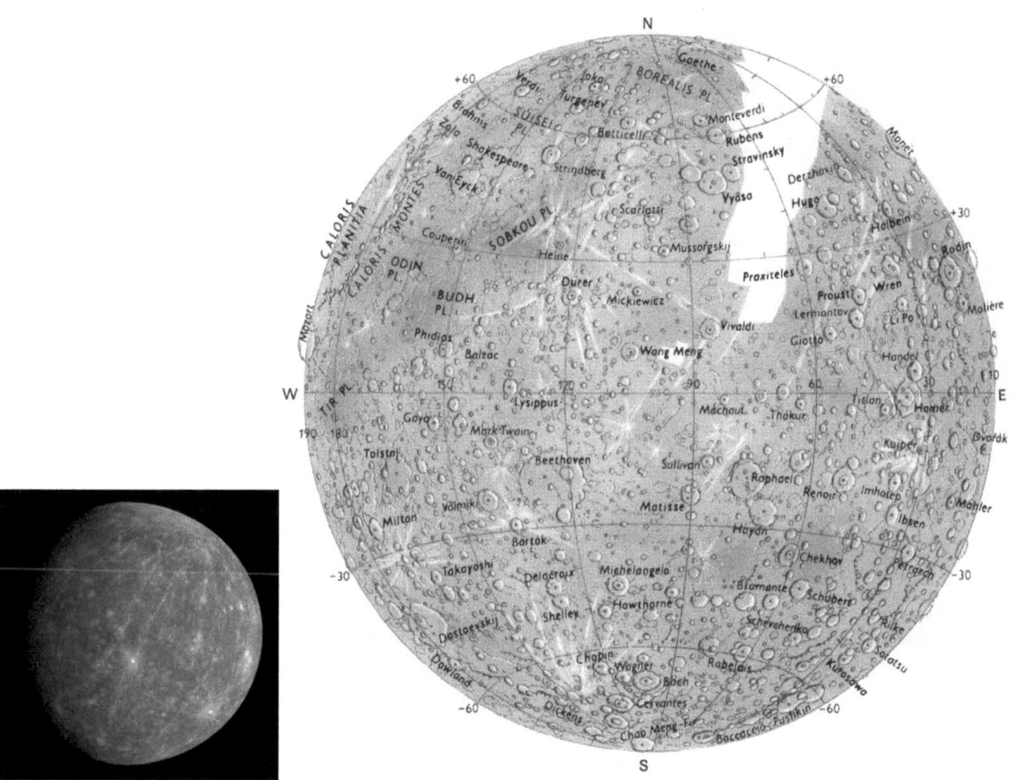

Abbildung 28/ 29 Die Krater des Merkurs erhielten ihre Namen nach berühmten Schriftstellern, Dichtern, Malern und Komponisten aus der ganzen Welt. Eine Ausnahme bildet der Krater Kuiper, benannt nach dem amerikanischen Astronomen Gerard Kuiper. Dieser hatte einen großen Anteil an der Vorbereitung der Kartierung des Merkurs durch die Raumsonde Mariner 10. Die Planitiae, d.h. die Ebenen des Merkurs wurden nach den Namen des Gottes Merkur in den verschiedenen Sprachen und die Namen von Göttern der alten Kulturen benützt, z.B. Odin. Die Furchen des Merkurs wurden nach bekannten Raumschiffen, wie Discovery, Wostok benannt.

Merkur hat eine Menge junger Krater, die helle Strahlenkränze besitzen. Anscheinend werden die von der Erde aus sichtbaren Albedo - Unterschiede durch Systeme von hellen Strahlen verursacht werden, denn auf dem Merkur sind die Unterschiede in der Albedo der Kontinente und Meere nicht so ausgeprägt wie auf dem Mond.

Etwa 70% des durch Fotografien des Mariner 10 – Sonde erfassten Gebietes ist stark von Kratern zerfurcht. Die auffälligste Formation ist das Caloris - Becken (s. Abb. 30), ein riesiger Einschlagkrater mit einem Durchmesser von ca. 1300 Kilometern, was etwa einem Viertel des Durchmessers von Merkur entspricht.

Abbildung 30 Das auffälligste Merkmal auf der Oberfläche von Merkur ist das Caloris - Becken, das durch einen Einschlag eines Asteroiden entstanden ist.
Diese hoch aufgelöste Aufnahme der Sonde Mariner 10 zeigt einen Ausschnitt des Beckens.

Die Astronomen Hartmann und Kuiper (1962) definierten das Becken als große kreisförmige Vertiefung mit kennzeichneten konzentrischen Ringen und Strahlen ähnlichen Zügen. Der verhältnismäßig ebene Boden in dem Bassin ist durch das Auffüllen von geschmolzenem Material entstanden Gebiete derselben Art bedecken Teile des Auswurfmaterials. Der Einschlag, wahrscheinlich durch ein Projektil von 100 Kilometern im Durchmesser, ereignete sich etwa vor 3,8 Milliarden Jahre und löste damit einen bereits seit rund hundert Millionen Jahren erloschenen Vulkanismus wieder aus. Hierdurch entstanden die ebenen Gelände innerhalb des Beckens und dessen Umgebung.

Auf der dem Caloris - Becken gegenüberliegenden Seite des Merkurs findet man ein merkwürdig chaotisches Gebiet, das vermutlich durch die beim Aufschlag ausgelöste Schockwelle entstanden ist.

Auffällig sind ebenfalls gewundene Böschungen, Rupes, zwischen einigen hundert und 3.000 Meter hohen Bergrücken, die nach dem Impakt vermutlich entstanden, als sich die Kruste beim Abkühlen des Planeten zusammenzog. In einigen Fällen durchziehen sie auch Krater.

Der Merkur wurde nicht nur von der Sonde Mariner 10 erforscht. Im März 2011 schwenkte die NASA-Raumsonde Messenger in einen Merkurorbit ein und studierte ihn eingehend mit ihren zahlreichen Instrumenten und konnten den Planeten vollständig kartographieren. Außerdem wurden die tektonische und geologische Geschichte, seine Zusammensetzung, der Ursprung des Magnetfeldes, der Planetenkern, die Polkappen sowie die Exosphäre und Magnetosphäre des Planeten Merkur untersucht. Die Sonde fand in den Kratern in der Nähe der Polkappen auch Hinweise auf gefrorenes Wasser, da es dort im Gegensatz zum glühend heißen Merkuräquator sehr kalt ist. Messenger war etwa 6,5 Jahre unterwegs bis sie am 30 April 2015 gezielt auf der erdabgewandten Seite des Merkurs in der Nähe des Kraters Shakespeare zum Absturz gebracht wurde.

5.2   Entstehung des Merkurs

Merkurs Entstehungsgeschichte ähnelt sehr der von der Erde. Vor über 4,6 Millionen Jahren wurde der Planet geformt. Dies war eine Zeit des intensiven Bombardements der Planeten durch Materie, die den Nebel verließ, der die Planeten bildete. Während dieser frühen Gestaltung von Merkur bestand er höchstwahrscheinlich aus zwei Teilen, dem dichten metallischen Kern und einer Kruste aus Silikaten. Nach der intensiven Periode des Bombardements floss Lava über die Planetenoberfläche und bedeckte die alte Kruste. In dieser Zeit wurden viele Trümmer hochgerissen und der Merkur trat in eine leichtere Phase des Bombardements ein. Während dieser Periode wurden die Kraterebenen geformt. Dann kühlte der Merkur ab. Während der dritten Phase überflutete Lava die Tiefländer und produzierte die glatten Ebenen. In der vierten Phase der Entstehung entstand die staubige Oberfläche durch das Bombardement von Mikrometeoriten. Danach schlugen in der fünften Phase noch einige größere Meteoriten auf der Oberfläche ein und hinterließen die hell strahlenden Krater. Außer der gelegentlichen Kollision mit Meteoriten ist die Oberflächengestaltung des Merkurs nicht mehr aktiv und bleibt dieselbe, wie sie vor Millionen von Jahren war.

5.3   Zukünftige Erforschung des Merkurs

ESA und JAXA, die europäische und die japanische Raumfahrtbehörde, möchten in Zusammenarbeit den sonnennächsten Planeten erforschen und haben den Einsatz der Merkursonde BepiColombo geplant. Der Spitznamen des 1984 verstorbenen Giuseppe Colombo [4] gab diesem gemeinsamen Unternehmen den Namen. Diese Sonde besteht aus zwei Orbitern. Am Merkur angekommen soll der erste als Fernerkundungsorbiter in einer polaren Umlaufbahn von 400 km × 1.500 km fungieren. Der zweite Orbiter dient als Magnetosphärenorbiter in einem polaren Merkurumlauf von 400 km × 12.000 km. Die Komponenten werden sich jeweils der Untersuchung des Magnetfeldes sowie der geologischen Zusammensetzung in Hinsicht der Geschichte des Merkurs widmen. Der Start der Mission ist derzeit für Ende 2018 vorgesehen. Ionentriebwerke sollen den Merkurflug ermöglichen und bis Anfang 2024 dauern. Die Raumsonde BepiColombo wird dabei Temperaturen von bis zu 250 °C ausgesetzt sein und soll unter diesen Bedingungen mindestens ein Jahr lang bzw. über vier Merkurjahre hinweg Ergebnisse liefern.

---

[4] **Guiseppe Colombo,** wuchs in Padua auf und war dann als Professor in theoretischer Mechanik tätig. Er lehrte Schwingungs- und Himmelsmechanik sowie zu den Themen Raumfahrzeuge und Raketen. Er war maßgeblich an der Entwicklung des Konzepts des Space Tethers beteiligt. Mit Hilfe dieser Methode werden Seile an oder zwischen Raumflugkörpern in Umlaufbahnen zur Energiegewinnung oder Lageänderung genutzt.

6 Venus ♀

Die Venus, der Juwel am Himmel, war bei den alten Astronomen als der Morgenstern (Eosphorus) und als der Abendstern (Hesperus) bekannt. Früher dachten die Astronomen sogar, dass die Venus zwei separate Körper besitzt. Die Venus wurde nach der römischen Göttin der Liebe und Schönheit (Griechisch: Aphrodite; Babylonisch: Ishtar) benannt und ist von der Sonne aus gesehen der zweite und der sechst größte Planet des Sonnensystems. Mit wenigen Ausnahmen bekamen die Oberflächenmerkmale der Venus weibliche Namen.

6.1 Aufbau der Venus

Die Venus (s. Abb. 31) ist einer der erdähnlichen Planeten. Unter allen Planeten ähnelt die Venus der Erde am meisten in ihrer Größe, Masse, mittleren Dichte, dem Volumen, wie auch in der Absorption von Sonnenenergie. Wie die Erde, so ist auch die Venus von einer ausgeprägten Atmosphäre umgeben. Beide haben wenige Krater, Hinweise auf relativ junge Oberflächen und beide wurden etwa zur selben Zeit aus dem gleichen Nebel geformt. Die Astronomen bezeichnen die Venus deshalb

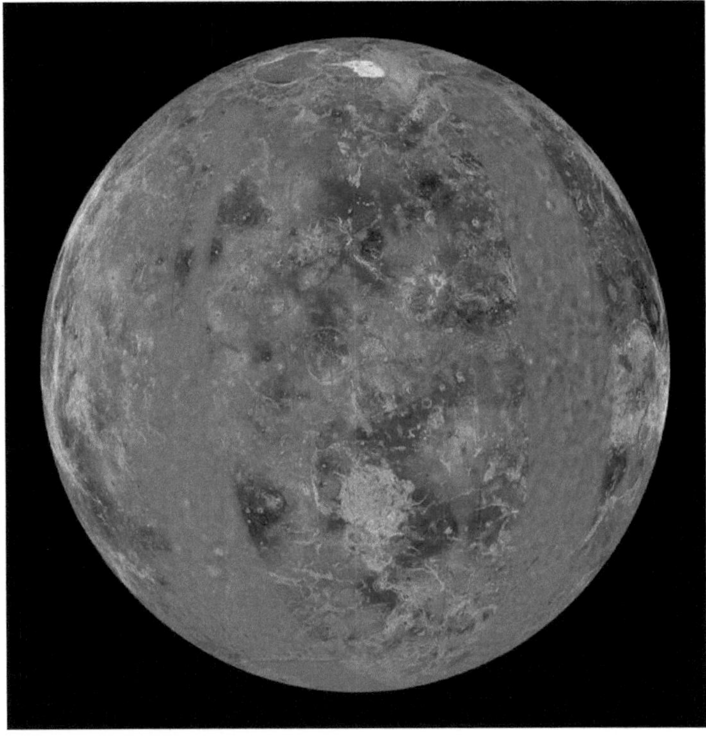

Abbildung 31 Die Raumsonde Magellan der NASA macht diese Aufnahme der nördlichen Hemisphäre der Venus.

auch als Schwesternplaneten der Erde. Während der letzten Jahre stellten die Wissenschaftler aber fest, dass hier die Verwandtschaft endet. Die Venus ist sehr verschieden zur Erde. Sie besitzt keine Ozeane und ihre schwere Atmosphäre setzt sich hauptsächlich aus Kohlendioxid zusammen.

Sie ist aber auch der am wenigsten erforschte Planet im Sonnensystem. Da die Venus von einer dichten, mit undurchsichtigen Wolkenschichten durch setzten Atmosphäre umgeben ist, ist die Oberfläche für uns völlig verborgen. Deshalb ist es kein Wunder, dass noch in den fünfziger Jahren Wissenschaftler die Möglichkeit der Existenz von Leben auf der Venus in Erwägung zogen.

Erst durch die Entsendung nachfolgender Raumsonden konnte Genaueres über die Venus in Erfahrung gebracht werden.

Die ehemalige Sowjetunion schickte (von 1961-1983) insgesamt 16 Sonden des Typs Venera zur Venus. Die meisten dieser Sonden waren mit Landern (Geräte, die auf der Venusoberfläche landen sollten) bestückt, die es bedingt durch den hohen Lufttruck (Sonden wurden zerquetscht bzw. funktionunfähig) und den hohen Temperaturen (bis zu 470°) jedoch nicht bis zur Oberfläche schafften. Den ersten größeren Erfolg verbuchte Venera 7, deren Lander die Oberfläche erreichte und eine halbe Stunde lang Daten zur Erde funkte. Venera 9 und 10 sendeten die ersten Bilder von der Oberfläche, die mit jeder folgenden Mission qualitativ verbessert wurden. Mit Hilfe eines Radarstrahls konnten die Sonden 15 und 16 sogar 30% der Venusoberfläche kartieren.

Die amerikanische Sonde Magellan erreichte nach 15 Monaten eine Umlaufbahn um die Venus und konnte ebenfalls mit Hilfe eines Radarstrahls durch die Wolkendecke hindurch die Venusoberfläche vollständig kartieren.

ESA, die europäische Raumfahrtagentur startete im November 2005 die Venussonde Venus Express (VEX). Sie befindet sich seit April 2006 in einer elliptischen Umlaufbahn um die Venus und soll mit ihren Messinstrumenten das Wettergeschehen und den starken Treibhauseffekt auf dem Planeten erkunden.

Von allen Planeten kann die Venus der Erde am nächsten kommen und ist nach Sonne und Mond das hellste Objekt am Himmel. Da die Umlaufbahn der Venus, die kreisförmigste aller Planeten, eine Exzentrik von weniger als 1% hat, liegt sie innerhalb der Erdumlaufbahn. Deshalb kann die Venus am Himmel nie weiter als 47° von der Sonne entfernt stehen und aus diesem Grund ist Venus entweder abends am Westhimmel oder morgens am Osthimmel zusehen.

Eine weitere Folge der Lage innerhalb der Erdumlaufbahn sind die Phasen der Venus, die sie gleich dem Mond durchläuft. Zum Zeitpunkt ihrer größten Helligkeit und Erdnähe ist die Sichelgestalt schon in einem kleinen Teleskop zu sehen. Galileos Beobachtung dieses Phänomens war ein wichtiger Hinweis für die kopernikanische heliozentrische Theorie über das Sonnensystem.

Ein Tag auf der Venus dauert 243 Erdentage. Im Gegensatz zur Erde rotiert die Venus von Osten nach Westen, das heißt, die Sonne geht im Westen auf und im Osten unter. Außerdem stimmen die Umlaufzeit und die Rotationszeit der Venus überein, so dass immer dieselbe Seite zur Erde zeigt, wenn die beiden sich am nächsten sind. Wegen der langsamen Rotation besitzt die Venus kein Magnetfeld.

Das Innere der Venus ähnelt wahrscheinlich sehr dem Erdinneren und besteht aus einem Eisenkern von circa 6.000 km Durchmesser und einem geschmolzenen Felsmantel, der einen Großteil des Planeten umfasst. Neuere Ergebnisse der Gravitationsdaten von der Sonde Magellan zeigen, dass die Kruste der Venus stärker ist als bisher angenommen. Wie auf der Erde verursacht Konvektion Spannungen an der Oberfläche, die sich in relativ kleinen Gegenden abbauen, im Gegensatz zu den Kontinentalplatten, wie es im Fall Erde sich verhält.

Durch die Sonden entdeckte man auch, dass die Atmosphäre der Venus aus 97 % Kohlendioxid und einigen zehntel Prozent Wasserdampf besteht. Dazwischen gibt es verschiedene mehrere Kilometer dicke Schichten aus Schwefelgasen, die sich wahrscheinlich aus mit Pyrit angereicherten Lavaströmen der Oberfläche der Venus gebildet haben. Diese Wolken verdecken vollständig den Blick auf die Oberfläche. Der Druck der Venusatmosphäre beträgt 90 Atmosphären, was etwa dem Druck entspricht, der bei einem Kilometer unter den Ozeanoberflächen der Erde herrscht. Die Oberfläche ist felsig, und sehr heiß. Es herrschen Temperaturen über 470°C bei Tag und Nacht, die eine Folge des unkontrollierbaren Treibhauseffekts sind. Die Sonnenstrahlen durchqueren die Venusatmosphäre und heizen dabei die Oberfläche auf. Die Hitze wird wieder abgestrahlt, aber sie kann nicht in den Weltraum entweichen, da sie die schwere Atmosphäre nicht durchdringen kann. Dies macht die Venus heißer als den Planeten Merkur, obwohl sie doppelt so weit von der Sonne entfernt ist.

Ein charakteristisches Merkmal für die Atmosphäre eines jeden Planten sind die Temperatur-
änderungen in Abhängigkeit von der Höhe. Bei der Venusatmosphäre lässt der Verlauf der
Temperaturkurve zwei verschiedene Bereiche erkennen, einen unteren, in dem die Temperatur mit
der Höhe abnimmt, und einen oberen, in dem die Temperatur im Mittel nahezu konstant bleibt. Der
untere Bereich erstreckt sich bis zu einer Höhe von etwa 100 Kilometern und wird in Analogie zur
untersten Schicht der Erdatmosphäre Troposphäre genannt. Innerhalb der Venus-Troposphäre fällt
die Temperatur mit jedem Kilometer um etwa 10° Celsius. Oberhalb der Troposphäre folgt eine
Schicht in der Atmosphäre mit geringer Dichte, die bei Tag durch die ultraviolette Strahlung der Sonne
aufgewärmt wird, so dass die Temperaturen mit zunehmender Höhe ansteigen. Den gleichen
Temperaturanstieg kann man in der oberen Atmosphärenschicht der Erde, der Thermosphäre,
beobachten. Aber es gibt einen großen Unterschied, nämlich dass die Thermosphäre auf der Erde
immer vorhanden ist, da die Erdrotation die tagsüber aufgewärmte Hälfte der oberen Atmosphärenschicht mit auf die Nachtseite nimmt. Bei der Venus hingegen verschwindet die Thermosphäre auf der
Nachtseite. Nach Sonnenuntergang auf der Venus kühlen die oberen Schichten der Atmosphäre
rasch auf Temperaturen ab, die unter den in der Troposphäre herrschenden Temperaturen liegen. Die
Atmosphären der Venus und der Erde unterscheiden sich also hauptsächlich dadurch, dass die
Venusatmosphäre im Gegensatz zur Erdatmosphäre unten heiß und oben kalt ist.

Die Oberfläche ist ständig von dichten, stark reflektierenden Wolken bis zu einer Höhe von ca. 70
Kilometern bedeckt. Noch höher, bis zu ca. 90 Kilometern, reicht ein Dunst aus Eiskristallen, die
Beobachtungen in sichtbarem Licht erschweren. Bei einer Beobachtung mit einem Fernrohr zeigt sich
die Venus deshalb als rein weiße Scheibe ohne Details.

Im Bereich der ultravioletten Strahlung ist der Dunst aus Eiskristallen in der Venusatmosphäre jedoch
durchsichtig und es steht einer Beobachtung der hellen und dunklen Wolken in den obersten
Schichten nichts im Wege. Diese Wolken bestehen aus Schwefelsäure-Tröpfchen, die durch die
Einwirkung des Sonnenlichts auf in der Atmosphäre vorhandenem Kohlendioxid, Schwefelver-
bindungen und Wasserdampf gebildet werden. Die Wolken ähneln dem Smog auf der Erde. Auf
Ultraviolettaufnahmen der an der Venus vorbeifliegenden Pioneer-Sonden konnte man Veränderungen und Bewegungen der Wolkenformationen, atmosphärische Zirkulationen, erkennen. An der
Wolkenoberseite wehen starke Stürme mit Geschwindigkeiten von nahezu 350 km/h, hingegen sind
die Winde an der Oberfläche der Venus mit Windgeschwindigkeiten von wenigen Stundenkilometern
sehr schwach. Außerdem wurde eine Gesamtrotation der Atmosphäre mit einer Schwankung
zwischen 4 und 5 Tagen festgestellt.

Auf der Oberfläche der Venus herrscht eine Sichtweite von ca. 3 Kilometern und die Landschaft ist
ähnlich klar beleuchtet wie bei Tag und starker Bewölkung auf der Erde.

Da die Venus nicht vollkommen trocken ist besitzt sie möglicherweise große Mengen an Wasser, das
aber bei den hohen Temperaturen an der Oberfläche vollständig verdunstet. Auf der Erde wäre der
gleiche Zustand, wenn sie näher an der Sonne stehen würde. Man könnte eine Menge über die Erde
lernen, wenn man erkennen könnte, warum sich die grundlegenden Ähnlichkeiten zur Venus sich
derart gravierend verändert haben.

Die undurchsichtige Venusatmosphäre bildet für Radarwellen kein Hindernis, deshalb zeigten die
ersten Radarkarten (s. Abb. 32), die von Raumsonden auf einer Umlaufbahn um die Venus angefertigt
wurden, dass der überwiegende Teil der Oberfläche aus ausgedehnten Ebenen mit mehreren großen
Plateaus besteht. Diese Plateaus können eine Höhe von einigen Kilometern erreichen. Die beiden
größten Hochebenen sind Ishtar Terra auf der nördlichen Halbkugel und Aphrodite Terra (s. Abb. 33)
in der Äquatorregion. Die Maxwell Montes (s. Abb.34) mit einer Höhe von 11 Kilometern sind die
höchste Erhebung. Neben den Bergen und Plateaus auf der Venus, die durch geologische Aktivitäten
geformt wurden, gibt es noch einige Mulden, wie Atalanta Planitia, Guinevere Planitia und Lavinia
Planitia.

Abbildung 32 Radaraufnahme von der Sonde Magellan. In dieser Falsch-Farbenaufnahme repräsentatieren die roten Stellen Berge, während blaue Stellen Täler darstellen.

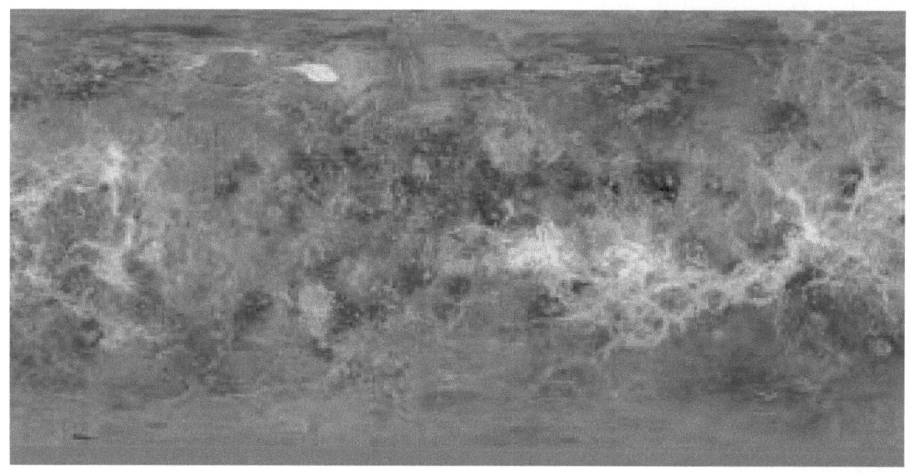

Abbildung 33 Darstellung der Venusoberfläche in einer einfachen zylindrischen Karte. Die rechte und die linke Seite des Bildes ist bei 240° östlicher Länge, die obere und untere Seite ist bei 90° südlicher Breite. Die helle Region oben und links vom Zentrum zeigt den Maxwell Montes, den höchsten Berg der Venus.
Aphrodite Terra, eine große Hochlandregion, breitet sich am Äquator bis rechts vom Zentrum aus.

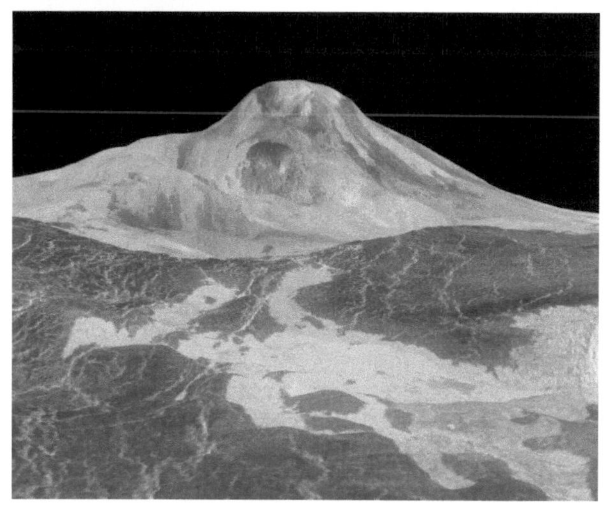

Abbildung 34 Diese am Computer generierte Aufnahme des Vulkans Maat Mons (Maxwell Montes) wurde aus vom Raumfahrzeug Magellan übermittelten Daten hergestellt.

1990 trat die US-Raumsonde Magellan in die Venusumlaufbahn ein und kartierte die Oberfläche durch Verwendung hoch entwickelter Radartechnik mit einer wesentlich höheren Auflösung als bisher möglich.

Zahlreiche Hinweise auf Einschlagstrukturen wie auch auf Vulkanismus in der jüngeren Vergangenheit wurden gefunden. So sind beispielsweise weite Teile der Oberfläche von Lavaströmen bedeckt. Im Vergleich zum Sonnensystem ist die Venusoberfläche jung. Der älteste Krater entstand vor 800 Millionen Jahren. Hinweise auf noch aktiven Vulkanismus wurden bisher noch nicht gefunden.

Bilder von der Magellan-Sonde von Hochlandregionen mit einer Höhe von 2,5 Kilometern sind ungewöhnlich leuchtend, was charakteristisch für feuchten Boden ist. Es existiert jedoch kein flüssiges Wasser auf der Venusoberfläche. Eine Theorie deutet darauf hin, dass das leuchtende Material sich aus metallischen Komponenten zusammensetzt. Forschungen haben gezeigt, dass das leuchtende Material Katzengold (Eisenperyd) sein kann. Es ist instabil auf den Ebenen, aber stabil auf den Plateaus.

Durch die dichte Atmosphäre und hohe Oberflächentemperatur unterscheidet sich die Form der Einschlagkrater erheblich von denen anderer Planeten und Monde. Kleine Meteoriten verglühen vollständig beim Eintritt in die Atmosphäre, so dass es keine kleinen Krater gibt. Das beim Aufprall eines großen Meteoriten herausgeschleuderte Material fliegt nicht weit und ist um den Krater in geschmolzener Form verstreut.

Durch genauere Radarbeobachtungen von der Erde und der Venera-Sonden konnte eine große Anzahl an vulkanischen Strukturen identifiziert werden. Darunter befanden sich Lavaströme (s. Abb. 35), kleine Dome mit 2 bis 3 Kilometern Durchmesser, Schildvulkane, wie z.B. Theia Mons, Gula Mons und Rheia Mons mit Gipfelkratern, den Calderen, große Vulkankegel mit Durchmessern von 35 bis 350 Kilometern, Canons, Coronae (s. Abb. 36) und so genannte Arachnoiden (s. Abb. 37).

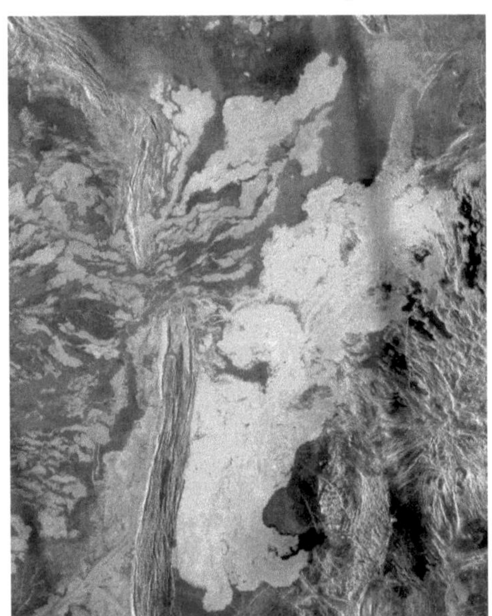

Abbildung 35 Aufnahme einer von Lava überflossenen Ebene.

Die Coronae der Venus sind runde oder ovale vulkanische Strukturen, die von Gebirgskämmen, Rillen und radialen Linien umgeben sind. Sie erscheinen wie eingestürzte Vulkane und unterscheiden sich von allem, was man bisher auf anderen Planeten und Monden gesehen hat. Die Arachnoiden, die diesen Namen aufgrund ihres spinnenähnlichen Aussehens bekommen haben, haben die gleiche Form wie die Coronae, sind aber kleiner. Nach einer anderen Theorie sind die Arachnoiden Vorläufer der Coronae. Die hellen, sich nach außen über viele Kilometer ausdehnenden hellen Linien deuten auf Formationen hin, die möglicherweise entstanden sind, als Magma vom Inneren des Planeten aufstieg und ein Aufbrechen der Oberfläche verursachte.

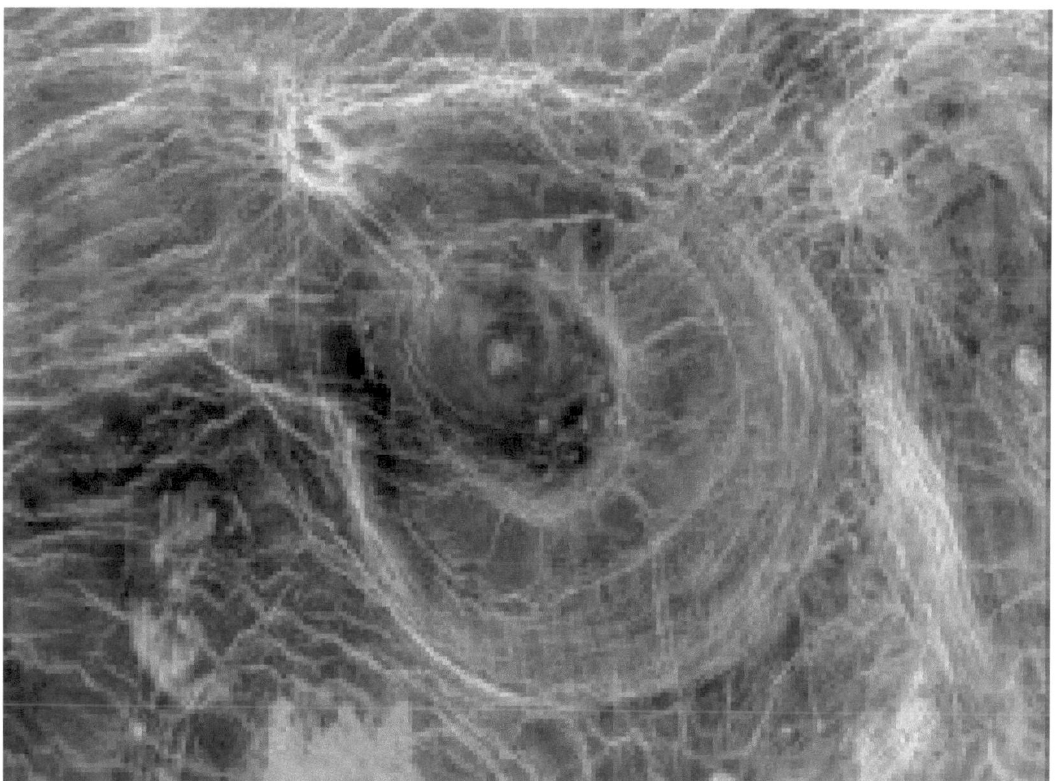

Abbildung 36 Coronae mit Lavaströmen

Abbildung 37
Arachnoid

Es herrschen Gesteinsarten vulkanischen Ursprungs, wie Basalt, vor. Auf Aufnahmen von weich gelandeten Raumsonden der Venera - Missionen kann man zahlreiche scharfkantige Steine sehen. Das alles deutet daraufhin, dass die Venus noch geologisch aktiv und ihre Formung der Oberfläche noch nicht beendet ist.

6.2 Zukünftige Erforschung der Venus

Nach dem Start im Mai 1989 hat die Sonde Magellan 98% der Oberfläche der Venus mit einer Auflösung von weniger als 300 Metern vermessen und eine umfassende Karte des Gravitationsfeldes des Planeten erstellt, die 95% des Planeten umfasst. Vor kurzem vollzog Magellan ein 80-Tage-Programm, um seine Umlaufbahn abzusenken und abzurunden, indem die Sonde den Luftwiderstand der Atmosphäre bei leichter Absenkung ausnutzte. Die Sonde Magellan hat zwischenzeitlich die Radarvermessung und Gravitationsdatenaufnahme abgeschlossen. Im Herbst 1994, kurz bevor die Sonde wegen Verschlechterungen an den Solarkollektoren ihren Dienst versagt hätte, wurde Magellan absichtlich in die Atmosphäre der Venus hinabgeschickt, um weitere Techniken zu studieren, mit denen man in Zukunft für kommende Missionen Treibstoff sparen könnte, indem man eben diesen Luftwiderstand ausnutzt.

2016 soll die Raumlandesonde Venera D starten. Die Sonde ist 1.700 kg schwer und besteht aus einem Orbiter, einem Lander und aus mehreren kleineren Ballons. Der Lander soll einen Monat lang auf der Venusoberfläche überleben können und einige Instrumente beinhalten. Der Missionsschwerpunkt liegt in der Untersuchung der Atmosphäre und der seismischen Aktivitäten.

7 Erde ⚨

Vom Weltraum ausgesehen, haben die Astronauten oft den Eindruck, dass die Erde (s. Abb. 38) klein ist und eine dünne zerbrechliche Atmosphäre besitzt. Aber kurz vor dem Eintritt in die Erdatmosphäre erscheint unser Planet als wäre er sehr groß und mit einem endlosen Meer an Luft umgeben. Ein Weltraumspaziergänger würde als Hauptmerkmale der Erde das blaue Wasser, die braunen und grünen Landmassen sowie die weißen Wolken, die sich gegen einen schwarzen Hintergrund abheben, erleben. Viele träumen von Weltraumflügen und von der Beobachtung der Wunder des Universums. Aber in Wirklichkeit sind wir schon Weltraumreisende. Unser Raumschiff ist der Planet Erde, der mit einer Geschwindigkeit von 108.000 Kilometern pro Stunde durch das Weltall reist.

Abbildung 38
Ein Blick aus dem Weltraum auf unseren blauen Planeten und dem Kontinent Amerika.

Die Erde ist der einzige Planet im Sonnensystem dessen deutscher Name nicht aus der Griechischen oder Römischen Mythologie stammt, sondern er kommt aus dem Altgriechischen und Germanischen. Natürlich gibt es für unseren Heimatplaneten in allen Sprachen eine Bezeichnung. In der Römischen Mythologie war die Göttin der Erde Tellus, was so viel wie "der fruchtbare Boden" (Griechisch: Gaia; Lateinisch: terra mater- Mutter Erde) bedeutet.

Die Erde ist der dritte Planet von der Sonne aus gesehen und hat von ihr einen Abstand von 149.600.000 Kilometern (entspricht einer Astronomischen Einheit = 1 AE). Die Erde braucht 365,256 Tage für einen Umlauf um die Sonne und 23,9345 Stunden für eine Rotation um die eigene Achse. Der Durchmesser beträgt 12.756,3 Kilometer und hat so nur einige hundert Kilometer mehr als der Venusdurchmesser.

7.1 Aufbau der Erde

Durch Messung von seismischen Wellen, die infolge von Erdbeben entstehen, und der Art ihrer Ausbreitung, wurde Aufschluss über die innere Struktur der Erde gefunden. Im Zentrum gibt es einen metallischen Kern aus geschmolzenem Nickel und Eisen, möglicherweise mit einem festen Kern ganz im Zentrum und die Temperatur beträgt dort 4.000°C. Die Dicke des inneren Kerns beträgt etwa 1.230 Kilometer und die des äußeren Kerns 2.260 Kilometer. Auf den äußeren Kern folgt die Schicht des unteren Mantels, die hauptsächlich aus Silizium, Magnesium und Sauerstoff mit etwas Eisen, Kalzium und Aluminium besteht und eine Dicke von 2.050 Kilometer hat. Darauf folgt eine 250 Kilometer dicke Übergangsschicht, der die Schicht des oberen Mantels folgt. Dieser obere Mantel hat einen Durchmesser von 360 Kilometer und setzt sich aus Olivin, Pyroxenen, Kalzium und Aluminium zusammen. Den Schlusspunkt bildet die 40 Kilometer dicke Kruste an der Erdoberfläche. Diese Kruste setzt sich in erster Linie aus Quarz und anderen Silikaten wie Feldspat zusammen. Die Kruste ist denkbar unterschiedlich dick, unter den Ozeanen ist sie dünner (10 Kilometer), unter den Kontinenten dicker (bis 40 Kilometer). Der innere Kern und die Kruste sind solide, hingegen sind der äußere Kern und die Mantelschichten verformbar oder halbflüssig. Die verschiedenen Schichten werden von Diskontinuitäten getrennt, die bekannteste ist die Mohorovicic-Diskontinuität zwischen Kruste und oberen Mantel.

Der Großteil der Masse der Erde steckt im Mantel (4,043 x10^{24}kg), der Großteil des Rests im Kern (innere Kern 0,096.75x10^{24} kg, äußere Kern 1,835x10^{24} kg). Der Teil, in dem wir leben, ist ein winziger Teil des Ganzen (Kruste 0,026 x10^{24} kg, Ozeane 0,0014x10^{24} kg und Atmosphäre 0,000.000.51x10^{24} kg). Im ganzen gesehen setzt sich die Erde chemisch wie folgt zusammen (nach Masse):

34,6% Eisen
29,5% Sauerstoff
15,2% Silizium
12,7% Magnesium
2,4% Nickel
1,9% Schwefel
0,05% Titan

Die Erde ist der dichteste Hauptkörper im Sonnensystem.

Die Erde, die aus astronomischer Sicht zu den erdähnlichen Planeten gehört, ist der einzige größere Planet im Sonnensystem, von dem man weiß, dass er noch geologisch aktiv ist. Seine großräumigen Merkmale wurden alle bestimmt durch den Aufbau, die Zerstörung, die relative Verschiebung und die Wechselwirkung von etwa einem Dutzend von Platten der Erdkruste, einschließlich der Lithosphäre, die sich auf der weniger festen Asthenosphäre darunter schiebt. Die Zusammenstöße zwischen den Platten sind die Ursache für die Bildung der Faltengebirge und Erdbebenzonen entlang der Platten-grenzen. Die Theorie, die dies beschreibt, nennt sich Plattentektonik. Sie wird charakterisiert durch die zwei wesentlichen Prozesse, Ausbreitung und Deckelung.

Ausbreitung erscheint, wenn zwei Platten voneinander wegschwimmen und neue Kruste aus auf-steigender Magma von unterhalb entsteht.

Deckelung zeigt sich, wenn zwei Platten kollidieren und die Kante der einen unter die andere ge-schoben wird und dort im Mantel letztendlich aufgelöst werden.

Es gibt auch transversale Bewegungen zwischen einigen Platten an ihren Kanten (z.B. der San Andreasgraben in Kalifornien) und Kollisionen zwischen Kontinentalplatten (z.B. Indien/Europa). Es gibt acht Hauptplatten:

- Die Nordamerikanische Platte - Nordamerika, der westliche Nordatlantik und Grönland
- Die Südamerikanische Platte - Südamerika und der westliche Südatlantik
- Die Antarktische Platte - Die Antarktis und die südlichen Meere
- Die Eurasische Platte – Der östliche Nordatlantik, Europa und Asien außer Indien
- Die Afrikanische Platte - Afrika, der östliche Südatlantik und der westliche Indische Ozean
- Die Indo - Australische Platte - Indien, Australien, Neuseeland und der Großteil des Indischen Ozeans
- Die Nazca - Platte – Der östliche Pazifische Ozean bis Südamerika
- Die Pazifische Platte – Der Großteil des Pazifischen Ozeans (und die Südküste Kaliforniens!)

Außerdem gibt es noch zwanzig oder mehr kleinere Platten wie die Arabische, die Kokos- oder die Philippinische Platte. Erdbeben sind an den Plattenkanten sehr gewöhnlich. Eine Aufzeichnung von ihnen lässt leicht die Plattenkanten erkennen

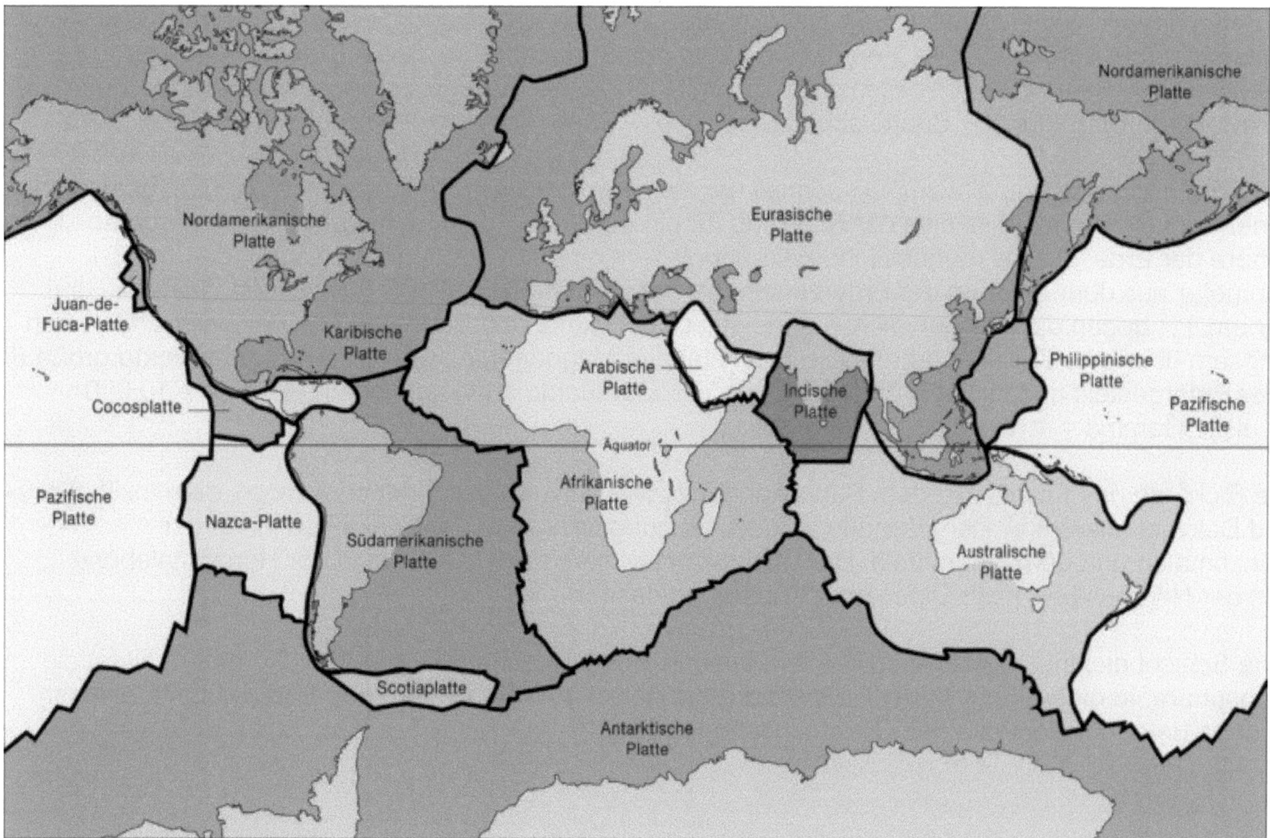

Abbildung 39 Plattentektonik

Verglichen mit den anderen Planeten und Monden des Sonnensystems ist die Oberfläche der Erde noch sehr jung. Das Basaltgestein, das die etwa 10 % der Erdoberfläche ausmachen, sind die ältesten und zugleich den von Kratern (s. Abb. 40) übersäten Gebieten am ähnlichsten, die einen großen Teil der Oberfläche anderer Planeten bilden. Auf der Erde sind durch Verwitterung fast alle Spuren ehemaliger Einschlagkrater verschwunden.

Abbildung 40 Der vor 49.000 Jahren durch Meteoriteneinschlag entstandene Barringer Krater in Arizona. Sein Durchmesser beträgt über einen Kilometer.

Die Erde hat eine Atmosphäre, deren Dichte zwischen der Venus und des Mars liegt. Sie besitzt als einziger Planet riesige Ozeane mit flüssigem Wasser, die 71% der Erdoberfläche bedecken. Das komplexe Zusammenspiel zwischen Ozeanen, Atmosphäre und der Planetenoberfläche bestimmt das Energiegleichgewicht und den Temperaturbereich. Wolken bedecken im Schnitt 50% der Erdoberfläche und der Wärmestau innerhalb der Atmosphäre, der Treibhauseffekt, lässt die mittlere Temperatur um die 35° ansteigen. Momentan setzt sich unsere Atmosphäre aus 77% molekularen Stickstoff, 21% molekularen Sauerstoff, 1% Wasserdampf und 0,9% Argon zusammen. Kohlendioxyd ist dabei der wichtigste Spurenanteil. Die große Sauerstoffkonzentration, deren Ursprung 2.000 Millionen Jahre zurück liegt, ist eine direkte Folge des Pflanzenbewuchses. Dieser Sauerstoff ermöglicht die Bildung der Ozonschicht in großen Höhen, die die Erdoberfläche vor der tödlichen ultravioletten Strahlung der Sonne schützt.

Die Erde dreht sich verhältnismäßig schnell um die eigene Achse und zusammen mit dem geschmolzenen Nickel-Eisenkern ist dies der Ursprung für ein beträchtliches Magnetfeld und die Magnetosphäre der Erde. Dieses magnetische Feld ähnelt dem eines Stabmagneten (Dipol), der um 451 Kilometer aus dem Zentrum der Erde verschoben ist in Richtung auf den Pazifischen Ozean zu und der um 11° gegen die Rotationsachse geneigt ist. Die Stärke und Form des Magnetfeldes ändert sich langsam über eine Zeit von Jahren. Die Intensität des Magnetfeldes wird als Betrag der Vektorgröße F oder B dargestellt und in Gauß (G) oder Tesla (T) oder Gamma (Y) gemessen (1 Tesla = 10.000 Gauß; 1 Gamma = 1 Nanogauß = 10^5 Gauß).

Die Richtung des Feldes in jedem Punkt kann mit zwei Winkeln beschrieben werden, dem Inklinations- und Deklinationswinkel. Der Inklinations- oder Neigungswinkel ist der Winkel zwischen der Horizontalen und dem Magnetfeld. Der Deklinationswinkel wird als Azimut in der Horizontalebene von der Nordrichtung nach Osten oder Westen gemessen.

Eine Schicht elektrisch geladener Teilchen in einer Höhe zwischen 50 und 500 Kilometern bildet die Ionosphäre. In dieser Schicht der Atmosphäre existieren freie Elektronen und Ionen mit thermischer Energie unter der Kontrolle des Gravitationsfeldes und des magnetischen Feldes der Erde. Die

Ausdehnung der Ionosphäre variiert allerdings beträchtlich und hängt von der Jahreszeit als auch von den jeweiligen Sonnenaktivitäten ab.

Diese Ionosphäre wird durch den Einfluss der Ultravioletten- und Röntgenstrahlung der Sonne ver-ursacht. Vier verschiedene Schichten mit unterschiedlichen Charakteristiken werden in der Reihen-folge nach ansteigender Höhe als D-, E-, F1- und F2-Schicht bezeichnet. Die D-Region zwischen 50 und 90 Kilometern hat eine geringe Elektronendichte. Die E- und F1-Schichten bilden in einer Höhe von 90- bis 230 Kilometern den Hauptteil der Ionosphäre.

Die Sonnenaktivitäten sind die Ursache für einen ungewöhnlichen visuellen Nebeneffekt in unserer Atmosphäre. Vom Sonnenwind mitgeführte Partikelwerden vom irdischen Magnetfeld eingefangen und kollidieren dabei über unseren Magnetpolen, zwischen 60° und 75° geografischer Breite, mit Luftmolekülen. Diese Luftmoleküle beginnen daraufhin zu glühen. Dieses Phänomen ist als Aurora, Polarlicht (s. Abb. 41) oder Nord-/ Südlicht bekannt. Von unseren Reisen ins Weltall haben wir viel über die Erde gelernt. Satellitenmessungen haben gezeigt, dass die Erde auch eine starke Radioquelle im Bereich der Kilometerwellen ist, die allerdings in großen Höhen erzeugt werden. Diese Höhen werden als Van-Allen-Gürtel bezeichnet.

Abbildung 41 Aurora

Andere Satellitendaten zeigten, dass das Erdmagnetfeld durch die starken Sonnenwinde in eine Tropfenform verzerrt wird. Außerdem wurde auch festgestellt, dass die obere Atmosphärenschicht, ausgelöst durch wechselnde Sonnenaktivitäten, zu unserem Wetter und Klima beiträgt. Die Erde ist der erste Planet von der Sonne aus gesehen, der einen eigenen Trabanten, den Mond, hat.

7.2 Erforschung der Erde

Die meisten wissenschaftlichen Erkenntnisse über die Erde wurden durch zahlreiche Satelliten und der Raumstation MIR gewonnen, die sich bis Mitte März 2001 in einer Erdumlaufbahn befand.

1998 wurde damit begonnen eine Internationale Raumstation ISS (International Space Station, s. Abb. 42) zu bauen. Es ist ein gemeinsames Projekt der Raumfahrtagenturen NASA (USA), Roskosmos (Russland), ESA (Europa), CSA (Kanada) und JAXA (Japan). ISS kreist in einer Höhe von rund 400 km und hat eine Ausdehnung von etwa 110 m × 100 m × 30 m. Seit Anfang November 2002 ist die Station, an die alle unterschiedlichen Raumschifftypen andocken können, dauerhaft von Astronauten aus verschiedenen Ländern bewohnt.

Abbildung 42 Die Internationale Raumstation ISS

7.3 Der Mond ☾

Der Mond (s. Abb. 43), der von den Römern Luna und von den Griechen Selene oder Artemis genannt wurde und in anderen Mythologien noch viele andere Bezeichnungen hat, ist der einzige natürliche Satellit der Erde. Satellit ist die Bezeichnung für einen Körper, der um einen massereicheren, zumeist auch größeren Mutterkörper kreist. Die meisten Planeten im Sonnensystem besitzen natürliche Satelliten, die Monde. Daneben befinden sich künstliche, von Menschenhand erbaute Satelliten in Umlaufbahnen um die Erde, wie die Raumstationen ISS.

Der Mond umläuft die Erde in einer Entfernung von 384.400 Kilometern. Wegen seiner Größe, sein Durchmesser beträgt 3476 Kilometer und seine Masse $7,35 \times 10^{22}$ kg, und seiner Zusammensetzung wird der Mond manchmal als terrestrischer (erdähnlicher) Planet zusammen mit Merkur, Venus, Erde und dem Mars klassifiziert.

Abbildung 43 Unser Mond, schon mit einem kleinen Teleskop sind die dunklen Lavameere, die hellen Hochländer sowie hunderte von Kratern erkennbar.

Der Mond, unser ständiger Begleiter ist natürlich schon seit prähistorischer Zeit bekannt und nach der Sonne das hellste und am leichtesten beobachtbare kosmische Objekt. Er hat schon die Menschheit in jedem Zeitalter fasziniert. Selbst mit bloßem Auge kann man die ständigen Veränderungen seines Aussehens, den Wechsel der Mondphasen (s. Abb. 44) mit der Periode von 29,5 Tagen folgen. Diese 29,5 Tage ist die Zeitdauer zwischen zwei aufeinander folgenden Neumondphasen, die siderisch gemessen etwas von der Umlaufperiode des Mondes abweicht, da sich die Erde in dieser Zeit eine bedeutende Entfernung entlang ihrer eigenen Umlaufbahn bewegt. Angefangen beim Neumond, über das erste Viertel (zunehmender Mond), den Vollmond und das letzte Viertel (abnehmender Mond) zum nächsten Neumond, der Position, in der er im Sonnenlicht verschwindet. Unter Phase versteht man das Verhältnis des beleuchteten Teils eines als Scheibe erscheinenden Mondes oder Planeten zum unbeleuchteten Teil. Die Mondphasen sind der wiederkehrende Zyklus der scheinbaren beleuchteten Form des Mondes. Neumond, erstes Viertel, Halbmond und letztes Viertel sind formal definiert als die Zeitpunkte, in denen der Mond in der Länge der Sonne um 0°, 90°, 180° und 270° voran läuft. Der Mond und die Planeten zeigen Phasen, nicht weil sie selbst leuchten, sondern weil sie das Sonnenlicht reflektieren. Die der Sonne zugewandte Hemisphäre eines Mondes oder Planeten ist hell, die andere dunkel. Die von der Erde aus beobachtbaren Mondphasen hängen von der relativen Position der Erde, der Sonnen und des Mondes zueinander ab, da hierdurch festgelegt wird, welcher Teil des Mondes von der Erde aus erleuchtet erscheint.

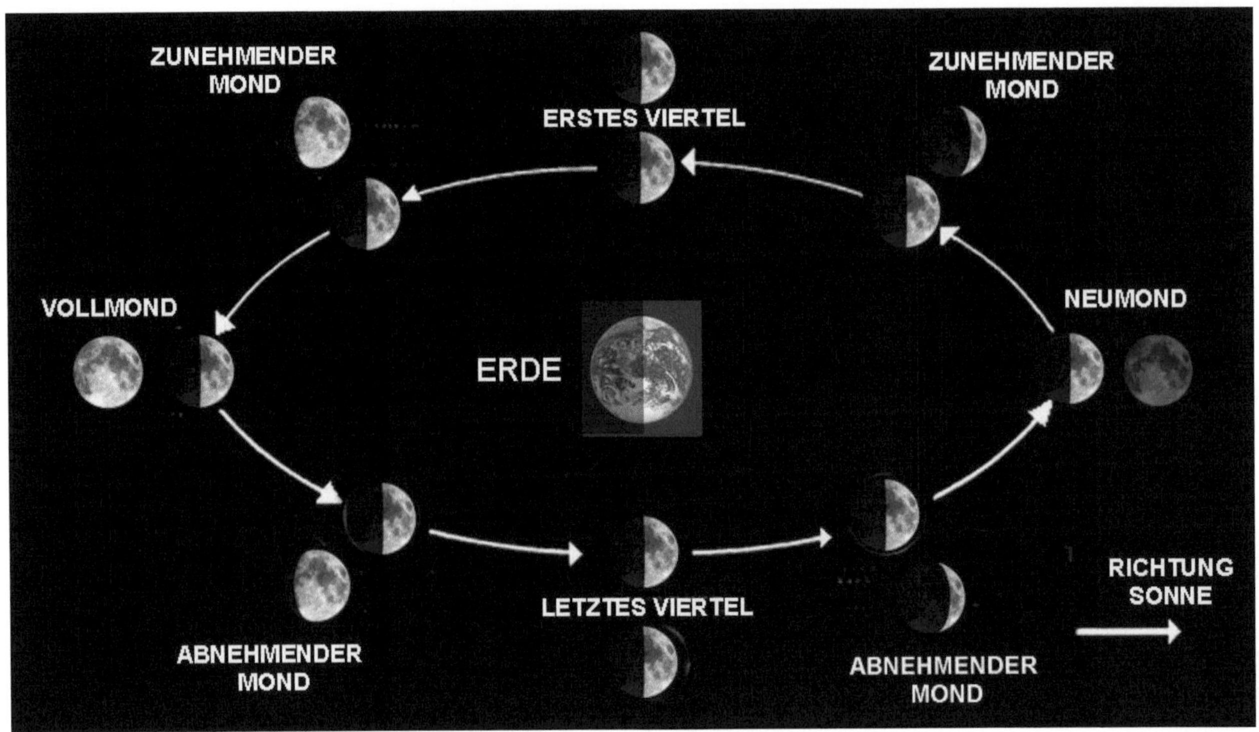

Abbildung 44 Die Mondphasen

7.4 Aufbau des Mondes

Seit der Mitte des 17. Jahrhunderts führten Galileo und andere frühe Astronomen Beobachtungen des Mondes mit Hilfe von Teleskopen durch. Dabei wurde auch eine Menge Informationen vor dem Beginn des Weltraumzeitalters herausgefunden. In diesem neuen Zeitalter wurden Geheimnisse entblößt, die in den Zeiten zuvor undenkbar waren. Gegenwärtig werden Kenntnissen über den Mond mehr Beachtung geschenkt, als Informationen über andere Objekte des Sonnensystems, ausgenommen die Erde und Mars. Diese Informationen über den Mond gewähren ein größeres Verständnis über geologische Prozesse und unterstützen die Beurteilung der Komplexität der erdähnlichen Planeten. Die von den Voyager-Sonden übermittelten Daten von den Planeten Jupiter, Saturn und Uranus haben gezeigt, dass der Mond ein typischer Vertreter der Monde des Sonnensystems ist. Er ist eine feste, mit Kratern übersäte Welt (s. Abb. 45), die keine Atmosphäre aufweist.

Der Mond wurde zwischen 1969 und 1972 von amerikanischen Astronauten während der Apollo-Missionen untersucht und ausführlich von Sonden in der Mondumlaufbahn aus kartographiert. Neil Amstrong[5] war am 20. Juli 1969 der erste Mensch, der die Oberfläche betrat. Es folgten die Astronauten Edwin und Aldrin der Apollo 11 Mission. Sie und die anderen „Mondspaziergänge" erlebten dabei die Effekte von nicht vorhandener Atmosphäre. Dabei wurden Radiowellen zur Kommunikation verwendet, da die Verwendung von Schallwellen, bedingt durch das Fehlen von Luft, nicht möglich war.

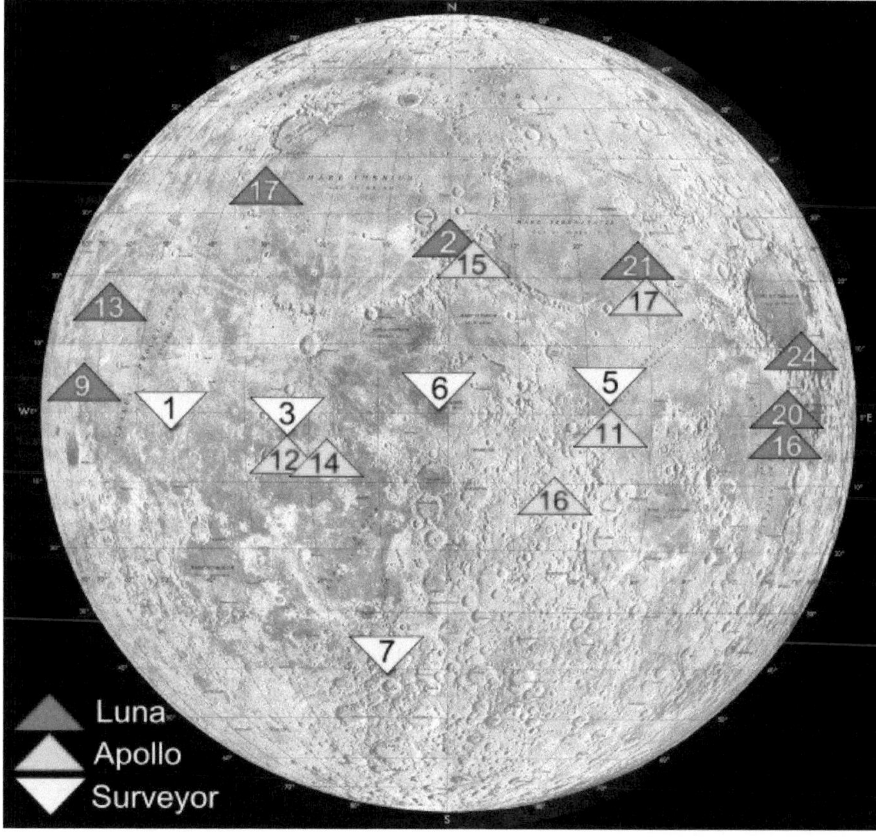

Abbildung 45 Das selenographische Koordinatensystem des Mondes, das dem der Erde entspricht. Außerdem wurden die bisherigen Landestellen der Luna-, Apollo- und Surveyor - Missionen gekennzeichnet.

Außerdem ist der Mondhimmel durch das Fehlen einer Atmosphäre immer schwarz. Die Astronauten spürten auch Unterschiede in der Gravitation. Die Schwerkraft des Mondes beträgt im Gegensatz zur Erde nur ein Sechstel. Ein Mann mit einem Körpergewicht auf der Erde von 82 Kilogramm wird auf dem Mond nur noch 14 Kilogramm wiegen. Vier nuklear angetriebene seismische Stationen wurden während der Apollo-Missionen installiert. Diese sammeln seismische Daten über das Innere des Mondes. Dabei wurde nur eine tektonische Restaktivität infolge der Mondkrustenabkühlung festgestellt. Andere Mondbeben entstehen durch Einschläge von Meteoriten und künstlich entstandene

---

[5] **Neil Alden Armstrong** (* 5. August 1930 bei Wapakoneta, Ohio; † 25. August 2012 in Cincinnati, Ohio) war ein US-amerikanischer Testpilot und Astronaut. Er war Kommandant von Apollo 11, die mit Buzz Aldrin und Michael Collins zum Mond flog.

Einschläge, wie die bewusst herbeigeführten Abstürze der Lunar Module auf die Mondoberfläche. Die Ergebnisse zeigten, dass der Mond eine durchschnittlich 60 Kilometer Dicke Kruste im Zentrum der Mondvorderseite hat. Sie schwankt dabei von 0 Kilometern unter dem Mare Crisium bis 107 Kilometer nördlich des Kraters Korolev. Wenn diese Kruste einheitlich um den Mond gehen würde, würde sie 10% des Mondvolumens ausmachen. Im Vergleich dazu beträgt das Volumen der Erdkruste nur 1%. Die seismischen Daten deuten weiterhin darauf hin, dass die Kruste und der Mantel des Mondes aus Schichten bestehen. Beweise für einen eisenhaltigen Kern wurden nicht erbracht. Diese seismischen Informationen haben Theorien über die Gestaltung und Entwicklung des Mondes beeinflusst. Der Mond wurde in seiner frühen Geschichte schwer bombardiert, dies bewirkte, dass viele ursprüngliche Gesteine der uralten Kruste gründlich vermischt, geschmolzen, verschüttet oder vernichtet wurden. Einschläge von Meteoriten brachten eine Vielzahl an exotischem Gestein zustande, so dass Proben von nur 9 Stellen auf der Mondoberfläche eine Menge an verschiedenen Gesteinsarten zur Unter-suchung hergaben. Diese Einschläge entblößten auch Mondgestein aus großen Tiefen. Die unter dem Mondmantel liegende dünne Kruste erlaubte, dass geschmolzener Basalt aus dem Mondinneren die Oberfläche erreichte. Da der Mond weder flüssiges Wasser noch eine Atmosphäre besitzt, verwittern die Komponenten im Boden nicht so, wie sie es auf der Erde tun würden. Mondgestein, das seit mehr als 4 Billionen Jahre existiert, gibt deshalb noch Informationen über die frühe Geschichte des Sonnensystems her. Die Apollo und Luna Missionen brachten insgesamt 382 Kilogramm an Gesteins- und Bodenproben mit. Durch das Mikrometeoritenbombardement wurde das Oberflächengestein in feinen Schutt zerbröselt, genannt Regolith. Der Regolith besteht hauptsächlich aus lockeren Mineral-körnchen, Gesteinsfragmenten, und Kombinationen von diesen, die in bei Einschlägen erzeugtem Glas verschmolzen wurden. Regolith ist überall auf der Mondoberfläche, nur nicht auf steilen Krater- und Talwänden. Auf den Mondebenen ist das Regolith 2 bis 8 Meter dick und überschreitet 15 Meter auf den Hochebenen.

Der Mond besitzt kein umfassendes Magnetfeld, aber ein Teil des Mondgesteins deutet ein ver-bliebenes Magnetfeld an, das anzeigt, dass es in der Frühgeschichte des Mondes vielleicht ein Magnetfeld gegeben haben könnte.

Ohne Atmosphäre oder Magnetfeld ist die Mondoberfläche direkt dem Sonnenwind ausgesetzt. In der über vier Milliarden Jahre langen Geschichte wurden Ionen aus dem Sonnenwind in den Regolith des Mondes eingebettet. So könnten Regolith-Proben, die von den Apollo-Missionen zurückgebracht wurden, wertvollen Aufschluss über den Sonnenwind geben. Dieser Wasserstoff (die reinen Wasser-stoffatome bestehen aus einem Proton und einem Elektron, also den wesentlichen Bestandteilen des Sonnenwindes) auf dem Mond könnte auch ausgesprochen nützlich als Raketentreibstoff sein. Bei aktuellen Untersuchungen der Mond Pole bei der Lunar Protector Mission, wurde im Regolith und in den Kraterinnenseiten Eiskristalle entdeckt.

Die Raumsonde Clementine suchte in jüngster Zeit die Mondoberfläche mit Funkstrahlen ab und entdeckte dabei Hinweise auf einen 30 Metergroßen Eisblock, der auf dem Grund eines 13 Kilometer tiefen Kraters am Südpol des Mondes liegt. In diesem Krater herrschen ewige Dunkelheit und die Temperatur liegt bei -230°. Experten der NASA vermuten, dass dieses Wasser aus dem Schweif eines Kometen stammt, der vor 3,6 Millionen Jahren auf dem Mond einschlug.

Die Dauer der Eigenrotation und des Erdumlaufs des Mondes beträgt jeweils 27 Tagen, 7 Stunden und 43 Minuten. Diese gleiche Rotationsdauer, die durch die unsymmetrische Verteilung der Masse im Mondinneren verursacht wird, führt zu Gezeitenkräfte, die bewirken, dass der Mond, abgesehen vom
verhältnismäßig kleinen Effekt der Libration, immer die gleiche Seite der Erde zuwendet. Die Libration ist einer von vielen Effekten, die dafür sorgen, dass wir nicht immer exakt dieselbe Seite des Mondes sehen. Tatsächlich sorgt die Libration, kleine Schwingbewegungen, dafür, dass wir im Laufe der Zeit insgesamt 59% der Oberfläche sehen, obwohl die Umlaufzeit und die Rotationsdauer des Mondes gleich lang sind. Zwar bewirkt die physikalische Libration eine reale Änderung der Rotationsdauer, dieser Effekt ist jedoch klein gegenüber der geometrischen Libration, die sowohl in Länge als auch in Breite auftritt.

Die Libration in der Breite ist eine Folge der Neigung der Mondbahn von 5°9' gegen die Ekliptik. Die Libration in der Länge von 7°45' wird durch die elliptische Bahn des Mondes verursacht, da seine Bahngeschwindigkeit vom Abstand zur Erde abhängt. Hinzu kommt noch eine tägliche oder parallaktische Libration, die entsteht, wenn man den Mond zu verschiedenen Zeiten des Tages beobachtet.

Auf der Vorderseite des Mondes, die Seite die der Erde zugewandt ist, findet man zwei Arten von Geländetypen. Die erste Art sind die stark mit Kratern (s. Abb. 46) zerklüfteten, hell leuchtenden Hochländer, die Terrae. Die zweite Art sind die dunklen und mit weniger Kratern übersäten Meere, die Mare (Maria). Das von vielen Kratern übersäte Festland weist Gebirgscharakter auf. Es kommen auch kleine Vertiefungen, mächtige Ringgebirge sowie Wallebenen mit Durchmessern von 100 bis 300 Kilometern vor. Die Krater und Becken der Hochländer wurden von Meteoriteneinschläge geformt und sind folglich älter als die der Mare. Die meisten Krater auf der, der Erde zugewandten Seite wurden nach berühmten Figuren der Geschichte der Wissenschaft benannt wie Tycho, Kopernikus oder Ptolemäus.

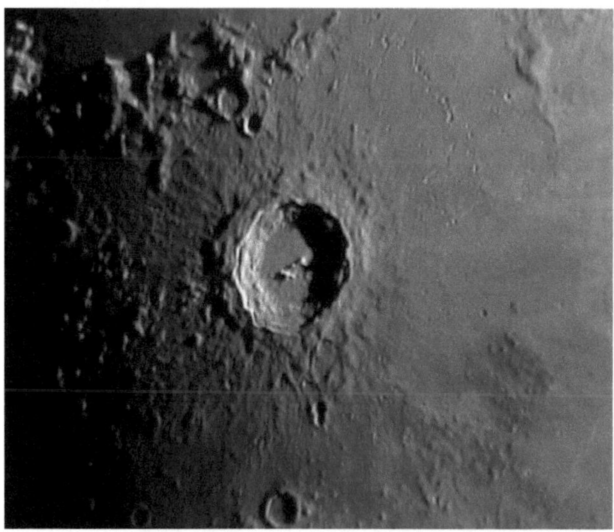

Abbildung 46 Aufnahme, die von der Apollo17 Besatzung 1972 während der Mondumrundung gemacht wurde, zeigt den Copernicus Krater.

Erscheinungen auf der von der Erde abgewandten Seite (s. Abb. 47) tragen modernere Referenzen wie Apollo, Gagarin oder Korolev. Zusätzlich zu den bekannten Erscheinungen auf der, der Erde zugewandten Seite, weist der Mond den riesigen Krater Südpol - Aitken auf, mit einem Durchmesser

Abbildung 47 Der Krater Daedalus auf der Mondrückseite in Schrägsicht mit südwestlicher Blickrichtung aus Apollo 11.

Daedalus hat einen Durchmesser von 80 Kilometern. Das Bild zeigt eine zerklüftete Landschaft, die für die Mondruckseite typisch ist.

von 2250 km und einer Tiefe von 12 km der größte bekannte Einschlagskrater des Sonnensystems, sowie Orientale am westlichen Horizont, der ein herrliches Beispiel für einen Multi-Ringkrater ist. Der vorherrschende Gesteinstyp in dieser Region besteht aus einem Mineral, das reich an Kalzium und Aluminium ist und einer Mixtur aus kristallinen Fragmenten. Andere Proben der Hochländer sind fein gekörntes kristallines Gestein, das durch den hohen Druck bei einem Einschlag schock geschmolzen wurde. Das Gestein der Hochländer wurde ungefähr vor 4 Billionen Jahren geformt. Das intensive Bombardement begann vor 4,5 Billionen Jahren, welches die geschätzte Zeit für die Entstehung des Mondes ist.

Die Mare bedecken etwa 16% der Mondoberfläche und konzentrieren sich auf die der Erde zugewendete Seite. Diese Konzentration kann durch den Fakt erklärt werden, dass das Massezentrum des Mondes zum Ausgleich zu seinem geometrischen Zentrum um 2 Kilometer in Richtung zur Erde verschoben ist. Diese Verschiebung entstand wahrscheinlich, weil die Kruste des Mondes auf seiner Rückseite dicker ist als auf seiner Vorderseite. Es ist daher möglich, dass basalthaltiges Magma vom Mondinneren auf der Mondvorderseite die Oberfläche früher erreichte als auf seiner Rückseite. Das Mare - Gestein ist aus Basalt und wurde auf ca. 3,1 bis 3,8 Billionen Jahre datiert. Die nahezu kreisförmigen Mare entstanden in der Frühzeit des Mondes, als große Meteoriten auf seiner Oberfläche einschlugen. Mare sind meist eben und nur stellenweise durch niedrige Rücken und erstarrte Lavaströme gewellt.

Eine andere Art von Oberflächenformation entstand durch Auswurfmaterial. Dieses Material wird bei einem Einschlag ausgegraben oder infolge vulkanischer Aktivitäten herausgeschleudert und auf die Umgebung verteilt. Auswurfmaterial bildet typischerweise eine kreisförmige Decke an zertrümmerten Felsstücken sowie von erstarrtem Glas und flüssigen Tropfen rings um den Einschlag bzw. das Zentrum vulkanischer Aktivität. Bei Einschlägen kann bisweilen Auswurfmaterial den Planeten oder Mond völlig verlassen. Weite Gebiete des Mondes weisen deutliche Spuren des Auswurfmaterials vom Mare Imbrium und Mare Orientale auf.

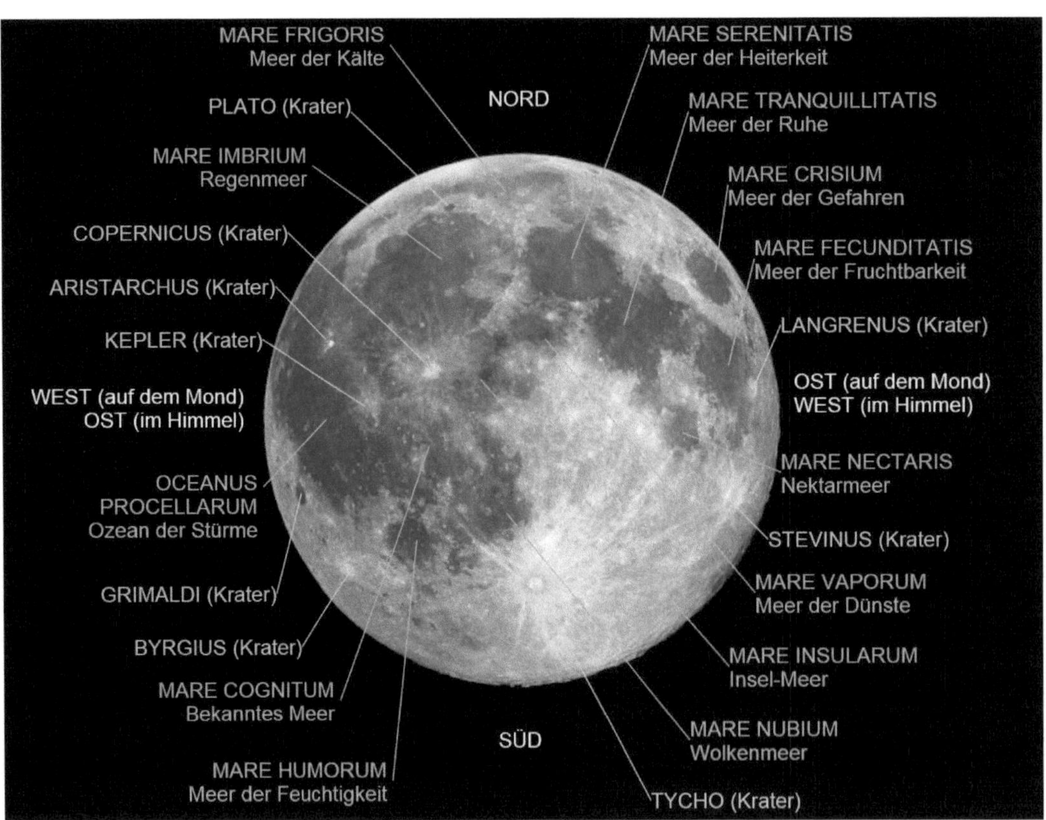

Abbildung 48 Mondvorderseite besitzt Mare und Krater

Abbildung 49 Die Mondrückseite besitzt keine Mare.

7.5   Entstehung des Mondes

Über die Entstehung des Mondes herrscht noch große Unklarheit. Er existierte jedoch schon als
eigener Körper vor 4,5 Billionen Jahren. In seiner Frühzeit war er heiß und geschmolzen. Als er abkühlte, entstand die feste Kruste, die jedoch einem heftigen Bombardement von Meteoriten ausgesetzt war, von denen die größten die großen Meere erzeugten. Diese füllten sich dann mit dunkler
basaltreicher Lava. Die vulkanischen Aktivitäten verschwanden vor mindestens 2 Milliarden Jahren.
Die Rückseite des Mondes unterscheidet sich von seiner Vorderseite insofern ganz wesentlich, sie
weist keine großen Mare - Becken auf.
Bevor man Bodenproben, die von den Apollo- und Luna-Missionen vom Mond mitgebracht wurden,
untersuchen konnte, gab es keine allgemeine Meinung über den Ursprung des Mondes. Grundsätzlich
gab es drei verschiedene Theorien:

- Die Ko - Akkretion, die unterstellt, dass Mond und Erde sich zur selben Zeit aus dem
  Sonnennebel geformt haben.
- Die Abspaltung, die annahm, dass der Mond von der Erde abgetrennt wurde.
- Die Einfangung, die besagt, dass der Mond woanders entstanden ist und letztendlich von der
  Erde eingefangen wurde.

Keine davon passte sehr gut. Aber die neuen, detaillierten Informationen aus dem Mondgestein
führten zur Einschlagtheorie. Diese besagt, dass die Erde mit einem sehr großen Objekt (in etwa
von der Größe des Mars) kollidierte, und dass der Mond aus dem "ausgeschlagenen" Material
besteht. Es gibt zwar immer noch Details, die verarbeitet werden müssen, aber diese Einschlagtheorie
ist weitgehend anerkannt.

7.6 Erforschung des Mondes

Der Mond wurde ab den 50er Jahren von verschiedenen Nationen und deren Raumfahrzeugen untersucht.

Die USA starteten ihre Forschungsprogramme mit den Pioneer-, Ranger-, Surveyor- und Lunar Orbitersonden und führten schließlich bemannte Mondlandungen mit den Apollo Missionen durch.
Die damalige USSR erforschte unseren Mond mit den Luna- und Zondsonden.
Japan schickte die Muses - A und die Lunar -A Sonden zum Mond und plant für das Jahr
2002 die Lunar Exploration Orbiter - Mission.

Die Sonde Galileo wurde von den USA in Zusammenarbeit mit den Europäern 1989 gestartet. Die Landeplätze der bisherigen Mondunternehmungen sind in der Abbildung 45 aufgezeigt. Die aktuellsten Monderforschungsprogramme sind die im Januar 1998 von den USA gestartete Lunar Prospector Sonde und das in Chile neu erbaute Weltraum-Auge ESO (s. Abb. 120).
Dieses Teleskop ist im Stande, Dinge im Weltraum zehnmal besser sehen als das Weltraumteleskop "Hubble" und kann sogar einen Menschen auf dem Mond erkennen. Die Sonde Lunar Protector soll den Mond aus 100 Kilometer Höhe nach Wasserquellen absuchen, die die Sonde auch fand, denn mit Wasser auf dem Mond stände einer Besiedlung nichts mehr im Wege.

1994 startet die US-amerikanische Sonde Clementine und kartierte 95% der Mondoberfläche, lieferte Hinweise auf Vorkommen von Wassereis und ist wegen einer fehlerhaften Triebwerkszündung außer Betrieb.

Im Januar 1998 erreicht die Mondsonde Lunar Prospector (US-amerikanisch) eine polare Mondumlaufbahn mit dem Ziel auch dort Wassereis nachzuweisen und vermaß das lunare Schwerefeld. Der Wassernachweis ist nicht gelungen.

Die ESA-Sonde SMART-1 erforschte die chemische Zusammensetzung der Mondoberfläche und fotografierte diese.

Im Oktober 2007 schwenkte die japanische Sonde Kaguya in eine polare Mondumlaufbahn.

Anfang November 2007 erreichte die chinesische Mondsonde Chang'e-1 den Mond. Sie fotografierte die Mondoberfläche dreidimensional und führte spektrometrische Analysen der Gesteine durch. Es wurde auch eine Mikrowellenkarte des Mondes erstellt, die Aufschlüsse über mineralische Ressourcen des Mondes gab. Zur gleichen Zeit wie Chang'e-1 befand sich deren Zwillingssonde Chang'e-2 im Mondorbit und vertiefte den Erfolg der chinesischen Sonden.

Auch Indien schickte im Oktober 2008 eine Mondsonde, Chandrayaan-1. Der Lander der Sonde sollte eine topografische Höhenkarte des Mondes erstellen, der Kontakt brach aber leider im August 2009 ab.

Unter der Bezeichnung Gracity Recovery and Interior Laboratory umkreisten im März 2012 zwei Orbiter der USA den Mond und vermassen dabei das Mondschwerefeld.

Zur Untersuchung der Mondatmosphäre – und Staubes wurde im September 2013 der NASA - Orbiter Lunar Atmosphäre an Dust Environment Explorer zum Mond gesendet.

Im Juni 2009 erreichte der NASA - Orbiter Lunar Reconnaissance (LRO) eine polare Mondumlaufbahn und sendet dort aus 50 Kilometer Höhe Daten zur Vorbereitung zukünftiger Landemissionen. Dabei wurden über 5000 Krater erfasst und entdeckte Grabenstrukturen auf der Mondrückseite. Gleichzeitig mit LRO wurde der Satellit LCCROSS zum Mond gesendet, der Anfang Oktober im Krater Cabeus in der Nähe des Südpols einschlug. Die dabei entstandene Partikelwolke wurde analysiert.

Chang'e-3 führte im Dezember 2013 eine weiche Mondlandung durch. Dabei wurde ein 120 kg schwerer Mondrover.

Zukünftigen chinesischen Chang'e-Missionen sollen Proben von Mondmaterial von Mond zur Erde bringen.

Der geplante japanische Selene-2 Mission soll aus einem Orbiter und einem Lander mit Rover bestehen und soll zur Vorbereitung einer bemannten Mondlandung dienen.

Weitere Missionen plant Indien, Chandrayaan-2, die NASA mit Lunar Flashlight sowie Russland mit einigen Luna – Mondsonden.

8 Mars

Der Mars ist von der Sonne aus gesehen der vierte und von seiner Größe her der siebte Planet im Sonnensystem. Der Planet Mars (s. Abb. 50) ist bei seinem Sonnenumlauf 227.944.000 Kilometer (1,52 AE) von der Sonne entfernt. Sein Durchmesser beträgt 6.794 Kilometer, etwa der halbe Erddurchmesser, und er besitzt eine Masse von 6,4219x1023 kg. Er wird häufig auch wegen seiner schon mit bloßem Auge erkennbaren rötlichen Färbung der "Rote Planet" genannt. Diese rötliche Färbung, die von den Felsen und Steine sowie vom Marsboden herstammt, wurde schon von Himmelsbeobachtern in der Vergangenheit bemerkt. Mars bekam seinen Namen von den Römern zu Ehren ihres Kriegsgottes (Griechisch: Ares).

Der Sage nach entsprang Ares (Mars) als ausgewachsener Krieger dem Leib der Göttin Hera. Sie zeugte ihn alleine, aus Rache an ihren Mann Zeus, der fremdgegangen war. Ares galt als wütender Gott, der, wenn sein Zorn ausbrach, gnadenlos alles zerstörte, was ihm in den Weg kam. Drei schreckliche Gefährten begleiteten ihn: Deimos (Angst), Phobos (Furcht) und Eris (Streit). Nach den ersten beiden sind die Marsmonde benannt worden. Bei anderen Völkern bekam er andere Namen. Die alten Ägypter nannten den Planeten "Her Descher", was so viel wie "Der Rote" bedeutet.

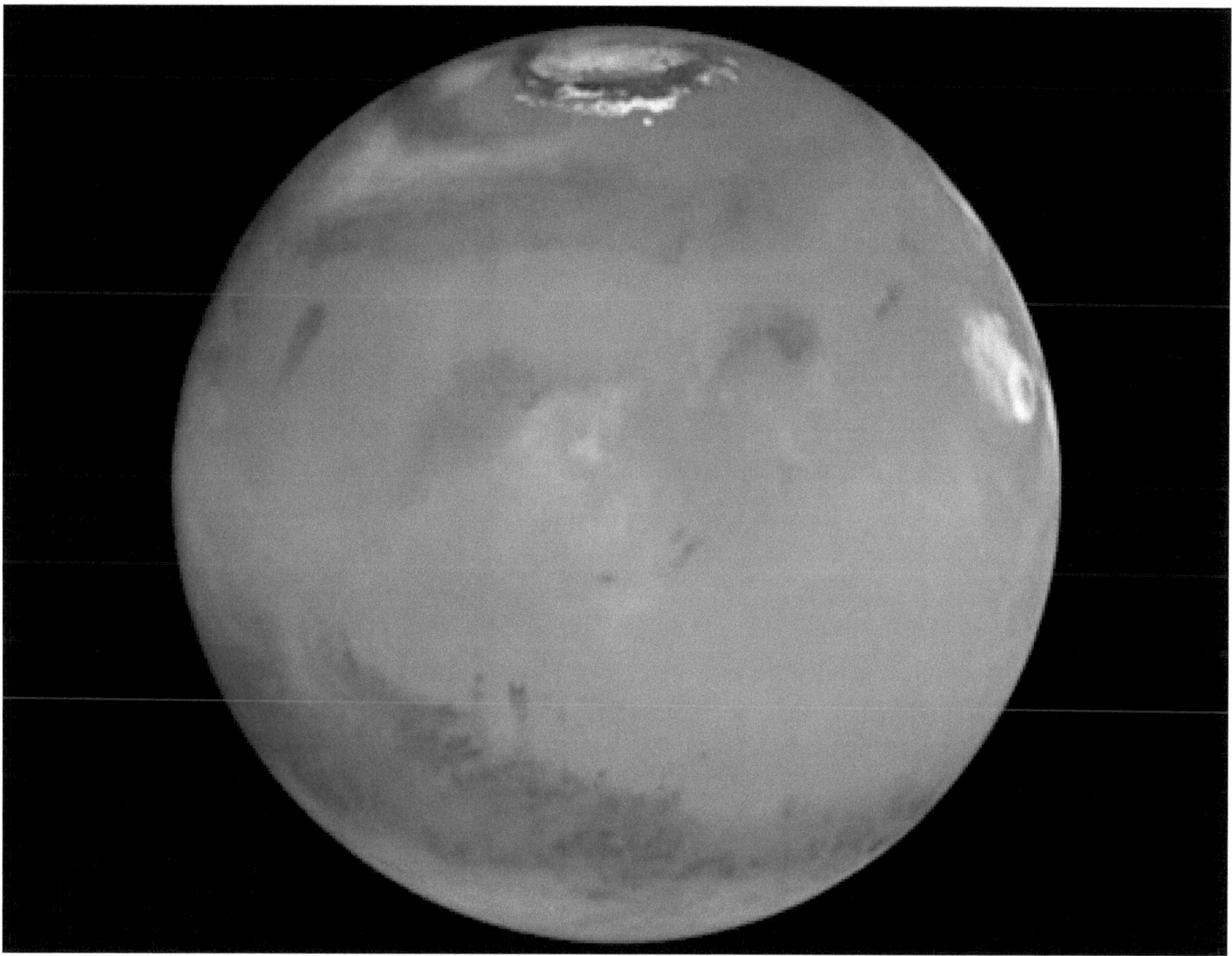

Abbildung 50 Mars, der vierte Planet des Sonnensystems.

Lange Zeit, bevor die Weltraumerforschung begann, wurde der Mars als der wahrscheinliche Ort für die Existenz außerirdischen Lebens angesehen. Unterstützt wurde diese Vermutung durch die Beobachtung, dass der Mars Polkappen besitzt und jahreszeitliche Änderungen auftreten. Im 19. Jahrhundert gab es mehrere Beobachter, wie z.B. Percival Lowell, die meinten, auf der Marsoberfläche ein ausgedehntes, von intelligenten Wesen angelegtes System von Kanälen ausmachen zu können. Diese Kanäle waren vermutete lineare Strukturen auf dem Mars. Das italienische Wort canale bedeutet einfach Rinne oder Flussbett und wurde im 19. Jahrhundert von Angelo Secchi und später auch von Giovanni Schiaparelli benutzt, um lineare Strukturen zu beschreiben, die man bei der Marsbeobachtung wahrnahm. Das Wort wurde ins Englische übersetzt als canal mit der Nebenbedeutung, dass die beobachteten Strukturen künstlicher Natur sind. Die Bezeichnung wurde von Lowell sorgfältig ausgearbeitet, der ein Observatorium in Flagstaff, Arizona, speziell für die Marsbeobachtung bauen ließ. Seine Zeichnungen des Mars zeigten ausgedehnte Netzwerke gradliniger Kanäle. Er vermutete, dass eine Zivilisation intelligenter Wesen auf Mars verantwortlich für ihren Aufbau sei. Spätere Beobachter fanden kaum Hinweise auf solche auffallenden gradlinigen Strukturen. Die Untersuchungen mit Raumsonden zeigten keine Anzeichen für Kanäle und sie wurden daraufhin als optische Täuschung abgetan. Der Glaube an Wesen auf dem Mars führte aber 1938 dazu, dass viele Leute einer von Orson Welles im Radio verbreiteten Lügengeschichte Glauben schenkten. Diese Geschichte basierte auf den Science Fiction Klassiker "Krieg der Welten" von H. G. Wells. Orson Welles schilderte dramatisch die Invasion von Marsmenschen auf der Erde. Dies führte sogar bis zur Panik unter den Radiohörern. Ein anderer Grund, warum Wissenschaftler an Leben auf den Mars glaubten, war der scheinbare saisonbedingte Farbenwechsel auf der Planetenoberfläche. Dieses Phänomen führte zu der Spekulation, dass verschieden Bedingungen die Marsvegetation in den warmen Monaten würden blühen lassen und sie während der kälteren Periode verblühen würde. Weitere Beweise für ein angebliches Leben auf dem Mars übermittelte die Raumsonde Viking 1. Sie übermittelte am 25. Juli 1976 Bilder der Cydonia Region auf dem Mars, die zur Suche nach einem geeigneten Landeplatz für den Viking 2 Lander gemacht wurden. Dabei fotografierte sie eine Region aus Schuttwällen und Gebilden, welche den Inkastädten (s. Abb. 51) auf der Erde ähneln, die an einem Steilhang entlang

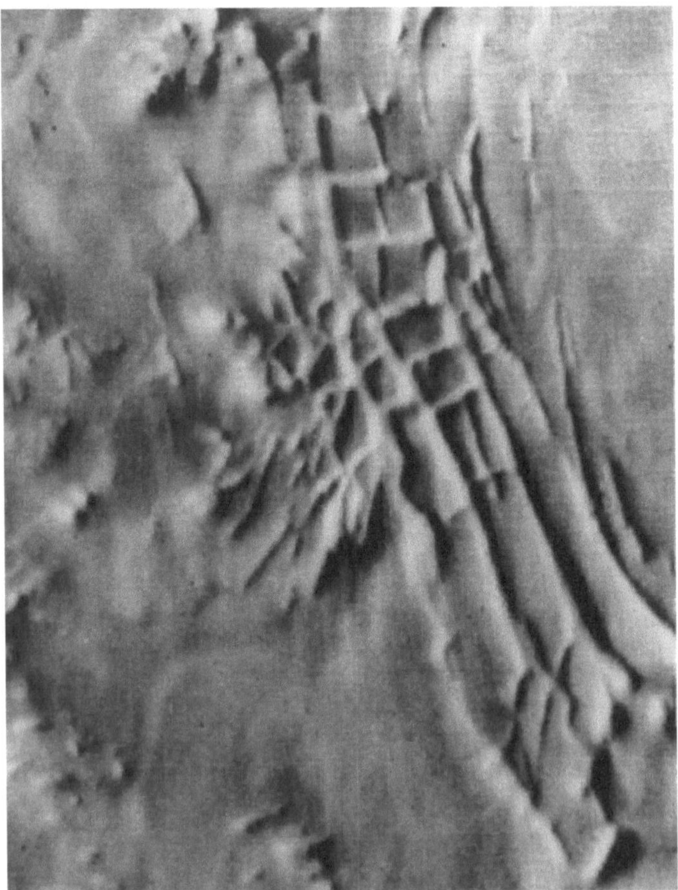

Abbildung 51 Inka-City auf der Marsoberfläche.

angesiedelt waren. Dieser Steilhang trennte die von vielen Kratern übersäten Hochländer nach Süden hin, von den tiefer gelegenen Ebenen nach Norden hin. Zwischen den Hügeln entdeckte der Untersuchungsausschuss, der nach geeigneten Landeplätzen suchte, einen Berg, der einem Gesicht eines Menschen (s. Abb. 52) recht ähnlich war. In seiner Nähe waren auch einige Pyramiden erkennbar. Einige Leute behaupteten daraufhin, dass diese Merkmale künstlich hergestellt worden sind.

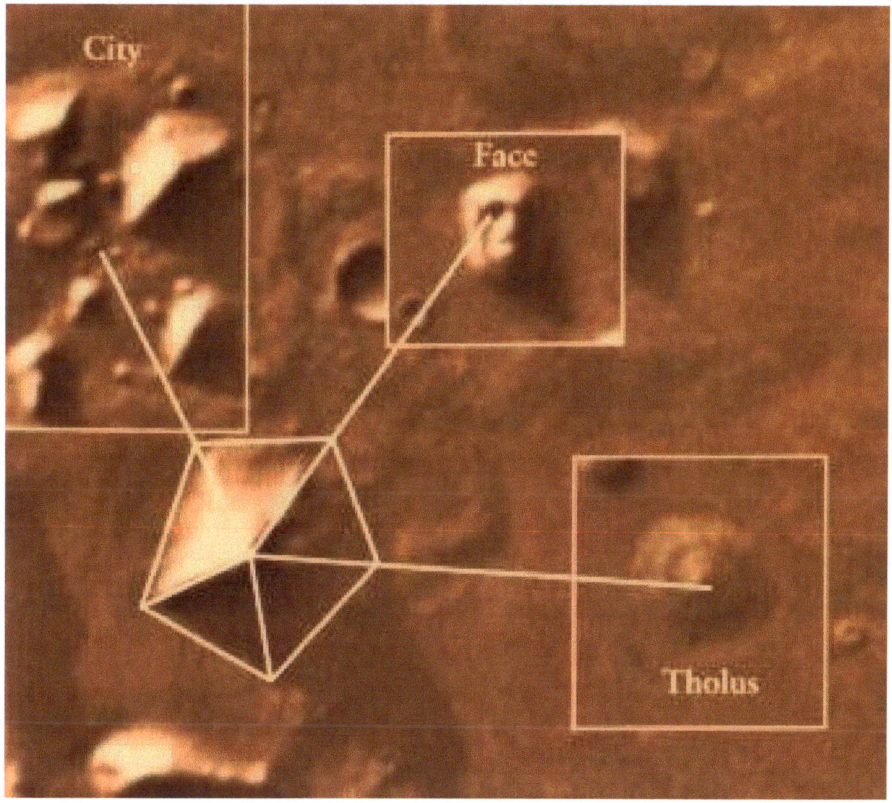

Abbildung 52 Cydonia - Region mit dem steinernen Antlitz von 1,5 Kilometern Durchmesser. 15 Kilometer davon entfernt, die auf der linken Bildseite erkennbaren Pyramiden. Die östlich gelegene hat eine eingestürzte Seitenwand und ermöglicht den Einblick in einen quadratischen Innenraum.

8.1   Aufbau des Mars

Der Mars gehört zu den terrestrischen Planeten und ist unserer Erde am ähnlichsten. Der Mars wurde von verschieden Raumsonden erforscht und er wird heute als erster und wahrscheinlich auch einziger möglicher Planet für eine bemannte Mission im ersten Mertel des 21. Jahrhunderts angesehen. Die erste Sonde, den Mars besucht war 1965 Mariner 4. Andere folgten, wie Mars 2, dem ersten Fahrzeug, das auf dem Mars gelandet ist sowie die beiden Viking - Bodensonden im Jahre 1976. In den folgenden Jahren wurde der Mars von keiner Sonde besucht, erst wieder am 4.Juli.1997 landete die Mars Pathfinder - Sonde auf der Oberfläche es Planeten.

Der Marstag hat mit 24 Stunden 37 Minuten und 23 Sekunden ungefähr die gleiche Länge wie der irdische Tag und ein Jahr auf dem Mars dauert 687 Tage lang. Auch auf dem Mars wechseln Jahreszeiten einander ab. Deren Dauer ist aber doppelt so lange wie auf der Erde. Die Umlaufbahn des Mars ist stark elliptisch, daraus resultieren die Temperaturschwankungen von ca. 30°C am dem der Sonne am nächsten Punkt der Marsoberfläche zwischen Aphel und Perihel. Dies hat Auswirkungen auf das Klima auf dem Mars. Der Mars hat eine annehmbare Temperatur, die manchmal über Gefrierpunkt steigt, wenn auch die Durchschnittstemperatur bei -63°C liegt (s. Abb.53).

Abbildung 52 Hubble Space Teleskop-Aufnahme vom 25. Februar 1995. Der Mars war dabei in einer Entfernung von 103 Millionen Kilometern. Weil in der nördlichen Hemisphäre der Frühling vorherrscht, wurde viel des gefrorenen Kohlenstoffdioxids rund um die permanente Wassereiskappe sublimiert, so dass fast nur noch der Kern des festen Wassereises übrig ist. Auf der linken Planetenhälfte sind Morgenwolken zu sehen. Diese Wolken aus Eiskristallen wurden durch den Temperatursturz während der Marsnacht erzeugt. In der linken unteren Hälfte ist das Valles Marineris zu sehen. Der Vulkan Ascraeus Mons, der sich 25 Kilometer über die umgebende Ebene erhebt, durchbricht die Wolkendecke auf der linken Planetenseite.

Der Planet Mars ist wesentlich kleiner als die Erde, seine Oberfläche ist ungefähr so groß wie die Landfläche auf der Erde und er besitzt eine relativ geringe Dichte, die 3,95mal größer als die von Wasser ist. Daraus schließt man, dass 25% seiner Masse in einem Eisenkern mit einem hohen Anteil an Schwefel stecken. Das Innere des Mars ist nur insofern bekannt, als Daten über die Oberfläche und Massenstatistiken des Planeten darüber Auskunft geben. Der dichte Kern (s. Abb. 53) hat etwa einen Radius von 1.700 Kilometer und auf ihn folgt ein flüssiger und felsiger Mantel, der dichter als der der Erde ist. Die äußere Hülle bildet eine dünne Kruste, die hohe Anteile an Olivin und Eisenoxid aufweist, was dem Mars seine rote Färbung verleiht.

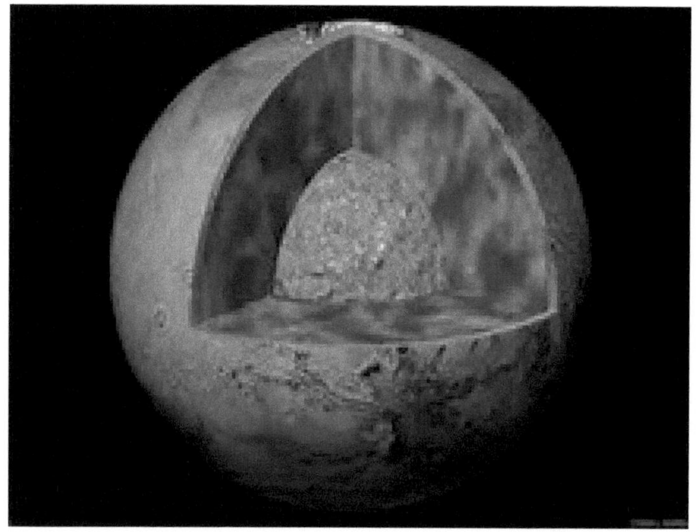

Abbildung 53 Der gegenwärtige Wissensstand über das Marsinnere deutet daraufhin, dass er aus einer dünnen Kruste, ähnlich der der Erde, einem Mantel und einem Kern besteht. Die Masse und das Ausmaß des Marskerns wurde genau bei früheren Marsmissionen bestimmt. Das Trägheitsmoment wurde von Viking Landemodulen und bei der Pathfinder Mission bestimmt. Sollte der Kern aus dichtem Material, z.B. Eisen, bestehen, ähnlich dem der Erde oder der SNC Meteoriten, die ihren Ursprung auf dem Mars haben sollen, dann würde der minimale Radius des Marskerns 1.300 Kilometer betragen. Besteht der Kern aber aus einem Gemisch von Sulfaten und Eisen, so würde der maximale Radius des Kerns höchstwahrscheinlich 2.000 Kilometer betragen. Zukünftige Marsmissionen werden darüber Gewissheit bringen.

Wenige Tage nach dem Eintritt der Sonde Mars Global Surveyor in die Marsumlaufbahn, entdeckte sie große, aber keinesfalls globale Magnetfelder in verschiedenen Gegenden auf dem Mars. Dabei könnte es sich Nachfolger eines früheren globalen Magnetfeldes handeln, das seitdem verschwand. Dies könnte wichtige Hinweise auf die Struktur des Marsinneren, Aufschluss über die Geschichte seiner Atmosphäre und dadurch auch über die Möglichkeit für früheres Leben auf dem Mars geben.

Den Mars umgibt nur eine dünne Atmosphäre (s. Abb. 54) und der durchschnittliche Luftdruck an der Oberfläche des Mars beträgt lediglich 7 Millibar und somit weniger als 1% von dem an der Erdoberfläche. Der Luftdruck variiert aber sehr stark zwischen 9 Millibar im tiefsten Tal und 1 Millibar am Gipfel von Olympus Mons, der höchsten Erhebung auf der Marsoberfläche. Dieser Luftdruck ist aber stark genug um kräftige Winde und beträchtliche Sand- und Staubstürme zu erzeugen, die gelegentlich sogar monatelang den gesamten Planeten verschlingen. Die Atmosphäre besteht zum größten Teil aus Kohlendioxid (95,3%). Stickstoff (2,7%), Argon (1,6%), Spuren von Sauerstoff (0,15%) und Wasser (0,03%). Die dünne Atmosphäre des Mars erzeugt zwar einen Treibhauseffekt, der aber nur für eine Erwärmung der Oberflächentemperatur um +5°C reicht. Auch Wolken und Dunst können sich bilden. Morgennebel entsteht in Tälern, und Wolken treten auf, wenn ein kühler Wind die Atmosphäre über die hohen Berge insbesondere der Tharsis - Region weht.

Abbildung 54 Das schräge Bild des Viking Orbiters zeigt das dünnen Streifen der Marsatmosphäre. Die Aufnahme zeigt die Gegend nordöstlich über dem Argyre Becken. Das Becken hat einen Durchmesser von 600 Kilometern.

Als die Marssonde Global Surveyor im Jahre 1997 die ersten Bilder zur Erde funkte, wurden auf diesen Aufnahmen dunkle Linien entdeckt, die wie Straßen aussahen. Die NASA enträtselte dieses Phänomen. Es waren Wirbelstürme, so genannte Staubteufel, die auf neuen Bildern der Sonne auf frischer Tat ertappt wurden. Der Wissenschaftler Ken Edgett vom Raumfahrtinstitut Malin Space Science Systems sagte: "Wir haben 10 Stürme erwischt, wie sie gerade Staub aufwirbeln und eine Spur hinterlassen". Die Staubteufel rasen schnell wie ein Tornado über die Sand- und Steinwüste des Mars und verändern die Oberfläche dramatisch. Die Forscher vergleichen die Wirbel mit den gefürchteten Gibli - Sandstürmen der Sahara, die nur wenige Minuten dauern. Weil die Staubteufel auch auf den Mars so schnell wieder verschwinden, wurden sie zuvor nie fotografiert.

Durch die durchsichtige Atmosphäre ist eine direkte Beobachtung der Marsoberfläche möglich. Man kann dabei drei Oberflächentypen (s. Abb. 55) anhand der Färbung und der Albedo, d.h. der Fähigkeit das Licht zu reflektieren unterscheiden. Rötlich-orangefarbene Kontinente oder Wüsten, ferner dunkelgraue oder anders gefärbte Flecken, die Meere oder Seen genannt werden, und schließlich die weiß leuchtenden Polkappen. Im Unterschied zum Mond ändern die Meere auf dem Mars ihre Ausmaße, ihre Albedo und ihre Färbung mit den Jahreszeiten und vor allem nach Sandstürmen.

Abbildung 55 Oberflächenaufnahme des Mars.

Der Mars besitzt permanente Eiskappen an den Polen, die jeweils mit einer dünnen Eisschicht bedeckt sind. Die Marssonde Global Surveyor entdeckte, dass der Nordpol aus gefrorenem Wasser, der Südpol aus bis zu -130°C kaltem gefrorenem Kohlenstoff (Trockeneis) besteht. Außerdem sah man auf Aufnahmen mit hoher Auflösung der Sonde spiralförmige und vom Wind verwehte Ablagerungen und das der Nordpol wie ein fein löchriger Hüttenkäse und der Südpol wie ein groß löchriger Käse aussieht.

Die Nordpolarregion ist von ausgedehnten Dünen umgeben. Am Landeplatz des Viking 2 Landers bildet sich jeden Winter eine Eisschicht und bedeckt den Boden. Im Winter ist die Nordpolkappe in einen Schleier aus eisigem Dunst und Staub eingehüllt. über dem Südpol ist dieser Effekt weniger ausgeprägt. Die Ausdehnung der Polkappen schwankt mit den Jahreszeiten. Dieser Effekt wird, wie auch auf der Erde, durch die Neigung der Rotationsachse von etwa 25% gegen die Umlaufebene verursacht. Zwei Erdenjahre entsprechen etwa einem Marsjahr, und deshalb dauern die Jahreszeiten auf dem Mars doppelt so lange. Ihre unterschiedliche Dauer entsteht durch die starke Exzentrizität. Der Sommer auf der Südhalbkugel, wenn sich der Planet nahe am Perihel befindet, ist kürzer und heißer als auf der Nordhalbkugel. Die jahreszeitlichen Änderungen in der Erscheinungsform der Oberflächenmerkmale können durch physikalische und chemische Vorgänge erklärt werden. Diese Vorgänge wurden bei biologischen Experimenten der Mariner- und Viking - Missionen festgestellt.

Der Mars scheint keine aktive Plattentektonik aufzuweisen und es gibt keine Beweise für horizontale Bewegungen der Oberfläche, wie aufgefaltete Gebirge. Ohne diese lateralen Plattenbewegungen bleiben Spannungsherde an einer relativ zur Oberfläche festen Stelle. Dies könnte im Zusammenspiel mit der geringen Oberflächengravitation für die Entstehung der Tharsis - Hochebene mit ihren gigantischen Vulkanen verantwortlich sein. Es gibt keine Beweise für aktuelle vulkanische Aktivitäten, aber es gibt welche für tektonische Aktivitäten in der Frühgeschichte des Mars.

Die Topographie des Mars kann in zwei Hemisphären unterteilt werden, der südlichen und der nördlichen, vom Marsäquator ausgesehen. Der südliche Teil besteht größtenteils aus einem alten, stark mit Kratern (Krater Schiaparelli, s. Abb. 56) zerfurchtem Gelände, dass die geologisch älteste Formation darstellt und wahrscheinlich aus einer Zeit des intensiven Bombardements stammt. Folge des Impakts sind offensichtlich die großen Becken Hellas, Argyre und Isidis Planitia. Hellas Planitia ist ein Einschlagskrater, der über 6 Kilometer tief ist und einen Durchmesser von 2.000 Kilometer hat. Diese Becken sind jedoch nicht mit Lava gefüllt wie ähnliche Formationen auf dem Mond. Die Marskrater sind wie auf dem Mond nach bekannten Wissenschaftlern und Technikern sowie nach Forschungsreisenden und Künstlern benannt.

Abbildung 56 Im Zentrum des B/des ist der durch einen Impakt entstandene Krater Schiaparelli mit einem Durchmesser von 450 Kilometern.

Die nördliche Halbkugel ist vorwiegend eben, besonders ihr nördlichster Teil, der mit Vastitas Borealis, Großes Ödland bezeichnet wird. Das jüngere und mit weniger Kratern übersäte Gelände des nördlichen Teils liegt 2 bis 3 Kilometer tiefer als das südliche. Die höchsten Gebiete des Nordteils sind die großen Vulkane der Tharsis - Hochebene und des Elysium Planitia. Tharsis ist eine riesige Ausbuchtung mit etwa 4.000 Kilometer Ausdehnung und einer Höhe von 10 Kilometern. In beiden Gegenden gibt es riesige, erloschene Vulkane, wie die mächtigen Schildvulkane Elysium Mons, Hecates Tholus und Olympus Mons. Olympus Mons ist die höchste Erhebung auf dem Mars und der größte Vulkan im Sonnensystem. Er ähnelt einigen Vulkanen auf der Erde hat aber mit einer Höhe von 27 Kilometern und einem Durchmesser von 700 Kilometer ein etwa 50mal größeres Volumen. Der Gipfelkrater, Caldera, besitzt einen Durchmesser von 90 Kilometern. Olympus Mons ist von einer mindestens vier Kilometer hohen Bergkette umgeben. Ältere und vom Wind zerbrochenen und erodierte Vulkanfelsen umgeben den Hauptgipfel. Dieses Gebiet nennt man Aureole. Der Vulkan Olympus Mons befindet sich nordwestlich des Tharsis - Gebietes und trug früher den Namen Nix Olympica, olympischer Schnee, weil die über ihm liegenden Wolken von der Erde aus als heller Fleck erscheinen.

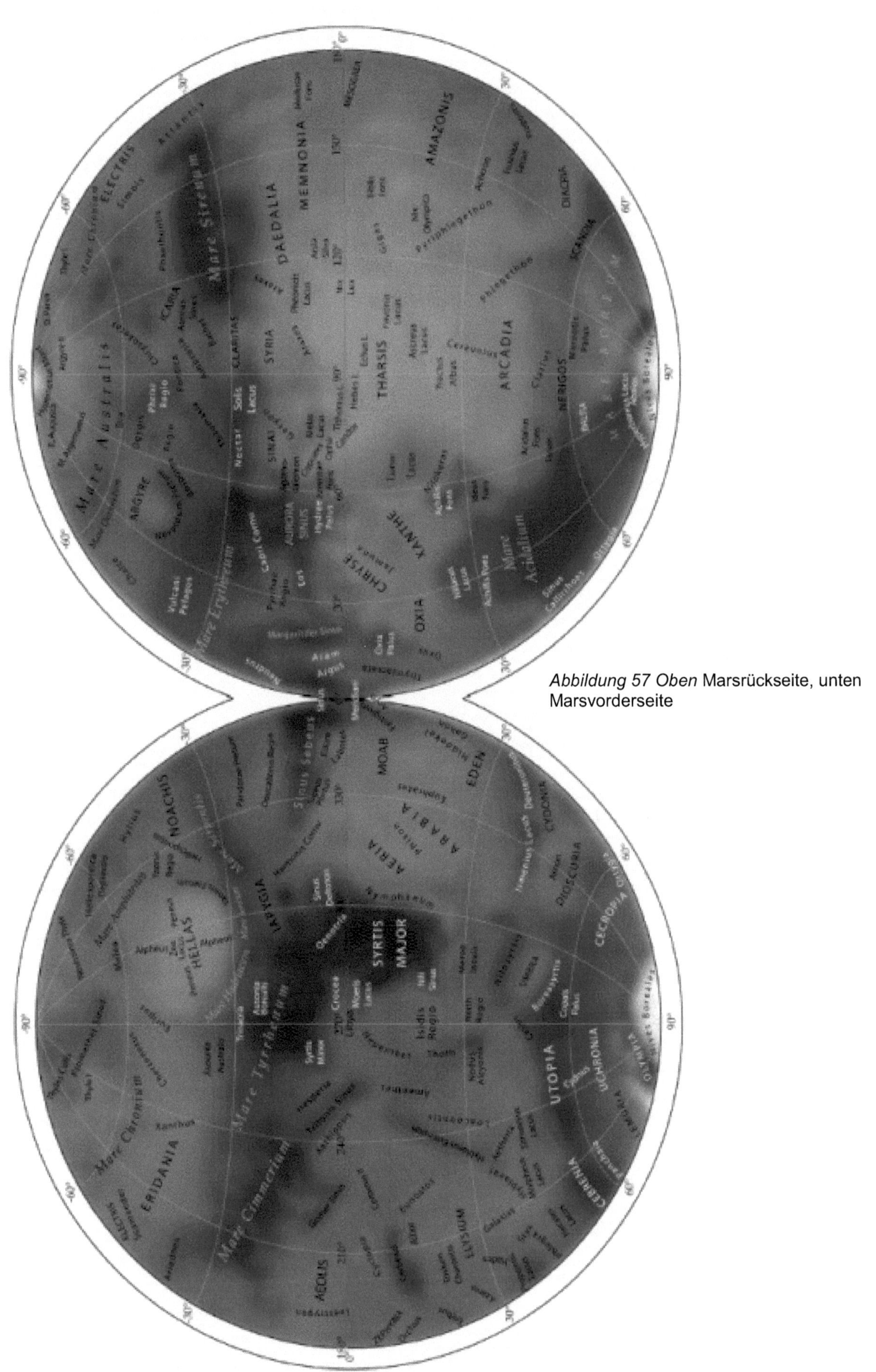

Abbildung 57 Oben Marsrückseite, unten Marsvorderseite

Diese Vulkangebiete befinden sich am östlichen und westlichen Ende eines enormen Canyon -
Systems, dem Valles Marineris (s. Abb. 58). Dieses Canyon - System, benannt nach dem Mars-
satelliten Mariner 9, erstreckt sich vom Zentrum des Tharsis - Massivs über eine Länge von etwa
5.000 Kilometern in der Äquatorgegend nach Osten. Es hat die Form einer Reihe ungefähr parallel
verlaufender, etwa 200 Kilometer breiter Canyons mit steilen Wänden deren Durchschnittstiefe
6 Kilometer beträgt.

Abbildung 58 Der 5.000 Kilometer lange und 6 Kilometer tiefe Valles Marineris Canyon. Zum Vergleich ist der größte
irdische Canyon 750

Einige Beobachtung von Kanälen auf der Marsoberfläche deuten darauf hin, dass es früher flüssige
Wasser auf dem Mars gegeben hat. Kanäle im Valles Marineris scheinen durch plötzliche Überflutung
entstanden zu sein. Außerdem gibt es einige stark gewundene, ausgetrocknete Flussbetten mit
zahlreichen Nebenflüssen, die ausschließlich in den stark mit Kratern zerfurchten Gebieten auftreten.
Diese Wasserläufe sind Beweise (s. Abb. 59), dass in früherer Zeit die Marsatmosphäre dichter war
und einen Wasserfluss auf dem Planeten ermöglichte. physikalische Merkmale, wie Uferlinien,
Schluchten Flussbetten und Inseln deuten an, dass große Flüsse die Formen der Marsoberfläche
bildeten.

Abbildung 59 Beweise für ehemalige Wasserläufe aus der Marsoberfläche.

8.2   Gibt es Leben auf dem Mars?

Die Viking-Sonden führten bei ihren Missionen Experimente zur Bestimmung der Existenz von Leben auf dem Mars durch. Dabei kamen mehrdeutige Resultate zustande, über die die meisten Wissenschaftlerglauben, dass sie keinen Beweis für Leben auf den Mars liefern. Optimisten führen dagegen an, dass nur zwei winzige Proben an noch nicht einmal günstigen Stellen genommen wurden. Weitere Experimente, die bei zukünftigen Marsmissionen durchgeführt werden sollen bringen vielleicht positivere Ergebnisse.

Immer wieder stürzen Brocken vom Mars auf die Erde, die meisten in die Ozeane.12 Meteoriten sind bisher eindeutig als Steine vom Mars von Wissenschaftlern identifiziert worden. Der spektakulärste Fund wiegt knapp zwei Kilogramm und wurde im Schnee der Antarktis entdeckt. NASA-Forscher untersuchten ihn und fanden Spuren von Einzellern und von Gasen, die im Stein eingeschlossen waren. Der Beweis für Leben auf dem Mars. Der Meteorit, der "Allan Hills 840001" (s. Abb. 60) benannt wurde, war vor 13.000 Jahren bei uns aufgeschlagen.
Bei seiner Reise zur Erde war er etwa 16 Millionen Jahre unterwegs und er wurde in dieser Zeit von kosmischer Strahlung durchsiebt und dadurch alles Leben in ihm ausgelöscht. Es gibt aber auch Brocken vom Mars, die ihren Weg zu uns in wenigen Jahren, manche sogar nur in einigen Monaten finden. In ihnen könnten Mikroorganismen die Reise überleben.
Bei der Marsmission Pathfinder soll herausgefunden werden, wie lange es Lebewesen auf dem Mars gab und wie weit sie entwickelt waren. Wissenschaftler halten es sogar für möglich, dass es tief im Inneren des Mars noch heute Lebensform gibt.

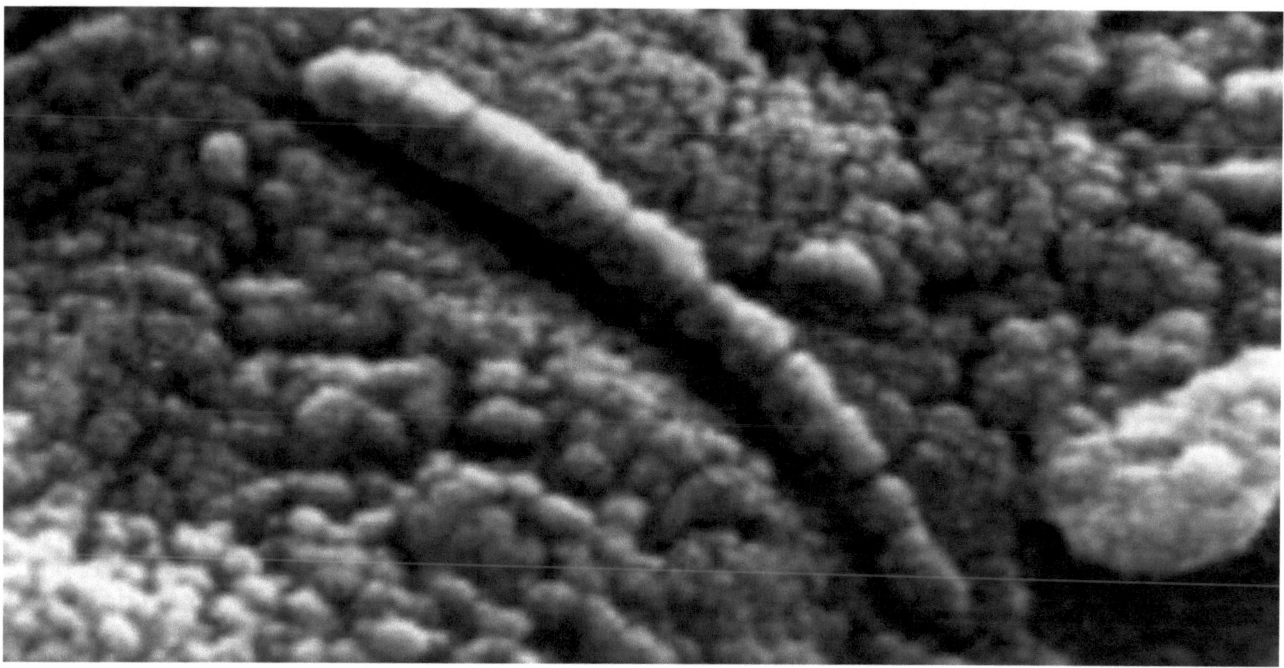

Abbildung 60 Der Marsmeteorit, der in der Antarktis der Erde gefunden wurde, wurde vor 16 Millionen Jahren durch einen Einschlag auf der Marsoberfläche herauskatapultiert und viel vor 13.000 Jahren auf die Erde. Die mikroskopischen Untersuchungen am Meteoriten zeigen früheres Marsleben.

8.3 Erforschung des Mars

Der Mars war in den 60er, 70er und 80er Jahren das Ziel zahlreicher sowjetischer und amerikanischer Raumsonden, namentlich der sowjetischen Mars-, Zond- und Phobossonden und der amerikanischen Mariner- und Vikingsonden. Bei diesen Missionen wurden auch Landungen auf der Marsoberfläche durchgeführt.

Am 25 September 1992 wurde die Mars Observer-Mission gestartet. Als die Sonde am 21. August 1993 in die Marsumlaufbahn eintreten sollte, fiel die Kommunikation aus. Daraufhin startete 1997 die US-Sonde Mars Global Surveyor. Das Grundaussehen dieser Sonde wurde von der Mars Observer Sonde verwendet. Mars Global Surveyor kreist um den Mars und entdeckte jetzt erstmals Eis außerhalb der Pole und funkte die Bilder zur Erde. Außerdem fand sie in der Nähe des Äquators einen Felsen aus dem Eisenmineral Hämatit, das sich wahrscheinlich in heißem Wassergebildet hatte. Amerikanische Experten von der Universität von Arizona vermuten, dass es an dieser Stelle vor Jahrmilliarden Seen gegeben haben könnte - und in ihnen Leben. Heute würde Wasser wegen des enorm gestiegenen Atmosphärendrucks schnell ins Weltall verdampfen.

Bereits im Sommer 1996 waren in einem Marsmeteoriten Spuren von Mikroorganismen gefunden worden. Dieser Eisenfelsen ist jetzt einer der viel versprechendsten Plätze, um an Originalschauplätzen nach Lebensspuren zu suchen.
d
Am 4. Juli 1997 erreichte die amerikanische Mars Pathfinder-Sonde den Planeten. Dort wurde dann mit einer stationären Landestation und einem Rover 6, genannt Sojourner, die Umgebung der Landstelle erforscht. Mit einem Zentimeter pro Sekunde schleicht das Roboter-Auto "Sojourner" über die Marsoberfläche. Der Wert des Marsmobils betrug 12,5 Mio. €, wobei die ganze Mission 223,5 Millionen € kostete. Sojourner ist 30 Zentimeter hoch, 11,5 Kilogramm schwer und 61 Zentimeter lang. Die Technik, des mit sechs beheizten Rädern ausgerüsteten Marsmobils, wurde am Max-Planck-Institut in Kaltenburg-Lindau und in Mainz entwickelt. In drei Jahren wurden dort die Kamera-Sensor-Einheit und die Schnüffelnase, das Alpha-Proton-Röntgenspektrometer, entwickelt. Das Röntgenspektrometer bombardiert Sand und Steine mit Alphateilchen und misst am Echo die Zusammensetzung.

Auch die japanische Raumfahrtbehörde macht in der Marserforschung mobil und startete im Juli 1998 die Planet B - Sonde, die zwei Jahre lang die Oberfläche des Planeten untersuchen soll. Am 4. Januar 1999 startete die 576 Kilogramm schwere Marssonde "Mars Polar Lander". Am 3. Dezember 1999 soll die Sonde am Südpol des Mars landen. Mit Hilfe eines Mikrofons kann man dann die Geräusche auf der Marsoberfläche hören. 10 Minuten vor der Landung werden von dem Raumfahrzeug zwei basketballgroße Sonden abgesprengt, die mit einer Geschwindigkeit von 720 km/h in den Marsboden eintauchen und in 2 Meter Tiefe nach Wasser- und Lebensspuren suchen sollen. Außerdem sollen mit einer Art Ofen Gesteinsproben verdampft und die Ergebnisse zur Erde übermittelt werden. In Zukunft wollen die USA noch einige Projekte unter der Bezeichnung Mars Surveyor zur Erforschung des Mars starten.

Von den bis 2002 durchgeführten 33 Missionen waren nur 8 US-amerikanische erfolgreich.

Im Juni 2003 startete die ESA-Sonde Mars Express. Nur der Orbiter dieser Sonde arbeitet und sendete viele Aufnahmen aus seiner Marsumlaufbahn und fand unter der Ebene Chryse Planitia ein Eisfeld mit einem Durchmesser von 250 Kilometern.

Opportunity, eine im Juli 2003 gestartete US-amerikanische Marssonde, bewies durch einen mitgeführten Rover, dass der Mars einst warm und feucht war. Die Sonde ist immer noch aktiv.

Am 12. August 2005 startete die US-Sonde Mars Reconnaissance Orbiter. Sie soll hauptsächlich zur Hochgeschwindigkeits-Kommunikation zwischen zukünftigen Marssonden und der Erde dienen.

2008 konnte die NASA mit Hilfe der Sonde Mars Odyssey umfangreiche Salzlagerstätten in den Hochebenen der Südhalbkugelnachweisen. Der Rover der Curiosity-Mission, landete im August 2012 auf dem Mars, konnte weite Strecken zurücklegen und umfangreiche Untersuchungen durchführen.

Die im November 2013 gestarteten Marsmissionen MAVEN (von der NASA) und eine indische Mission sollen die noch spärlich vorhandene Marsatmosphäre untersuchen.

2018 will die NASA ihre Mars-Missionen mit einem Lander fortsetzen. InSight, so der Name der Mission, soll unter anderem den Marskern vermessen und die Struktur seiner Kruste untersuchen.

Langfristiges Ziel der Raumfahrt ist der bemannte Flug zum Mars. In Houston (US-Staat Texas) wird ein neuer Ionen-Nuklearantrieb getestet, der die 400 Millionen Kilometer bis zum Mars in nur zwei Monaten schafft. Dieser Antrieb wurde am Massachusetts-Technologiezentrum " MIT" erfunden. Der Treibstoff der Rakete ist flüssiger Wasserstoff, der mit Kernreaktoren auf 10 Millionen Grad erhitzt wird. Dabei schießen die Ionen mit unheimlicher Kraft durch die Düsen. Bisher würde eine bemannte Marsmission mehr als drei Jahre dauern. Acht Monate Hinflug, dann müssten die Astronauten auf dem Mars zwei Jahre auf ihren Rückflug warten, bis die Erde und der Mars wieder in einer günstigen Konstellation zu einander stehen.

Wann landet der erste Mensch auf dem Mars?

Der Planungsmanager Professor Jesco von Puttkamer erklärt: "Am 20. Juli am Jahre 2019, exakt 50 Jahre nach der ersten Mondlandung, können Astronauten die ersten Schritte auf dem Mars machen. Zu diesem Zeitpunkt stehen Erde und Mars so dicht zusammen, dass man mit minimalem Treib-stoffverbrauch zum Mars fliegen kann." Noch fehlt es an technischem Rüstzeug, auch weiß niemand genau, wie sich ein jahrelanger Aufenthalt in der Schwerelosigkeit auf den menschlichen Körper auswirken wird. Das entscheidende Sprungbrett für den Flug zum Mars wird die Internationale Raumstation ISS sein, die im Jahre 2003 ihren vollen Betrieb aufnehmen und mit mindestens sechs Astronauten besetzt sein wird. Die NASA plant außerdem alle 26 Monate, immer wenn der Mars günstig zur Erde steht zwei Sonden zum Mars zu senden, um genügend Daten für den geplanten bemannten Marsflug zu sammeln. Die größte Gefahr bei diesem bemannten Raumflug ist die kosmische Strahlung. Im Gegensatz zu Shuttle-Astronauten verlassen die Mars-Astronauten den magnetischen Schutzschirm der Erde. Eine wirksame Abwehr der kosmischen Strahlen gibt es noch nicht. Vermutlich werden ca. 60jährige Astronauten für die Marsmission ausgewählt werden. Sie verfügen über die größere Erfahrung und außerdem ist das Risiko, dass sie später an Krebs erkranken, geringer als bei jüngeren. Wahrscheinlich werden zwei oder drei Raumschiffe mit je vier bis sechs Personen gleichzeitig losgeschickt. Sollte eines in ernste Schwierigkeiten geraten, so könnten die Insassen mit Raumtaxis wechseln.
Nach der Landung müssten die Astronauten unter aufblasbaren Plastikkuppeln leben, einer Art Treibhaus, das bereits entwickelt wird. Zur Ernährung müssten sie Pflanzen anbauen, deren produzierter Sauerstoff aufgefangen wird und den Astronauten zur Atmung dient.
Da jeder Transport von Material von der Erde zum Mars und zurück teuer ist, müssen so viele Rohstoffe wie möglich auf dem Mars hergestellt werden. Da die Atmosphäre des Mars zu 95% aus Kohlendioxid besteht, wird diese angezapft und man kann Methan, Wasser und Sauerstoff daraus gewinnen. Dies wären die Energieträger für den Rückflug.
Um den Mars bewohnbar zu machen gibt es schon Überlegungen zum Terraforming. Riesige Mikrowellen heizen die Mars-Pole auf und lassen das dort befindliche Wassereis schmelzen. Chemiefabriken produzieren Fluorkohlenwasserstoffe (FCKW) zum Erwärmen der neuen Atmosphäre. Genetisch veränderte Pflanzen verbrauchen das Kohlendioxyd der Marsatmosphäre und setzen Sauerstoff frei. In 500 bis 1.000 Jahren könnte damit dann auf dem Mars eine erdähnliche Atmosphäre erreicht werden.

8.4 Phobos

Phobos (s. Abb. 61), der innere und größere der beiden Marsmonde, wurde am 12. August 1877 von Asaph Hall mit einem neuen Refraktor des Washingtoner Observatoriums, der Durchmesser des Objektivs betrug 65 cm, entdeckt. Phobos bedeutet im altgriechischen so viel wie Furcht. Der Marsmond Phobos wurde nach einem der Söhne von Ares (Mars) und Aphrodite (Venus) in der griechischen Mythologie benannt. Fast 100 Jahre waren die Marsmonde nur als schwache Lichtpünktchen bekannt, über ihr tatsächliches Aussehen wusste man nichts Bestimmtes. Es tauchten auch Spekulationen auf, die Marsmonde könnten hohl und künstlicher Herkunft sein. Erst die US-Raumsonden Mariner 9 (1971), Viking 1 und Viking 2 (1977) und Phobos 2 (1988) verschafften Klarheit. Auf übermittelten Bildern dieser Sonden erscheint Phobos als ein mit Kratern übersätes Ellipsoid mit den Ausmaßen von 27 x 21,6 x 18,8 Kilometern und einem Volumen von 5.000 km^3 bei einer Masse von 1,08 x10^{16} kg.

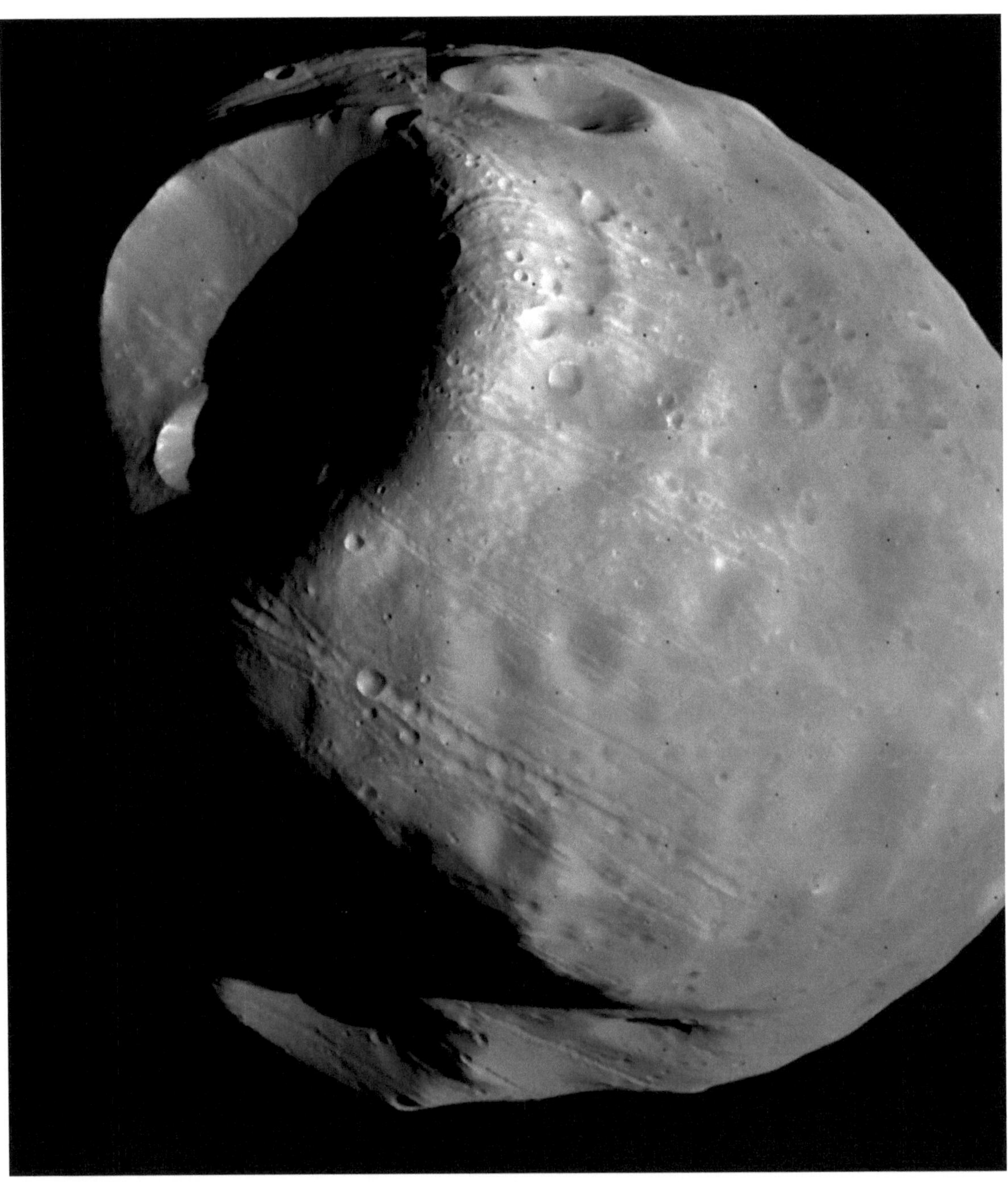

Abbildung 61 Aufnahme des Marsmondes Phobos vom Viking Orbiter aus dem Jahre 1977.

Der Marsmond Phobos sollte mit den US-Sonden Phobos 1 und Phobos 2 erforscht werden. Phobos 1 ging auf dem Weg zum Mars durch einen Kommandofehler verloren. Phobos 2 erreichte den Mars und ging in eine Umlaufbahn. Der Orbiter der Sonde bewegte sich bis auf 800 Kilometern auf den Marsmond zu und ging dann, wie auch das Landemodul der Sonde verloren. Neue Aufnahmen von der Sonde Mars Global Surveyor deuten an, dass Phobos mit einer ein Meter dicken Schicht aus feinem Staub bedeckt ist. Dieser Staub ähnelt dem Regolith auf dem Erdmond.
Bei zukünftigen Weltraummissionen könnten Astronauten von der Phobos Oberfläche den Planeten Mars studieren oder er könnte ihnen als Zwischenstation auf dem Weg zur Marsoberfläche dienen, besonders dann, wenn sich das Vorhandensein von Eis oder Wasser bestätigt.

Phobos umkreist den Marsmittelpunkt in 9.378 Kilometern Entfernung, wobei ein Umlauf 7 Stunden und 39 Minuten dauert. Die Umlaufbahn des Mondes, die unterhalb der synchronen Höhe verläuft und durch die Gezeitenkräfte abgesenkt wird, wird dabei alle Jahrhunderte um 9 Meter kürzer, so dass er in etwa 40 Millionen Jahren auf die Marsoberfläche stürzen oder zu einem Ring zerfallen wird. Er ist bei seinen Umläufen weniger als 6.000 Kilometer oberhalb der Marsoberfläche und somit näher an seinem Zentralgestirn, als jeder andere Mond im Sonnensystem. Phobos umkreist den Mars normalerweise zweimal am Tag unter dem geostationären Orbitalradius, d.h. er geht im Westen auf, rast sehr schnell über den Himmel und geht im Osten dann unter. Er ist dabei so knapp über der Oberfläche des Mars, dass er gar nicht von allen Punkten an der Oberfläche ausgesehen werden kann.

Die Dichte des Mondes von 1,95 cm^3, die 1989 mit Hilfe der Sonde Phobos 2 festgestellt wurde, zeigt, dass man Phobos mit einem Haufen aus porösem Gesteinsschutt und Eis vergleichen kann. Die Oberfläche des Kleinmondes ist sehr dunkel und scheint aus kohlenstoffähnlichem Material zu bestehen. Sie ist dem C-Type von Asteroiden sehr ähnlich, die im äußeren Asteroidengürtel des Sonnensystems existieren. Manche Wissenschaftler sind der Meinung, dass die beiden Marsmonde eingefangene Asteroiden sind. Andere Wissenschaftlerwidersprechen dieser Theorie. Sie glauben, dass die Marsmonde vom größten Einschlag auf dem irdischen Mond herstammen.

Die Raumsonde Phobos 2 entdeckte eine feine, aber stetige Gasströmung, die von Phobos ausgeht. Leider ging die Sonde verloren, bevor sie die Herkunft des Gases bestimmen konnte. Wissenschaftlernehmen an, dass Wasser als Herkunft am wahrscheinlichsten ist.
Die bemerkenswertesten Formationen auf Phobos ist der riesige Krater Stickney (s. Abb. 61), benannt nach dem Mädchennamen von der Gattin Asaph Halls, sowie ein von dort aus verlaufendes Rillensystem. Der Krater nimmt mit 10 Kilometern Durchmesserrund ein Drittel der Mondgröße ein.
Die Rillen scheinen beim Einschlag des Objekts, das zum Krater führte, entstanden zu sein.

Abbildung 62 Mars und seine Monde Deimos (oben) und Phobos (unten).

8.5 Deimos

Deimos (s. Abb. 63), der kleiner e und äußere der Marsmonde, ist der kleinste bekannte Mond im Sonnensystem. Er wurde nach einem Sohn von Ares (Marc) und der Aphrodite (Venus) aus der griechischen Mythologie benannt. Deimos, bedeutet im griechischen "Panik" und wurde, wie auch Phobos, 1877 von Asaph Hall entdeckt. Deimos hat die Ausmaße 15x12,2x 11 Kilometer und umkreist den Mars in einer Entfernung von 23.459 Kilometern, wobei sein Umlauf um den Mars 30 Stunden und 18 Minuten dauert.

Vergleicht man das Aussehen von Deimos mit dem größeren Marsmond Phobos, so erscheint Deimos eine glatte Oberfläche zu besitzen. Bilder mit zwei bis drei Metern großen Details von der US-Sonde Viking 2, die in einem Abstand von 28 Kilometern an ihm vorbeiflog, zeigten eine Oberfläche, die mit Kratern übersät ist. Diese Krater sind jedoch so mit feinem Material angefüllt, dass die Oberfläche glatt erscheint. Auch die auf Deimos sichtbaren hellen Flecken sind Schichten von feinem, vielleicht bei Impakten ausgeworfenen Materials. Furchen und Rillen wie auf Phobos, sind auf dem Deimos nicht vorhanden.

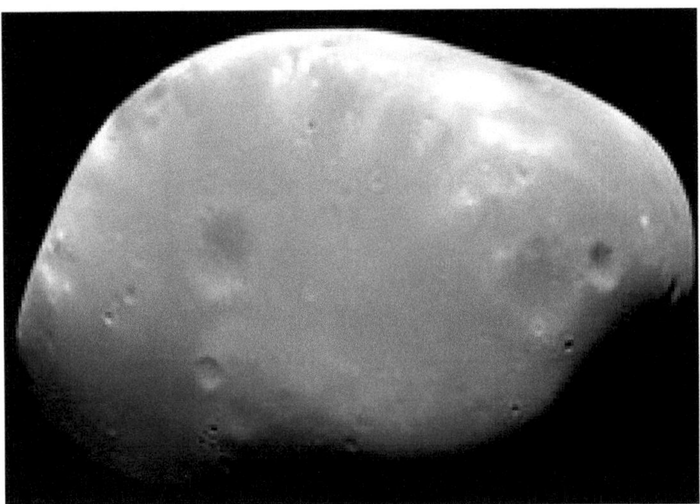

Abbildung 63 Deimos, der kleinere der beiden Marsmonde.

Deimos erscheint als dunkler Körper, dessen Oberflächenmaterial aus einer Art von Kohlenstoff besteht. Wegen der geringen Dichte von 2 g/cm^3, die sich aus dem Ausmaß und der Masse ergibt, und der geringen Albedo liegt der Schluss nahe, dass Deimos wie auch der andere Marsmond Phobos,eine chemische Zusammensetzung ähnlich der von kohligen Chondriten habe. Kohlige Chondriten sind ein seltener Typ von Steinmeteoriten. Weil ihre mittlere chemische Zusammensetzung der chemischen Zusammensetzung von der Sonne sehr ähnlich ist, abgesehen von Wasserstoff und Helium, und weil es einen relativen hohen Anteil an flüchtigen Stoffen gibt, nimmt man an, dass kohlige Chondriten das ursprüngliche, noch keinen chemischen Prozessen unterworfene Material repräsentatieren, aus dem sich das Sonnensystem gebildet hat. Sie sind aufgebaut aus der Matrix von kohlenstoffreichen Mineralien, in die die Chondren eingebettet sind. Diese sind kleine Kugeln von schnell abgekühlten Silikatmineral, meist Olivin und/oder Pyroxen, dass man in Steinmeteoriten findet. Chondren sind zwischen weniger als 1 Millimeter bis über 10 Millimeter groß. Der Wasseranteil kann bis zu 20% betragen. Das größte bekannte Beispiel für diesen Typus ist der Allende-Meteorit. Dies ist ein Meteorit des Kohlenstoff-Chondrit-Typs, der 1969 in Mexiko nieder ging. Über zwei Tonnen Material fielen verstreut über ein Gebiet von 48 x 7 Kilometern auf die Erde. Damit ist der Allende-Meteorit einer der massereichsten Kohlenstoff-Chondrit-Meteoriten, die man kennt. Die gleiche Zusammensetzung dürften auch einige Typen von Asteroiden des äußeren Asteroidengürtels haben, die zwischen den Bahnen von Mars und Jupiter um die Sonne laufen. Man vermutet deshalb, dass die Marsmonde Phobos und Deimos eingefangene Asteroiden sind.

Der Marsmond Deimos wurde 1977 von Viking I und Viking 2 fotografiert, wobei Viking 2 nur in einem Abstand von 28 Kilometern an ihm vorbeiflog.

9 Jupiter ♃

Jupiter (s. Abb. 64) ist von der Sonne aus der fünfte und der größte Planet des Sonnensystems.
Jupiter hat mit 1,9x1027 kg mehr als doppelt so viel Masse als alle anderen Planeten zusammen.
Seine Umlaufbahn um die Sonne ist 778.330.000 Kilometer (5,2 AE) entfernt und sein äquatorialer
Durchmesser beträgt 142.984 Kilometer. Jupiter ist ein Riesen-Gasball, zehnmal so groß wie die Erde
und ein Zehntel so groß wie die Sonne. Seine Masse beträgt 0,1 Prozent der Sonnenmasse.

Abbildung 64 Jupiter mit dem charakteristischen Kennzeichnen, dem großen roten Fleck.

Der Planet Jupiter wurde nach dem König der Götter benannt (auch Jove genannt; im griechischen
Zeus). Er war der Herrscher über den Olymp und Patron des römischen Staates. Zeus war der Sohn
des Chronos (Saturn). Jupiter ist nach Sonne, Mond und Venus das vierthellste Objekt am Himmel. Er
ist uns schon seit prähistorischer Zeit bekannt. Galileo Galilei entdeckte 1610 die vier großen
Jupitermonde lo, Europa, Ganymed und Kallisto, die uns heute als Galileischen Monde bekannt sind.

9.1 Aufbau des Jupiter

Der Planet Jupiter wurde 1973 von Pioneer 10 und später dann von Pioneer 11, Voyager 1, Voyager 2 und Ulysses besucht. Momentan umkreist den Jupiter die Sonde Galileo, die uns voraussichtlich noch zwei Jahre lang Daten übermittelt.
Jupiter gehört zur Gruppe der nicht erdähnlichen Planeten. Diese Gasplaneten besitzen keine feste Oberfläche, ihr gasförmiges Material wird mit zunehmender Tiefe immer dichter. Was man von diesen Planeten sehen kann ist lediglich nur die Oberseiten der Wolken hoch oben in der Atmosphäre. Die Radien und Durchmesser, die für diese Gasplaneten angegeben werden beziehen sich auf eine Höhe, in der ein Druck von einer Atmosphäre herrscht.
Über das Innere von Jupiter ist unser Wissen noch sehr indirekt, denn selbst die Daten der atmosphärischen Probe von der Sonde Galileo wurden lediglich in einer Tiefe von 150 Kilometer unterhalb der Wolkengrenze genommen. Die Wissenschaftler nehmen aber an, dass Jupiter einen Kern aus felsigem Material mit einem Umfang von ungefähr 10 bis 15 Kilometer an Erdmassen hat.
Oberhalb des Kerns kommt eine Schicht in Form von flüssigem metallischen Wasserstoffs. Diese außergewöhnliche Form von Wasserstoff ist nur möglich, weil in dieser Schicht der Druck über vier Millionen Bar liegt. Dieser flüssige metallische Wasserstoff besteht aus ionisierten Protonen und Elektronen. Der Wasserstoff ist wegen der Temperatur und dem Druck, die im Inneren des Jupiters herrschen, flüssig und nicht gasförmig. Der flüssige metallische Wasserstoff ist wahrscheinlich ein elektrischer Leiter und somit die Quelle für das Magnetfeld des Jupiters. Zusätzlich enthält diese Schicht noch etwas Helium und Spuren von verschiedenen Eisenarten. Das Magnetfeld des Jupiters (s. Abb. 65) ist viel stärker als das der Erde und seine Magnetosphäre dehnt sich über 650 Millionen Kilometer aus. Die Radioemission des Jupiters wurde 1955 entdeckt. Dies war der erste Hinweis auf ein starkes Magnetfeld, das 4000mal stärker als das der Erde ist. Die Magnetosphäre des Jupiters ist infolgedessen 100mal größer und sie ist nicht kugelförmig, sondern dehnt sich nur einige Millionen Kilometer in direkter Richtung zur Sonne aus. Die Magnetosphäre ist der vom natürlichen Magnetfeld eines Planeten erfüllte Raumbereich, der nach außen hin durch die Wechselwirkung mit dem Sonnenwind begrenzt wird. Die Monde von Jupiter liegen daher alle innerhalb seines Magnetfeldes.

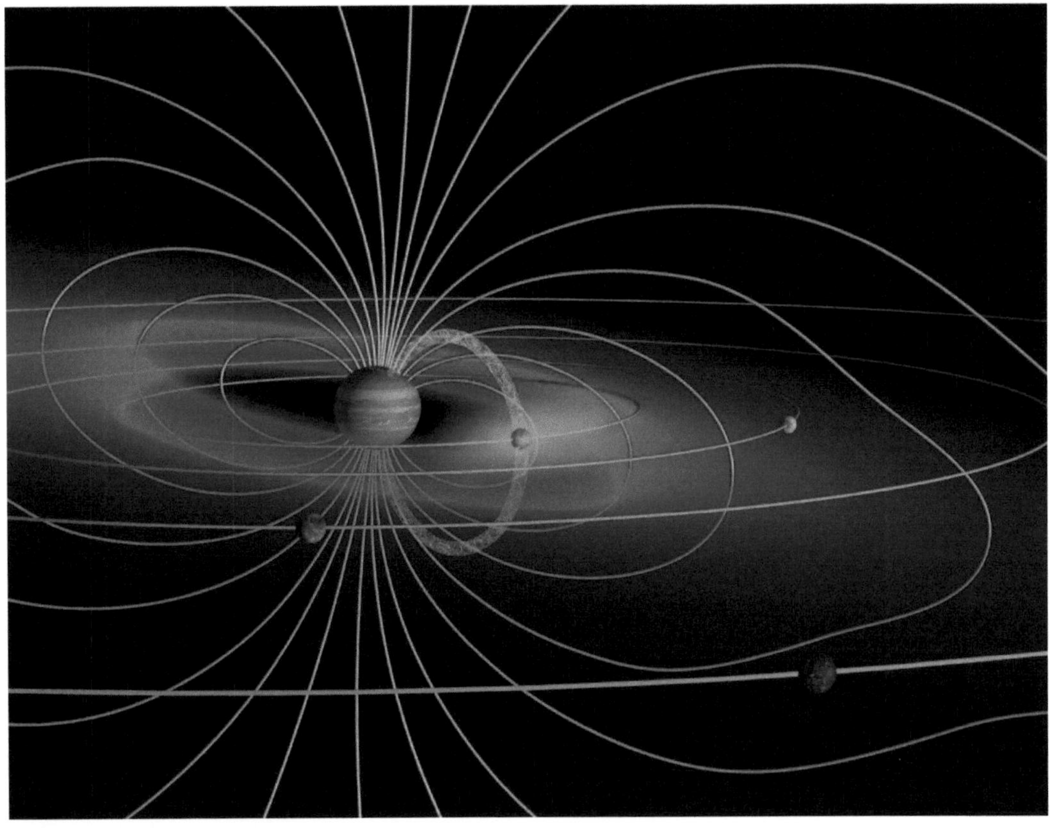

Abbildung 65 Magnetfeld des Jupiters.

Die Radioemission wird von Elektronen verursacht, die um die Feldlinien spiralenförmig angeordnet sind. Eingefangene Elektronen in der Nähe des Planeten verursachen Synchrotronstrahlung im Bereich der Dezimeter-Wellenlängen. Diese Strahlung ist der Strahlung, die im irdischen Van-Allen-Strahlungsgürtel herrscht, sehr ähnlich. Die Synchrotronstrahlung ist eine elektromagnetische Strahlung, die von elektrisch geladenen Teilchen ausgesandt wird und die sich mit annähernd Lichtgeschwindigkeit durch ein magnetisches Feld bewegen. Die Strahlung wurde so bezeichnet, als sie zum ersten Mal in Synchrotronbeschleunigern nachgewiesen wurde. Synchrotronstrahlung macht den Hauptteil der Radiostrahlung von Supernova-Überresten und von Radiogalaxien aus. Der größte Teil des Lichtes und der Röntgenstrahlung, die vom Crab-Nebel stammt, wurde in Synchrotronprozessen durch extrem hoch-energetische Elektronen erzeugt. Das Spektrum der Synchrotronstrahlung weist ein charakteristisches Profil auf, das sich sehr stark von dem der thermischen Strahlung eines heißen Gases unterscheidet. Daher ist es relativ einfach, Strahlungsquelle zu identifizieren. Die in der Synchrotronstrahlung auftretende Polarisation liefert Hinweise, die Rückschlüsse auf die Magnetfeldstärke zulassen. Die Strahlung im Magnetfeld des Jupiters ist sehr viel intensiver und sie wäre für einen ungeschützten Menschen sofort tödlich.

Auf diese innere Schicht folgt eine äußere, die sich aus gewöhnlichem, molekularen Wasserstoff und Helium zusammensetzt. Das in dieser Schicht befindliche Helium kommt im Inneren des Planeten flüssig und weiter außen gasförmig vor. Die Atmosphäre die wir beobachten können, ist der oberste Teil dieser Schicht. Weiter Bestandteile dieser Schicht sind Wasser, Kohlendioxid, Methan und verschiedene einfache Moleküle in winzigen Mengen.

Den Großteil des Planeten bildet seine Atmosphäre, die vorwiegend aus Wasserstoff (90%) in molekularer Form und Helium (10%) mit kleinen Beimengungen von Methan, Ammoniak, Wasserdampf und anderen Verbindungen, wie Felsen, besteht. Diese Zusammensetzung der Jupiteratmosphäre ist sehr nahe an der Zusammensetzung des ursprünglichen Sonnennebels, aus dem sich das gesamte Sonnensystem gebildet hat.

Wissenschaftler vermuten innerhalb der äußeren Schicht drei getrennte Wolkenschichten, die entweder aus Ammoniak-Eis, aus Ammoniumhydrosulfid oder aus einer Mischung aus Eis und Wasser bestehen. Daten von Tochtersonde „Probe" der Galileo-Sonde zeigen nur schwache Anzeichen für Wolken. Dies ist aber auf den ungewöhnlichen Eintrittspunkt der Sonde in die Atmosphäre des Jupiters zurückzuführen. Durch Teleskop-Beobachtungen von der Erde und vom Galileo-Orbiter aus, stellte die Wissenschaftler fest, dass der Eintrittspunkt der Proben der Galileo-Sonde eines der wärmsten und wolkenärmsten Gebiete des Jupiters zu diesem Zeitpunkt war.

Durch Auswertung von neuen Fotografien, die von der Raumsonde Galileo gemacht wurden, stellten die Wissenschaftler fest, dass es auf dem Jupitertrockene Zonen sowie aber auch Feuchtgebiete gibt. Ein NASA-Forscher sagte in Pasadena (US-Staat Kalifornien): "Die trockenen Zonen sind mit dem Tal des Todes oder der Sahara bei uns auf der Erde vergleichbar. Es gibt sogar so etwas ähnliches wie Wetter, sogar Regen, aber Leben auf dem Jupiter ist sehr unwahrscheinlich."

Daten der Proben von der Galileo-Sonde aus der Atmosphäre zeigten außerdem, dass wesentlich weniger Wasser vorhanden war, als von den Wissenschaftlern erwartet wurde. Die Wissenschaftler glaubten vor der Untersuchung der Proben, dass in der Atmosphäre des Jupiters etwa doppelt so viel Sauerstoff enthalten ist, als in der Sonne. Aber die Daten der proben zeigten ihnen, dass die tatsächliche Konzentration viel geringer als auf der Sonne ist. Überraschend für die Wissenschaftler waren auch die hohen Temperaturen und die Dichte, die von den Proben der Galileo-Sonde in der obersten Schicht der Atmosphäre von Jupiter gemessen wurden.

Jupiter besitzt eine interne Energiequelle, die Wärme. Diese Wärme wurde während der Bildung des Planeten durch den Gravitationskollaps erzeugt. Jupiter strahlt deshalb zwischen 1,5 und zweimal so viel Wärme ab, wie er von der Sonne aufnimmt. Das Innere des Jupiters, der Kern, ist wahrscheinlich etwa 20.000 "K heiß. Diese Innere Hitze ist die Ursache für eine Konvektion tief in Jupiters flüssigen Schichten und somit wahrscheinlich verantwortlich für die unterschiedlichen Bewegungen an der

Wolkenobergrenze. Die Sonde Galileo stellte fest, dass die Atmosphäre von Jupiter sehr turbulent ist und die in der Atmosphäre vorkommenden Winde durch die innere Hitze hervorgerufen werden.

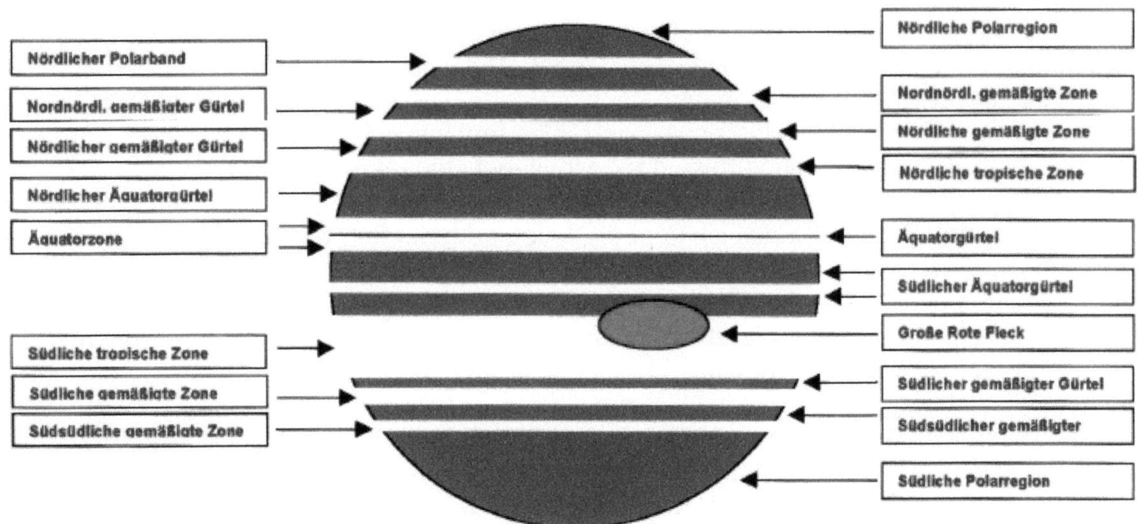

Abbildung 66 Bezeichnungen der dunklen Gürtel und hellen Zonen des Jupiters.

Bei Beobachtungen des Jupiters im visuellen Licht erkennt man, dass die Scheibe des Planeten abwechselnd von hellen und dunklen Bändern durchzogen ist. Die hellen Bänder nennt man Zonen, die dunklen Gürtel (s. Abb. 66). Nach Details in diesen Bändern kann man die rasche Rotation des Planeten verfolgen, der sich in nur 10 Stunden einmal um seine Achse dreht. Eine Folge dieser raschen Eigenrotation ist eine starke Abplattung des Planetenkörpers. Meteorologische Vorgänge sowie geringfügige chemische und thermische Abweichungen sind weitere Gründe für die Veränderungen in diesen Bändern.

Die Ergebnisse der Raumsonden Pioneer 10 und Pioneer 11 sowie von Voyager 1 und Voyager2 haben einigen Aufschluss über diese Wolkenformationen ergeben. Es wurde festgestellt, dass die gegenseitige Lage der Streifen und ihre Entfernung vom Äquator sich dabei nicht ändern. Die Wolkenformationen sind viel stabiler als auf der Erde. Voyager entdeckt außerdem noch komplizierte Wirbel in den Grenzbereichen zwischen den Streifen. Die Galileo-Sonde übermittelte Daten, die zeigten, dass die Geschwindigkeiten der Winde, die in angrenzenden Streifen entgegengesetzt wehen, mit mehr als 400 km/h höher als erwartet sind und sich tiefer ausdehnen, als die Sonde beobachten konnte.

Es gibt fünf oder sechs Wolkenbänder auf jeder Hemisphäre des Planeten, die mit Windströmungen in Wechselbeziehung stehen. Die verschiedenen Farben in den Wolken von Jupiter sind wahrscheinlich das Resultat von chemischen Reaktionen der Spurenelemente, möglicherweise in Zusammenhang mit Schwefel, dessen Verbindungen eine große Farbvielfalt besitzen. Weiße oder farbige Ovale erscheinen als relativ langlebige Merkmale. Die farbigen Wolken befinden sich in den obersten Schichten Jupiters in einem Bereich von nur 0,1 bis 0,3 Prozent des Gesamtradius. Die Färbung der Wolken variiert systematisch mit der Höhe, wobei die blauen Bereiche die tiefsten sind. Diesen folgen braune, weiße und schließlich rote Bereiche in den höchsten Gebieten.

Die helleren Streifen bestehen aus kühleren Wolken in großer Höhe. Die dunklen Streifen sind relativ durchsichtig und man blickt hier in tiefere Bereiche mit weniger und niedriger gelegenen Wolken. Manchmal sind niedrigere Schichten auch durch Löcher in den höheren sichtbar. Die Temperatur an der Obergrenze der höchsten Wolkenschicht erreicht - 140°C und in der tieferen Wolkenschicht steigt sie auf 0°C.

Abbildung 67 Weiße und farbige Ovale in der Planetenatmosphäre. 1979 von Voyager 1 bei einem Vorbeiflug am Jupiter gemachte Aufnahme.

Das bekannteste und auffälligste Merkmal in der Atmosphäre des Jupiters ist der Große Rote Fleck, der bereits vor 300 Jahren entdeckt wurde. Die Entdeckung wird Cassini zugeschrieben, oder im 17 Jahrhundert Robert Hooke. Der Ursprung von diesem Merkmal, dessen Durchmessergrößer als die Erde ist, ist unsicher. Der Große Rote Fleck hat eine ovale Form, dessen Ausmaße 12.000 auf 25.000 Kilometer betragen. Eine Theorie besagt, dass es sich im Wesentlichen um einen riesigen Antizyklon handelt. Ein Antizyklon ist ein Gebiet in der Atmosphäre eines Planeten, in dem der Druck zum Zentrum hin ansteigt. An den Rändern des Großen Roten Flecks rotieren Wolkenmassen, ähnlich wie bei Antizyklonen auf der Erde, als atmosphärischer Wirbel gegen den Uhrzeiger. Diese Zyklone besitzen eine Windgeschwindigkeit von ca. 500 km/h. Infrarotbeobachtungen zeigten, dass der Große Rote Fleck auch noch ein Hochdruckgebiet ist, dessen Wolkenobergrenze deutlich höher und kühler als die Umgebung ist. Etwas Ähnliches sind die weißen Ovale, von denen einige auch seit bereits 50 Jahren existieren.

Aufgrund von Ergebnissen der Pioneer 11 - Mission im Jahre 1974 vermutete man die Existenz schwacher Ringe um Jupiter. Dies wurde durch von der Voyager 1-Sonde übermittelte Bilder bestätigt. Die Ringe des Jupiters (s. Abb. 68) haben eine einheitliche Struktur. Der innere Rand ist 30.000 Kilometer und der äußerer Rand 129.000 Kilometer vom Zentrum des Planeten entfernt. Die Ringe setzen sich aus feinen Staubteilchen zusammen, deren Größe einige Mikrometer betragen, ähnlich der Größe von Partikeln des Zigarettenrauchs. Das Material der Ringe muss ununterbrochen nachgefüllt werden. Als Quelle kommen Felsbrocken in der Umlaufbahn um den Jupiter in Betracht, die kontinuierlich von Hochgeschwindigkeitsteilchen bombardiert werden. Auch werden sie von Material gespeist, dass bei Einschlägen auf den vier inneren Monden in den Weltraum geschleudert wird. Diese Ringe um Jupiter werden momentan im Infrarotbereich von der Erde aus mit Teleskopen sowie von der Raumsonde Galileo beobachtet und fotografiert. Die Ringe um Jupiter sind mit einer Albedo von ungefähr 0,05 sehr dunkel und scheinen kein Eis zu enthalten.

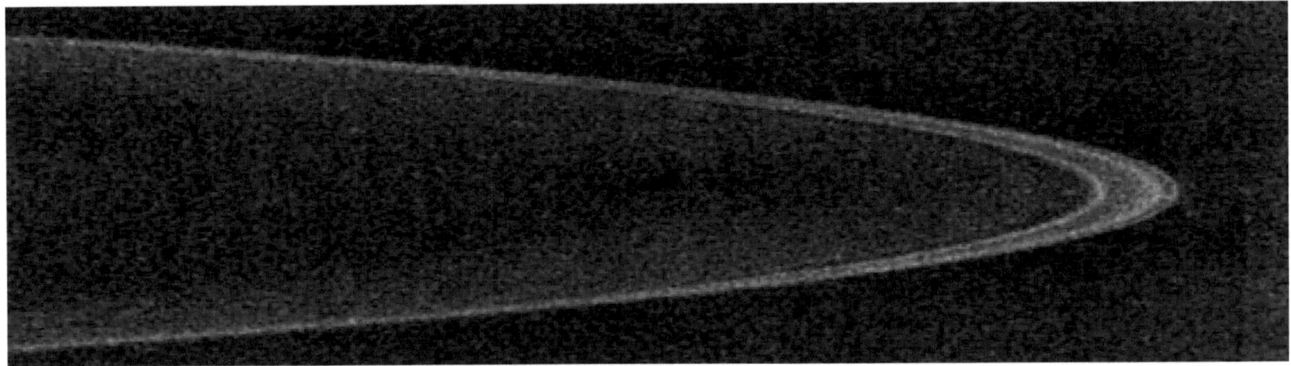

Abbildung 68 Ringe des Jupiters.

Die Atmosphärenprobe der Sonde Galileo entdeckte einen neuen Strahlungsgürtel zwischen den Ringen von Jupiter und der obersten Schicht in der Atmosphäre. Dieser neue Gürtel ist etwa 10mal so stark wie der Van-Allen-Strahlungsgürtel auf der Erde und enthält zur Überraschung der Wissenschaftler Heliumionen mit hoher Energie von unbekannter Herkunft.

Der Durchmesser von Jupiter (142.984 Kilometer) ist genau so groß, wie er bei einem Gasplaneten maximal sein kann. Würde noch mehr Material dazukommen, so würde es von der Schwerkraft zusammengedrückt werden, so dass der gesamte Radius des Planeten nur geringfügig vergrößert würde. Ein Stern kann nur wegen seiner inneren Hitze größer sein, Jupiter aber müsste um ein Stern zu werden 80mal mehr Masse besitzen.

In jüngster Zeit wurden wir in Zusammenhang mit dem Planeten Jupiter mit einem Ereignis konfrontiert, dass bei uns auf der Erde die Dinosaurier vernichtete, nämlich der Einschlag eines Kometen auf die Oberfläche von Jupiter (s. Abb. 69). Alles begann im Juli 1992, als ein Komet in 21 Teile zerbrach, die sich zu einer Kette formierten. Im März 1993 entdeckten die Astronomen Shoemaker und Levy diese Kometenkette, die dann im Zeitraum vom 16. bis zum 22. Juli 1994 auf dem Jupiter einschlugen. Dabei drang ein 2 Kilometer dicker Brocken des Kometen, der nach seinen Entdeckern Shoemaker-Levy 9 benannt wurde, mit einer Geschwindigkeit von 200.000 km/h in die Atmosphäre des Jupiters ein und riss einen 6.000 Kilometer großen Krater. Der Brocken erhitzte sich dabei und entzündete sich. Daraufhin entlädt sich die gewaltige Energie von 20 Millionen Atombomben in einem riesigen Feuerball, der größer als unsere Erde war. Gasblitze schossen bis zu 100 Kilometer in die Höhe und enorme Schockwellen ließen den riesigen Planeten Jupiter wie eine Glocke erklingen.

Jupiter besitzt eine große Gravitation, mit der er sogar die Bahnen von Kometen und Asteroiden um die Sonne verändern kann. Außerdem bindet er so viele Monde an sich, dass sein System einem kleinen Sonnensystem ähnelt. Durch Beobachtungen von der Erde und durch Raumsonden wurden im Laufe der Zeit insgesamt 17 Monde entdeckt.

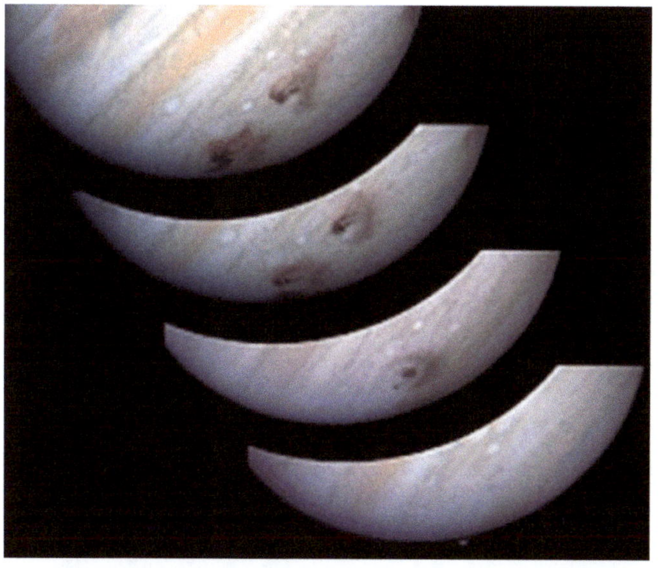

Abbildung 69 Aufnahmen des Einschlags des Kometen Shoemaker- Levy 9 i m Januar 1994 auf dem Jupiter. Der große schwarze Fleck auf der Jupiteroberfläche markiert die Einschlagstelle. Die hohen Temperaturen unter der Wolkendecke des Jupiters schmolzen den größten Teil der Masse des Kometen so dass sein Einschlag auf dem Riesenplaneten unwesentlich war und die Umlaufbahn des Jupiters um die Sonne sich nicht änderte.

Diese Monde kann man in fünf verschiedene Gruppen aufteilen. Die vier kleinen Inneren Monde (Metis, Adrastea, Amalthea und Thebe) und die vier großen Galileischen Monde (IO, Europa, Ganymed und Kallisto) (s. Abb. 70) befinden sich auf Kreisbahnen in der Äquatorebene. Die dritte Gruppe (Leda, Himalia, Lysithea und Elara) besteht aus Monden in einer Kreisbahn, die im Winkel zwischen 25° und 29° gegen die Äquatorebene geneigt sind und deren Radien 11 bis 12 Millionen Kilometer betragen. Die Monde der äußersten Gruppe (Anake, Carme, Pasiphae und Sinope) sind kleine Monde in retrograden Bahnen, die relativ exzentrische Ellipsen sind und deutlich gegen die Äquatorebene geneigt sind. Diese Bahnen liegen alle im Abstand zwischen 21 und 24 Millionen Kilometer von Jupiter entfernt. Die fünfte Gruppe besteht nur aus einem Mond, der erst in jüngster Zeit entdeckt wurde, und bei dem es sich wahrscheinlich um einen eingefangenen Asteroiden handelt.

Abbildung 70 Die vier großen Galileischen Monde.

Die vier Galileischen Monde, benannt nach ihrem Entdecker Galileo Galilei, und ihre Bahnbewegungen sind mit einem kleinen Teleskop oder einem Feldstecher leicht zu erkennen. Dabei kann man eine Reihe von interessanten Erscheinungen beobachten, wie z.B. ihre gegenseitigen scheinbaren Konjunktionen, den Durchgang eines Mondes vor der Planetenscheibe oder Mondfinsternisse. Jupiter verlangsamt sich allmählich wegen der Flutströme, die durch die Galileischen Monde verursacht werden. Dieselben Flutkräfte verändern die Umlaufbahn der Monde, die sich sehr langsam von Jupiter entfernen. Die Jupitermonde Io, Europa und Ganymed sind von Flutkräften in einer orbitalen 1:2.4 Resonanz gefangen. Dabei nähern sich ihre Umlaufbahnen gegenseitig an. Der vierte der Galileischen Monde Kallisto ist beinahe ein Teil davon. In wenigen hundert Millionen Jahren wird auch er darin gefangen sein und mit genau doppelter Dauer den Jupiter umkreisen als Ganymed und achtfach zurzeit von Io.

Zwölf dieser Monde sind unförmige, an Asteroiden erinnernde kleine Objekte mit den Ausmaßen von einigen Dutzend Kilometern. Näheres über die Monde des Jupiters wird in den folgenden Kapiteln beschrieben.

Abbildung 71 Das Jupitersystem.

9.2 Erforschung des Jupiter

Die ersten Bilder und Daten von Jupiter wurden von der US-Raumsonde Pioneer 10 bei ihrem Vorbeiflug am 01. Dezember 1973 übertragen. Weitere Daten und qualitativ bessere Aufnahmen von Jupiter übermittelten die folgenden US-Sonden, wie Pioneer 11, Voyager 1 (s. Abb. 72) und Voyager2. Diesen Sonden folgte die amerikanisch-europäische Ulysses- Sonde. Deren Hauptaufgabe war die Erforschung der Sonnenpole, aber auf ihrem Weg dorthin passierte sie den Jupiter und übermittelte ebenfalls Daten des Jupiters zu Forschungszwecken.

Das amerikanisch-europäische Galileo-Projekt wurde am 18. Oktober 1989 gestartet. Die Galileo-Sonde wurde zur Erforschung der Jupiteratmosphäre und seines Magnetfeldes konstruiert. Nach einem sechsjährigen Flug von vier Milliarden Kilometer durch das Weltall erreichte die Sonde Galileo den Jupiter. Dann begann ein spektakuläres Manöver. Galilei setzte eine Tochtersonde aus, die in die Atmosphäre des Jupiters eintauchte. Dabei wurde sie von Fallschirmen gebremst und sank mit Tempo 170 km/h abwärts. Der kleine Messroboter führte dabei Messungen des Drucks, der Temperatur durch und analysierte die vorherrschenden Gase. Alle Daten wurden über die Muttersonde zur Erde übermittelt bis die Kleinsonde nach 75 Minuten verglühte. Eine Kursabweichung von nur eineinhalb Grad in die eine oder andere Richtung hätte das vorzeitige Ende der Kleinsonde und ihrer wertvollen Daten bedeutet. Einig Stunden später wurde die Muttersonde selbst mit Bravour in eine Umlaufbahn um den Jupiter geschossen. In dieser Umlaufbahn bleibt sie die nächsten zwei Jahre und wird von dort aus Daten über Jupiter und über seine Monde zur Erde übermitteln.

Jupiter wird auch ständig vom Weltraumteleskop Hubble fotografiert. Dabei wurden auch Aufnahmen der Kollision des Kometen Shoemaker-Levy 9 mit dem Jupiter gemacht.

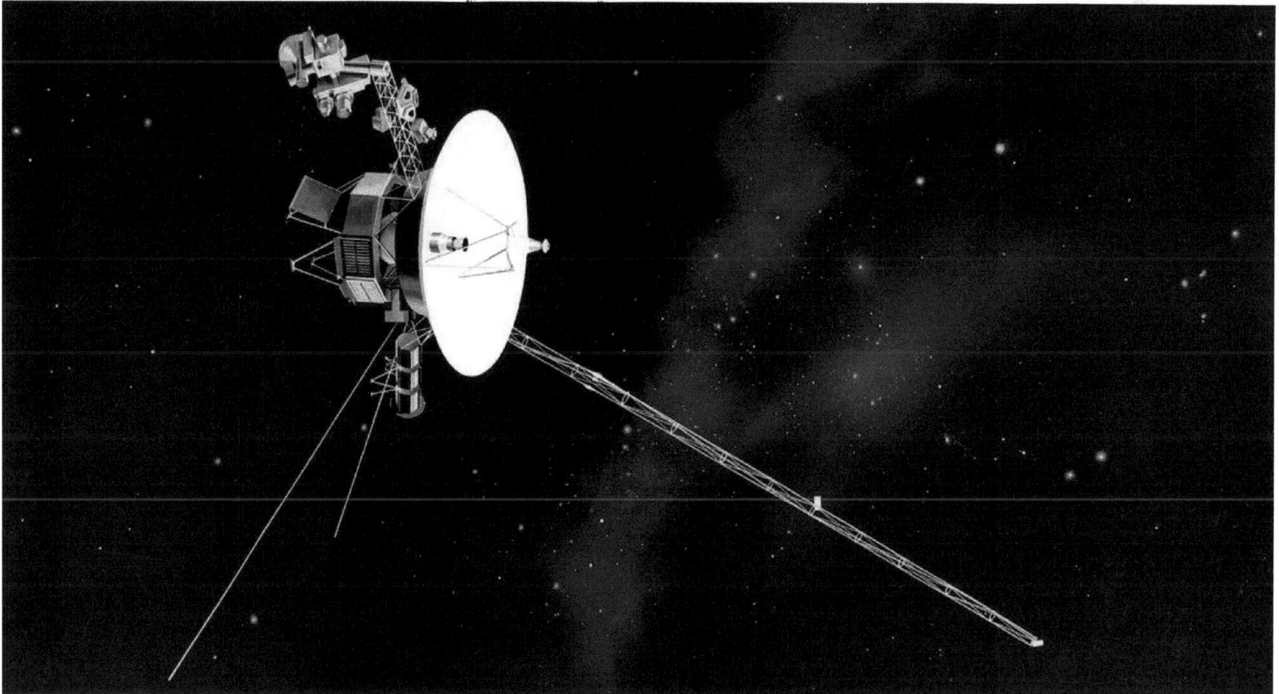

Abbildung 72 Voyager-Sonden wurden mit Hilfe von drei Radionuklidbatterien betrieben und waren für ihre zahlreichen wissenschaftlichen Aufgaben ist einer Reihe von Sensoren und Messgeräten ausgestattet. Jede Sonde besaß ein Photopolarimeter, ein Ultraviolettspektrometer, ein Infrarotinterferometer sowie zwei Spezialkameras. Diese Geräte sammelten Daten zur Strahlungsenergie der angesteuerten Ziele sowie zur chemischen Zusammensetzung, physikalischen Zustandsform und Atmosphäre der Planeten und Monde. Ferner gehörten zu jeder Ausrüstung ein Magnetometer, ein Plasmadetektor und je ein Detektor für kosmische Strahlung und für niederenergetische Partikel, die dazu dienten, die Magnetfelder und die Teilchenstrahlung zu messen. Die stabähnlichen radioastronomischen Antennen der Sonden suchten nach Radiowellen, die von den Planeten ausgesandt werden, und maßen Turbulenzen im Plasmateilchenstrom. Zur Übermittlung der Funkdaten auf die Erde diente eine Richtstrahlantenne mit einem Parabolreflektor von 3,5 Metern Durchmesser.

9.3 Methis

Der Mond Metis (s. Abb. 73) ist mit seiner 128.000 Kilometer vom Jupiter entfernten Umlaufbahn, der Innerste der bekannten Jupitermonde. Metis war in der griechischen Mythologie ein Titan in und die erste Frau von Zeus (Jupiter). Entdeckt wurde der mit einem Durchmesser von 40 Kilometer und einer Masse von $9{,}56 \times 10^{16}$ kg kleine Mond 1979 von Synnott.

Der Jupitermond Metis und sein Nachbarmond Adrastea liegen beide innerhalb des Hauptrings von Jupiter. Beide Monde könnten der Ursprung für das Material sein, aus dem der Hauptring besteht.

Kleine, manchmal innerhalb des Hauptrings vorkommende Satelliten, nennt man manchmal "Mooms".

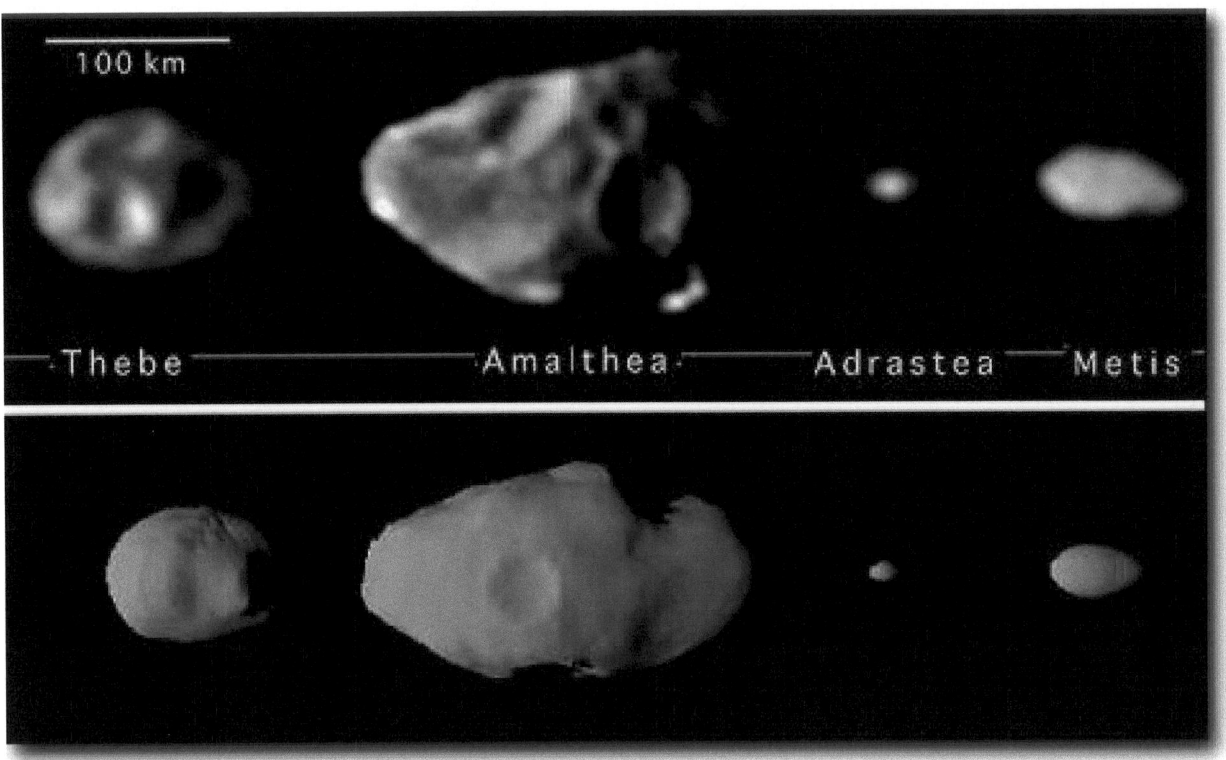

Abbildung 73 Fotomontage der Gruppe der Inneren Monde des Jupiters.

9.4 Andrastea

Andrastea gehört ebenfalls zur Gruppe der Inneren Jupitermonde. Seine Umlaufbahn ist 129.000 Kilometer vom Jupiter entfernt, sein mittlerer Durchmesser ist 20 Kilometer (23x20x15) und seine Masse beträgt $1{,}91 \times 10^{16}$ kg. Damit ist er etwa halb so groß wie sein Nachbarmond Metis und einer der kleinsten Mond im Sonnensystem.

Der Jupitermond Adrastea wurde nach der Tochter von Jupiter und Ananke benannt, die auch die Verteilerin von Belohnung und Bestrafung war.

Im Jahre 1979 entdeckte der Doktorand David Jewitt Adrastea.

Adrastea und sein Nachbarmond Metis umlaufen den Planeten Jupiter innerhalb des geostationären Orbitalradius und innerhalb der Rochegrenze. Beide Monde könnten klein genug sein, um nicht von ihren Gezeiten zerstört zu werden, aber ihre Umlaufbahnen könnten vielleicht in Zukunft absinken.

9.5 Amalthea

Amalthea (s. Abb. 74 und 75), der dritte der vier kleinen inneren Monde des Jupiters, hat einen mittleren Durchmesser von 189 Kilometer (270x166x150) und er besitzt eine Masse von $7{,}17 \times 10^{18}$kg. Der Abstand der Umlaufbahn von Almathea zum Jupiter beträgt 181.300 Kilometer.

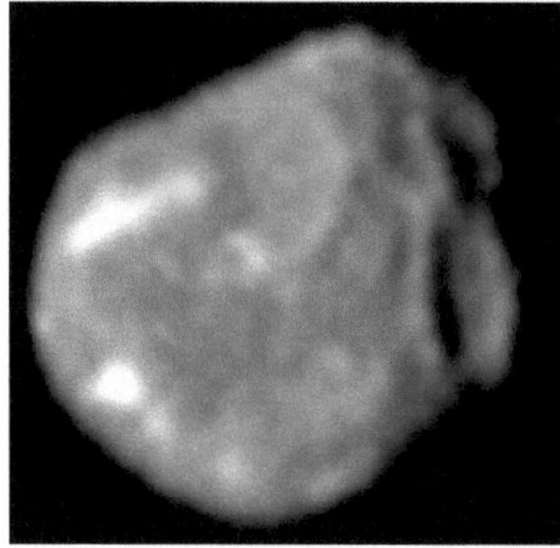

Abbildung 74 Links Amalthea Aufnahmen von der Raumsonde Voyager bestätigen frühere Beobachtungen, nach denen der kleine Jupitermond ungefähr fünfzig Prozent mehr Licht im roten Spektralbereich reflektiert, als im violetten. Im Mittel strahlt die Oberfläche von Amalthea etwa fünf Prozent des einfallenden Sonnenlichtes zurück, aber an einigen Stellen (hellen Flecken) ist der Prozentsatz bis zu dreimal größer.

Abbildung 75 Unten Fotomontage mit der Raumsonde Voyager und im Hintergrund Jupiter.

Amalthea ist der fünftgrößte Jupitermond, er hat aber nur 1/15 der Größe des nächst größeren, nämlich Europa. Die Größe und der unregelmäßige Umriss von Almathea beweisen, dass der Mond ein ziemlich starker und fester Gegenstand ist. Seine Zusammensetzung ist wahrscheinlich der von Asteroiden ähnlicher, als der Zusammensetzung von den Galileischen Monden.

Amalthea wurde nach der Nymphe benannt, die Jupiter als Kind mit Ziegenmilch großzog.

Entdeckt wurde der Jupitermond Almathea am 9. September 1892 von Barnard unter Verwendung eines 36 Zoll- Refraktors am Lick Observatorium. Amalthea war damit der letzte Mond im Sonnensystem, der durch direkte Sicht entdeckt wurde. Alle anderen wurden dann durch Fotografien entdeckt.

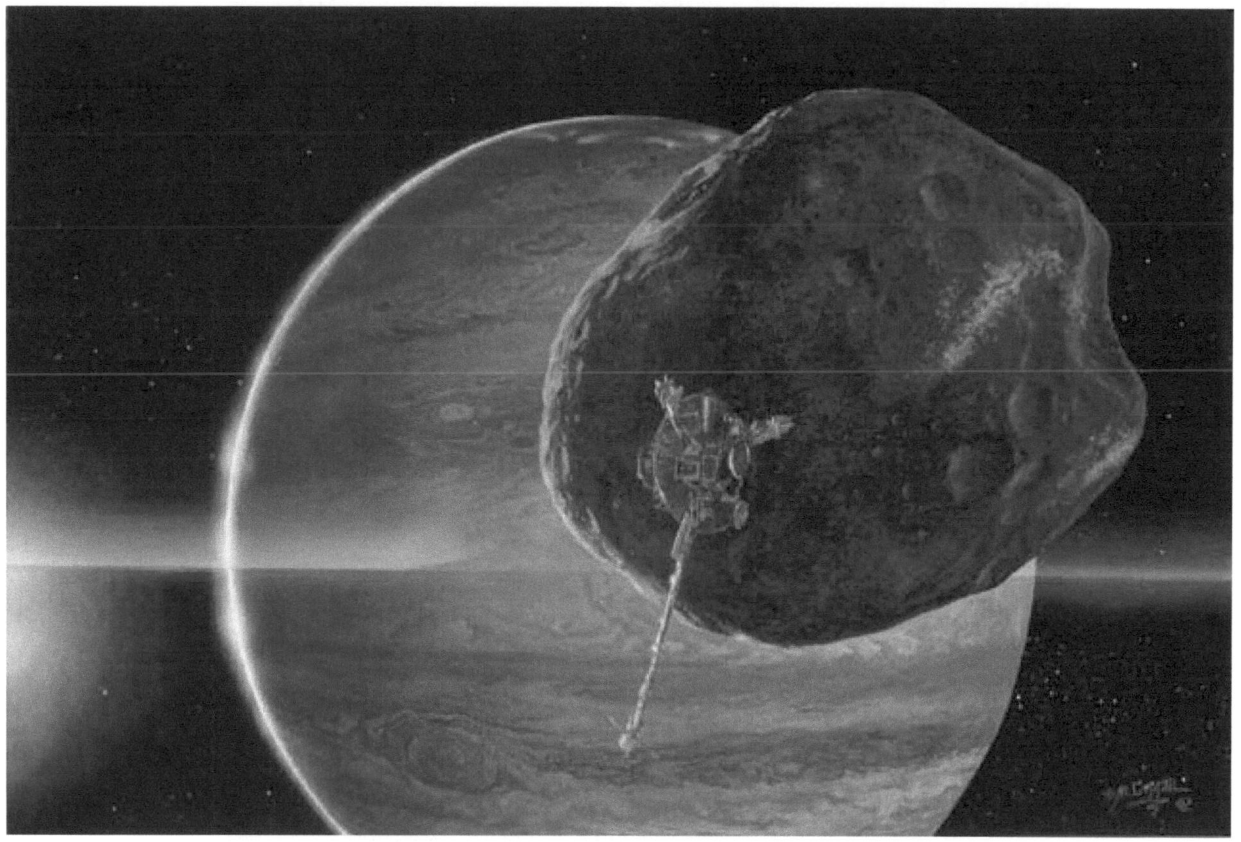

Wie die meisten der Jupitermonde rotiert der Mond Almathea synchron und seine Längsachse zeigt dabei auf Jupiter.

Auf Aufnahmen durch Voyager 1 erscheint Almathea als ein rotes, kartoffelförmiges Objekt. Er ist mit Abstand das rötlichste Objekt im Sonnensystem. Diese rötliche Farbe rührt von Schwefel her, der wiederum vom Jupitermond Io stammt.

Seine Oberfläche ist von vielen Kratern übersät. Die größte Einsenkung, genannt Pan, hat einen Durchmesser von 90 Kilometern.

Ähnlich dem Jupitermond Io strahlt Almathea mehr Hitze ab, als er von der Sonne aufnimmt. Die Ursache dafür sind wahrscheinlich elektrische Ströme, die durch das riesige Magnetfeld des Jupiters induziert werden.

9.6   Thebe

Thebe (s. Abb. 76), der vierte und letzte Mond der zur Gruppe der Inneren Jupitermonde gehört, ist auf seiner Umlaufbahn um den Jupiter 222.0000 Kilometer vom Jupiter entfernt. Sein mittlerer Durchmesser beträgt 100 Kilometer (100x90) und seine Masse beträgt $7{,}77 \times 10^{17}$ kg.

Benannt wurde der Jupitermond nach Thebe, einer Nymphe, der Tochter des Flussgottes Asopus.

Im Jahre 1979 entdeckte Synnott den Mond Thebe durch Aufnahmen der Raumsonde Voyager 1. Auf der Frontseite von Thebe sind die Hauptmerkmale vier riesige Krater und zwar riesig im Verhältnis zu Thebes Gesamtgröße.

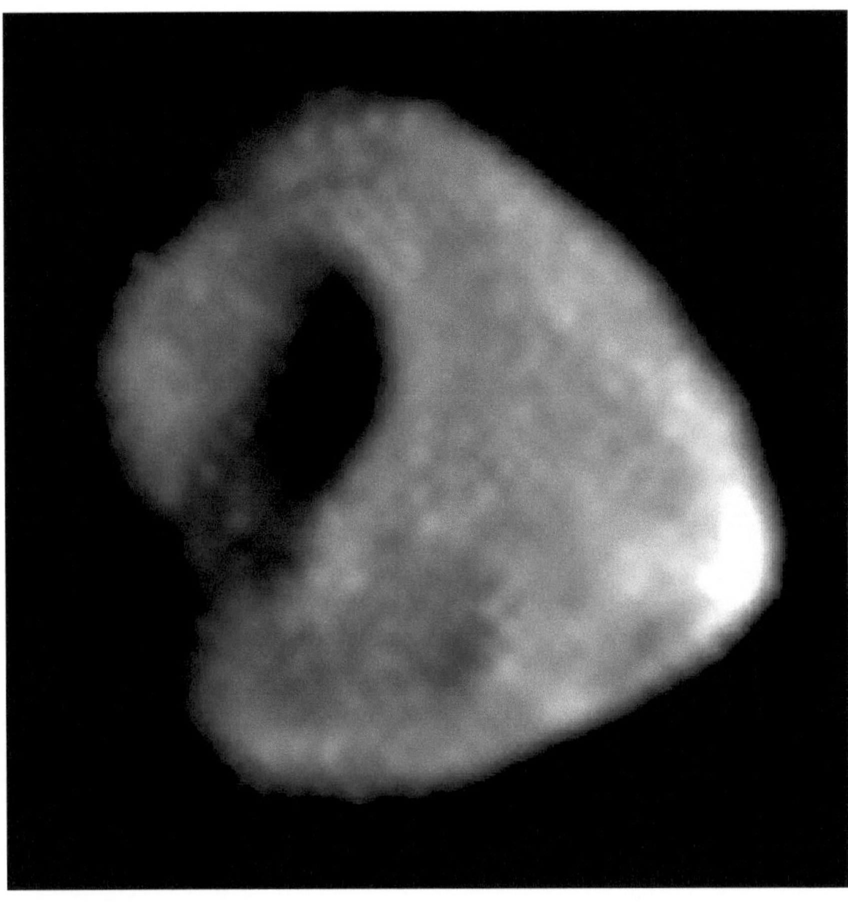

Abbildung 76 Thebe mit einem seiner riesigen Krater.

9.7 Io

Io, der fünfte und der drittgrößte der bekannten Jupitermonde, ist der innerste der vier Galileischen Monde des Jupiters. Der Durchmesser beträgt 3.630 km, seine mittlere Dichte 3,6 g/cm3 und seine Masse 8,93 x10^{22} kg. Er hat damit fast dieselben Werte wie unser Erdmond. Io (s. Abb. 77) umläuft den Jupiter in einem Abstand von nur 422.000 Kilometern und befindet sich damit in dem sehr starken Kraftfeld des Planeten.

Der Jupitermond wurde nach einer Geliebten von Zeus (Jupiter) benannt, die er vergeblich in eine Färse verwandelte, um sie vor seiner eifersüchtigen Frau Hera zu verstecken.

Entdeckt wurde Io im Jahre 1610 durch Galileo Galilei und Marius. Galilei entdeckte noch weitere drei Jupitermonde. Diese Monde nannte man daraufhin nach ihrem Entdecker „Galileische Monde".

Abbildung 77 Der fünfte Mond von Jupiter, Io. Seine Oberfläche gleicht einer Pizza. Entdeckt wurde er 1610 von Galileo Galilei.

Der Jupitermond Io ist der Bemerkenswerteste aller Jupitermonde. In der Schwärze des Weltalls erstrahlt er in bunten Farben. Seine Oberfläche ist hell gefärbt, in roten, braunen, gelben, orangen und weißen Schattierungen und sieht einer riesigen Pizza nicht unähnlich. Die farbige Kruste besteht aus Schwefel und festem Schwefeldioxid. Daten der Sonde Galileo deuten an, dass Io in seinen Bestandteilen den terrestrischen Planeten sehr ähnlich ist und hauptsächlich aus geschmolzenen Silikat Felsen besteht. Io besitzt einen Kern aus Eisen vermischt mit Eisensulfid, der einen Durchmesser von 1.800 Kilometer hat.

Wissenschaftler, die Daten nach den ersten Annäherungen der Voyager-Raumsonden an Jupitermond Io auswerteten, stellten überraschenderweise fest, dass die erwarteten Einschlagskrater auf der Oberfläche (s. Abb. 78) von Io fast gänzlich fehlen. Daraus lässt sich schließen, dass die Oberfläche von Io extrem jung ist. Die Raumsonde Voyager 1 fand anstelle von Kratern Hunderte von vulkanischen Calderas. Voyager 1 identifiziert bei ihrem Vorbeiflug acht aktive Eruptionszentren. Vier Monate später, als die Sonde Voyager 2 den Mond passierte, waren noch sechs aktiv. Die eruptiven Zentren erscheinen als dunkle Flecken. Viele sind von ungefähr kreisförmigen Halos umgeben, die von ausgeworfenem Material herstammen. Es sind auch Lavaströme auf der Oberfläche von Io zu erkennen, die manchmal ausgedehnte Decken bilden. Die Krater von Io sind keine Impakt Krater. Sollte in seiner Entwicklungsgeschichte einmal ein Krater durch einen Einschlag entstanden sein, so ist er längst durch Eruptionsmaterial verschüttet worden. Manche Vulkane haben die Form von unregelmäßigen Depressionen und werden Patera genannt.

Abbildung 78 Eine Vierfarbenmontage von Io, die am 4. März 1979 von Voyager 1 aufgenommen wurde. Io ist dabei 376.951 Kilometer entfernt. Auf dem Bild sind Strukturen bis hinab zu acht Kilometer Größe erkennbar. Die sichtbare Halbkugel lässt bei dieser Auflösung keine Einschlagkrater erkennen. Wissenschaftler folgern daher, dass die Oberfläche vergleichsweise jung ist. Die Sonde Voyager 1 hat später noch aus geringerer Entfernung Aufnahmen gemacht, anhand der die sichtbaren Oberflächenstrukturen genauer untersucht wurden. Der Ursprung dieser Strukturen wird zum Großteil dem inneren Vulkanismus zugeschrieben. Die Wissenschaftler sind außerdem der Meinung, dass die Oberfläche aus einer Mischung von Salzen und Schwefel besteht, die durch Vulkanismus an die Oberfläche gelangen und auch die Quelle für die Wolken aus neutralen und ionisierten Atomen sind. Das Ultraviolettspektrometer von Voyager 1 hat zusätzlich einen Ring aus zweifach ionisierten Schwefel gefunden.

Beiden lang andauernden Eruptionen, Aufnahmen davon wurden von den Sonden Voyager und Galileo übermittelt, schleudern die aktiven Vulkane von Io Gase und winzige Schwefel- und Schwefeldioxidteilchen mit hohen Geschwindigkeiten von 3.000 km/h bis in Höhen von 300 km. Diese Teilchen fallen zurück zur Oberfläche und bilden eine sich in 300 Jahren um 1 cm erhöhende Schicht. Dies war der Beweis dafür, dass das Innere anderer terrestrischer Körper tatsächlich heiß und aktiv ist.

Aktuellere Bilder, die durch ein Infrarot Teleskop der NASA auf dem Mauna Kea, Hawaii, gemacht wurden, zeigen eine neue sehr große Eruption. Eine weiter neue Erscheinung in der Nähe von Ra Patera wurde durch das Hubble Space Telescope (HST) entdeckt. Jüngste Aufnahmen der Raumsonde Galileo zeigen Veränderungen der Oberfläche von Io zu der Zeit als die Voyager-Sonden sich dem Mond nähernden. Diese Beobachtungen bestätigen, dass die Oberfläche von Io noch sehr aktiv ist.

Die Vulkane von Io wurden nach mythologischen Göttern des Feuers benannt, wie z.B. Pele, der Hauptfeuergott der hawaiianischen Mythologie, Prometheus, ein Griechischer Gott, der das Feuer von Zeus raubte und zur Erde brachte.

Die Oberfläche von Io besteht aus unterschiedlichen Geländetypen. Bis zu mehreren Kilometer tiefe Calderas wechseln sich mit Seen aus flüssigem Schwefel, mit Bergen, mit Hunderte von Kilometer langen Flüssen, die mit einer Flüssigkeit mit niedriger Viskosität angefüllt sind sowie vulkanische Öffnungen (s. Abb.79), ab.

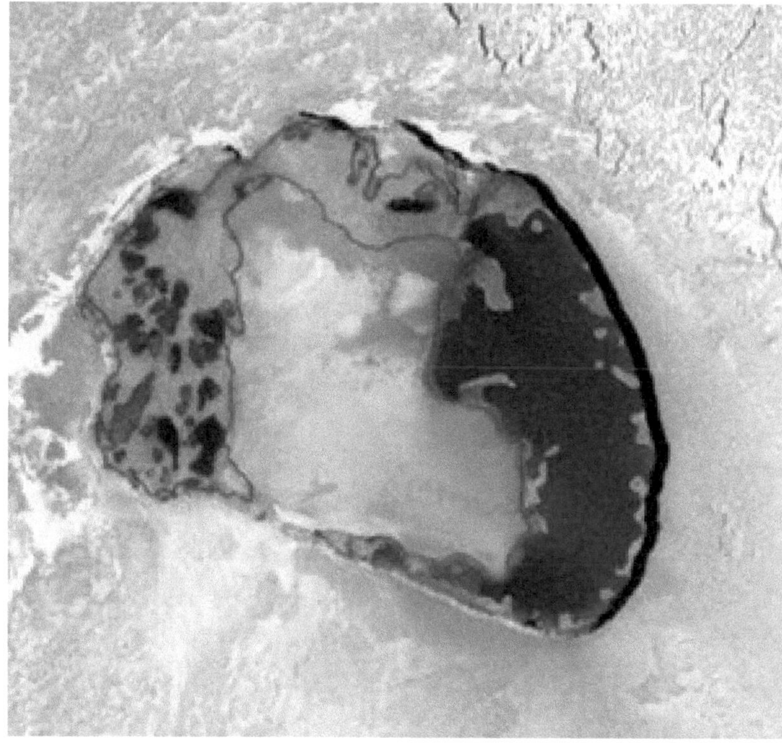

Abbildung 79 Aufnahme des Vulkans Loki Patera, dessen vulkanische Öffnung einen See enthält.

Wissenschaft er nehmen aufgrund von erdbasierenden Infrarotaufnahmen an, dass die Lavaflüsse auf der Oberfläche von Io aus geschmolzenem quarzartigen Felsen und reich an Natrium sind.

Die durchschnittliche Oberflächentemperatur beträgt etwa 130 K, sie kann aber an verschiedenen Stellen bis zu 2.000 K erreichen. An der Oberfläche der Lava Seen aus schwarzem Schwefel herrschen Temperaturen von 380"C.

Die großen Gezeitenkräfte deformieren dabei den runden Mond in Richtung zum Jupiter hin. Unter dem Einfluss der Jupitermonde Europa und Ganymed kreist Io auf einer etwas exzentrischen Bahn um den Jupiter. Dies ruft Schwingungen des Mondes und damit Veränderungen in der Höhe der Auswölbungen an verschiedenen Stellen der Oberfläche sowie Materialbewegungen im Mondinneren hervor. Außerdem lassen die Anziehungskräfte die kalte Mondoberfläche bersten und Lava dringt an die Oberfläche. Bei diesen Vorgängen, dem Zusammenkneten und Auseinanderziehen, erhitzt sich Io derartig, dass sein Inneres zum Großteil geschmolzen ist. Dies führt ebenfalls zu einer Aufheizung des Jupiters.

Der Mond Io ist von einer dünnen Atmosphäre aus Schwefeldioxid umgeben, und ein Ring aus elektrisch geladenen Teilchen, ein Pasmatorus, der die Bahn von Io umschließt, umgibt den Jupiter. Wie Messungen der Absorption von infrarotem Licht zeigten, übt diese Atmosphäre am Tag einen Druck von etwa einem Zehntel Mikrobar aus, was einem Zehnmillionstel des irdischen Luftdrucks in Meereshöhe entspricht. Anzeichen für Schwefeldioxid auf der Oberfläche von Io hatten sich aus der Absorption des Infrarotlichtes ergeben, als man Io von der Erde aus mit Teleskopen untersuchte.

Die Raumsonde Galileo stellte fest, dass Io ein eigenes Magnetfeld besitzt. Io kreist wie eine Spule um das gigantische Magnetfeld des Jupiters und lädt sich wie ein Dynamo mit mehr Energie auf, als alle Kraftwerke der USA zusammen erzeugen. Dies zieht etwas Material von Io weg, dass sich in Form einer Schleife aus starker Strahlung um den Planeten Jupiter formiert. Partikel aus dieser Schleife sind mitverantwortlich für die ungewöhnlich große Magnetosphäre von Jupiter. Die Gase im Magnetfeld auf Io glühen. Schwefel in blauweißer, Natrium in gelber und Sauerstoff in grüner Farbe.

Io ist der einzige der Galileischen Monde, auf den es kein Wasser gibt. Dies kann man darauf zurückführen, dass Jupiter kurz nach seiner Entstehung heiß genug war, die flüchtigen Elemente in der Nachbarschaft von Io abzutreiben. Allerdings war er nicht heiß genug, um dies beiden anderen Galileischen Monden zu schaffen.

9.8   Europa

Europa, der zweite der Galileischen Monde, ist der sechste der bekannten und der viertgrößte Mond Jupiters. Der Jupitermond Europa (s. Abb. 80), der einen Durchmesser von 3.138 Kilometer und dessen mittlere Dichte 3,04 g/cm^3 beträgt, ist somit unserem Erdmond ähnlich. Würde jedoch Europa an der Stelle unseres Mondes sein, würde Europa am Himmel wegen seiner hellen Oberfläche ungefähr zehnmal heller strahlen als unser Mond. Europas Umlaufbahn ist 670.900 Kilometer über Jupiter und seine Masse beträgt 4,80x10^{22}kg.

Abbildung 80 Nahaufnahme des von Galileo Galilei entdeckten Jupitermond Europa.

Der Jupitermond Europa wurde nach einer phönizischen Prinzessin benannt, die von Zeus in Gestalt eines weißen Stieres nach Kreta verschleppt und dort durch ihn die Mutter von Minos wurde.

Der Entdecker von Europa war im Jahre 1610 Galileo Galilei.

Europa sieht etwa einer glatten Billardkugel ähnlich, deren Oberfläche mit Eis überzogen ist. Bilder, die von der US-Raumsonde Voyager 2 zur Erde übermittelt wurden, zeigen eine hell reflektierende Oberfläche, die kreuz und quer von einem komplexen Netzwerk aus dunklen Linien durchzogen ist (s. Abb. 81). Die dunklen Linien an der Oberfläche sind offenbar Risse in der Eisschicht, die durch das Einreißen
und Brechen der ausdehnenden Kruste, aus gelöst durch vulkanische Eruptionen oder Geysire, entstanden sind. Die Risse sind wahrscheinlich mit gefrorenem Wasser, das in sie bei der Entstehung eindrang, ausgefüllt. Die Breite der Risse bewegt sich zwischen einigen Kilometern bis zu einigen Dutzend Kilometern, ihre Länge bis zu Tausende von Kilometern und sie haben alle unscharfen Ränder.

Die Risse werden als lineae bezeichnet und wurden nach Familienmitgliedern der Königstochter Europa aus der griechischen Mythologie benannt. Man findet z.B. Risse mit dem Namen des Vaters Agenor, ihres Bruders Cadmus und der Söhne Minos und Sarpedon.

Die Oberfläche von Europa ist von einer wahrscheinlich 75 bis 100 Kilometerdicken Eisschicht bedeckt. Da die Eiskristalle das Sonnenlicht sehr gut reflektieren, scheint dieser Mond so hell. Unter dem Eis befindet sich eine feste Oberfläche aus Silikat Gestein, die stellenweise durch relativ dünnem Oberflächeneis durchscheint und dunkle Flecken bildet. Diese Flecken nennt man Macula. Es ist sogar möglich, dass zwischen dem festen Untergrund und dem Eispanzer sich flüssiges Wasser befindet. Man nimmt eine geschichtete Struktur mit einem kleinen metallischen Kern an.

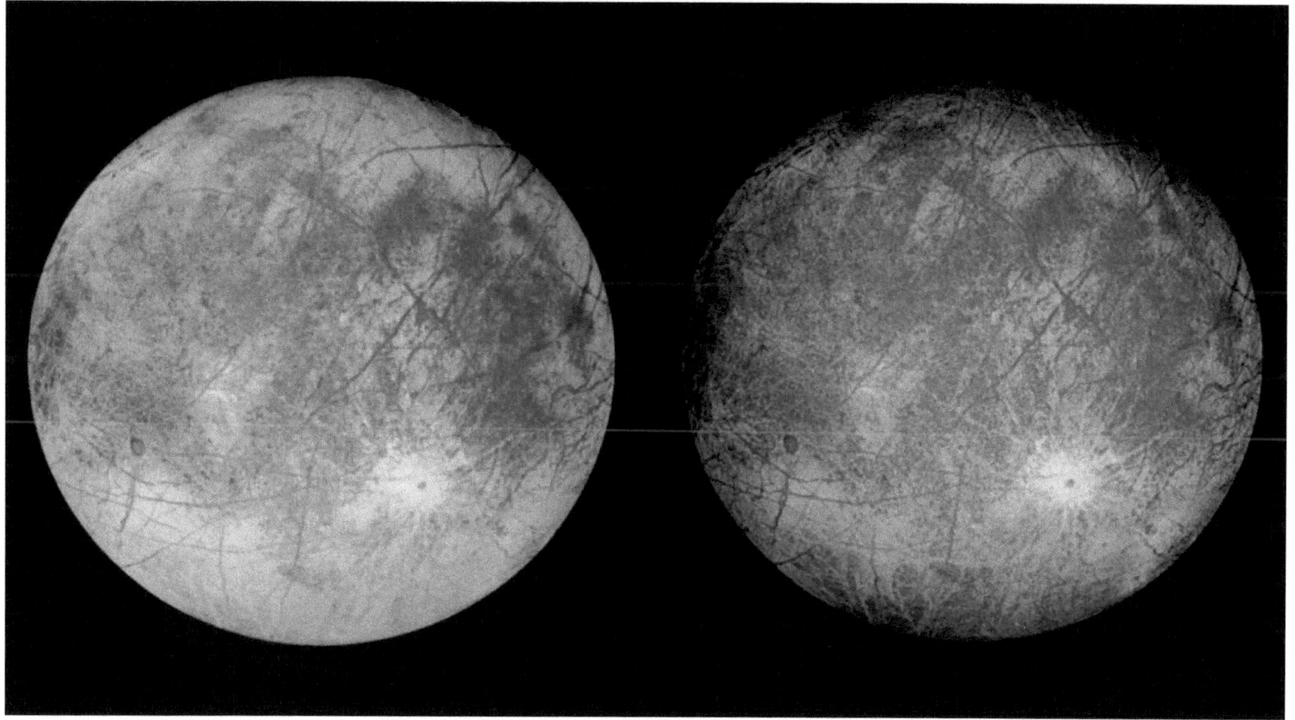

Abbildung 81 Dies ist eine der am höchsten aufgelösten Aufnahmen die von der Raumsonde Voyager 2 gemacht wurde. Sie zeigt glattes Gelände der Oberfläche, welches in der Nähe von Einschlagkratern liegt. Nur drei Krater haben einen Durchmesser von mehr als 5 Kilometer.

Auf der Europaoberfläche wurden nur fünf Aufschlagkrater identifiziert, von denen nur drei einen Durchmesser von mehr als 5 Kilometer aufweisen. Außerdem zeigt das Fehlen von Kratern, dass die Kruste seit der Mondentstehung sich weitgehend immer neugestaltet hat.

Im März 1998 machte die Raumsonde Galileo Aufnahmen von der Europaoberfläche, mit einer so hohen Auflösung, dass selbst Objekte mit einer Größe eines Lastwagens erkennbar waren. Dabei erkannten die Wissenschaftler massige Brocken, die Eisbergen ähneln (s. Abb. 82). Außerdem entdeckten sie einen 26 Kilometer breiten Krater, dessen Öffnung sich offenbar mit Wasser gefüllt hat, das aus heißen Quellen von unten aufgestiegen ist. Es wurde von ihnen auch große dünne Eisschichten, die auf einem wärmeren Ozean zu schwimmen scheinen, festgestellt. Das wärmere Innere des Jupiters scheint mit der minus 166 Grad kalten Oberfläche zu reagieren.

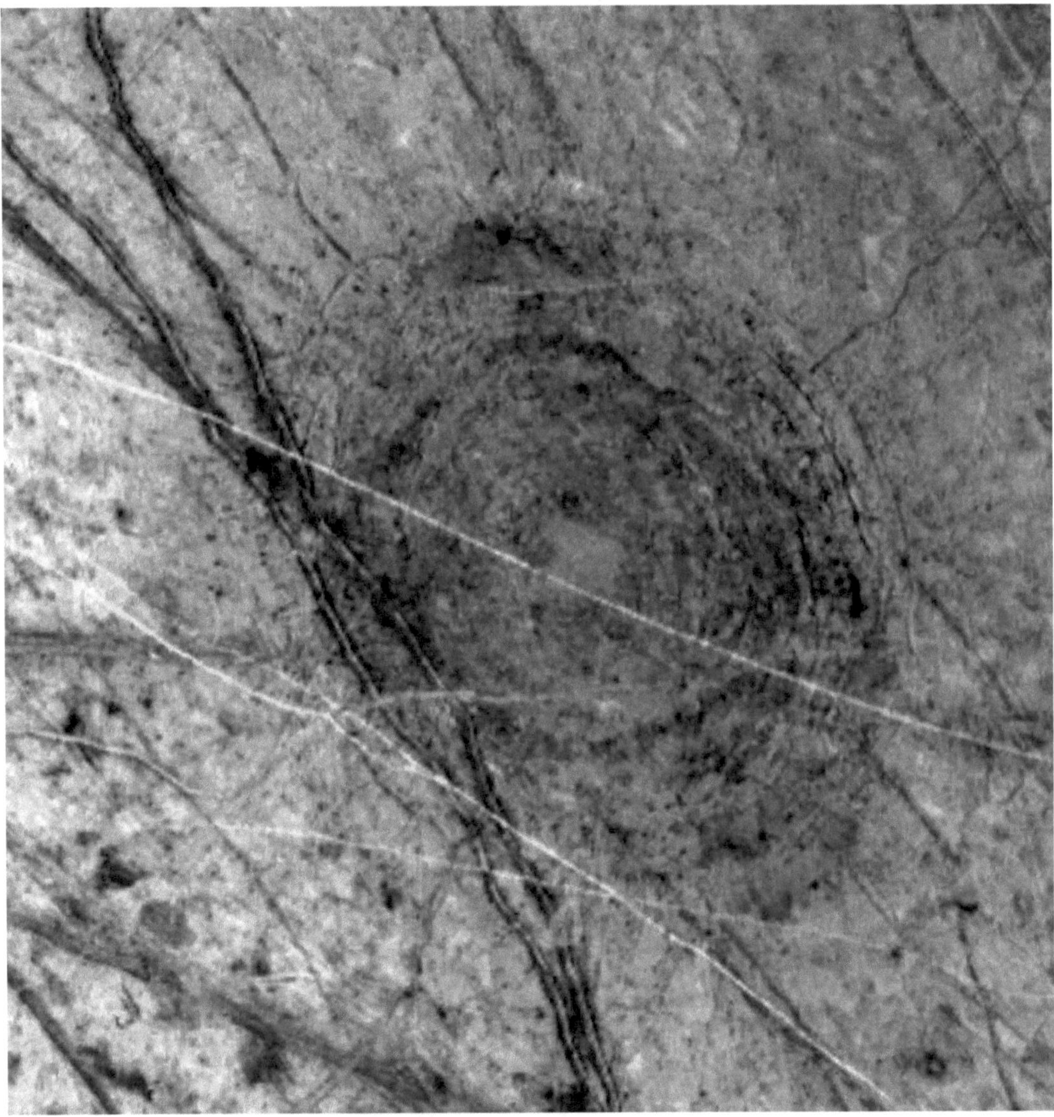

Abbildung 82 Hochauflösende Oberflächenaufnahme der Raumsonde Galileo.

Bilder von Bruchlinien passen ebenfalls zur Theorie eines unter dem Oberflächeneis von Europa befindlichen Ozeans. Diese Bruchlinien im Oberflächeneis lassen sich am ehesten durch eine Wanderung von Eisschollen auf einer Wasserfläche erklären. Auch die Rippen im Eis scheinen auf aufquellendes Wasser aus der Tiefe, dass an der Oberfläche gefroren ist, hinzudeuten. Allerdings könnten die rein optischen Phänomene auch durch einen früheren flüssigen Ozean zu erklären sein, der erstarrt ist.

Neueste Beobachtungen mit dem Hubble Space Telescope enthüllten eine sehr dünne Atmosphäre aus Sauerstoff um den Jupitermond Europa. Dieser Sauerstoff entsteht wahrscheinlich aus Wasserdunst, der aus der Bestrahlung der eisigen Oberfläche Europas mit Sonnenlicht resultiert und später durch geladene Teilchen in Wasserstoff und Sauerstoff freigesetzt wird. Der bei diesem Vorgang entstandenen Sauerstoff bildet die Atmosphäre von Europa, während sich der Wasserstoff verflüchtigt.

Das schwache magnetisches Feld von Europa wurde erst kürzlich durch Galileo bei einem Vorbeiflug mit einer Entfernung von nur 350 Kilometern neu untersucht. Astronomen wollten herausfinden, ob sich der magnetische Nordpols Mondes gegenüber früheren Messungen verändert hat. Die Auswertung der Daten ergab, dass sich der Pol tatsächlich alle fünfeinhalb Stunden verschiebt. Diese magnetischen Schwankungen lassen sich, so die NASA, am besten damit erklären, dass die Kruste auf einer leitenden Flüssigkeit wie etwa Salzwasser liegt. Ob die Wissenschaftler Recht haben, wird erst im Jahre 2020 herauskommen. Dann nämlich umkreist die Sonde "Europa Orbiter" (s. Abb. 83) nach fünfjähriger Reise den Jupitermond Europa. Weiter Hinweise könnte auch die Sonde Cassini liefern, die auf ihrer Reise zum Planeten Saturn am Jupitermond Europa vorbeikommt und ebenfalls Magnetfeldmessung durchführt, die das Rätsel um den verborgenen Ozean vielleicht ein Stück lösen könnten.

Abbildung 83 Trickaufnahme der Sonde "Europa Orbiter" über dem Jupitermond Europa.

9.9 Ganymed

Ganymed, der dritte der Galileischen Monde, ähnelt aus der Ferne unserem Mond (s. Abb. 84). Man sieht eine Scheibe mit großen dunklen und hellen Flecken. Ein Blick aus der Nähe zeigt aber eine ganz andere Oberfläche. Dies rührt von der relativ niedrigen Dichte von 1,9 g/cm^3 her und dass ein großer Anteil seines Volumens aus Eis besteht. Ganymed, seine Masse beträgt 1,48x10^{23} kg, ist mit seinem Durchmesser von 5.262 Kilometern der größte bekannte Jupitermond bzw. der größte Mond des Sonnensystems. Er besitzt sogar einen größeren Durchmesser als der Planet Merkur. Die Umlaufbahn von Ganymed ist 1.070.000 Kilometer über Jupiter.

Abbildung 84 Ganymed, aufgenommen am 4. März 1979 aus einer Distanz von 2,6 Millionen Kilometern.

Der Jupitermond Ganymed wurde nach einem besonders hübschen trojanischen Jungen benannt, den der Göttervater Zeus auf den Olymp holte, wo er dann den Göttern als Kelchschenk dienen musste.

Der Entdecker vom Jupitermond Ganymed war im Jahre 1610 Galileo Galilei und Marius.

Vor dem Vorbeiflug der Raumsonde Galileo am Jupitermond Ganymed nahmen Wissenschaftler an,
dass Ganymed einen Kern besitzt, der von Stein umgeben sei. Auf diese Steinschicht folge ein dicker
Mantel aus Eis und Wasser und den Abschluss bilde eine vereiste Oberfläche. Ergebnisse aus Daten
von Galileo belegen jedoch, dass Ganymed aus einem Kern aus geschmolzenem Eisen oder
Schwefel/Eisen besteht. Dieser Kern wird von einem Mantel aus Silikat Gestein umgeben, auf den
wiederum eine vereiste Schale folgt. Der Jupitermond Ganymed gliedert sich also in drei Gruppen:
Kern, Mantel und Schale.

Die ersten hoch aufgelösten Bilder wurden von den US-Raumsonden Voyager I und Voyager 2
übermittelt. Auf Ganymed existieren zwei verschiedene Gebietstypen. Deutlich dunkle Regionen, die
stark von Kratern zerfurcht sind und sehr alt sind, und ein weniger zerfurchtes helleres Terrain, das
etwa 60 Prozent der fotografierten Oberfläche ausmacht und etwas Jünger ist. Diese helleren
Regionen, die sich durch ausgedehnte Gebiete aus Gräben und Höhenzüge abheben, sind eindeutig
durch tektonische Vorgänge entstanden (s. Abb. 85).

Abbildung 85 Diese Aufnahme zeigt die vollständige Hemisphäre vom Jupitermond Ganymed. Die dunkle Region, Galileo
Regio genannt, hat einen Durchmesser von mehr als 3.200 Kilometer. Die hellen Flecke sind jüngere Einschlagkrater.
Teile von Galileo Regio sind von hellem Frost bedeckt.

Die dunklen Regionen, die Regio, sind wahrscheinlich Überbleibsel der ältesten Kruste. Sie wurden nach den Entdeckern der Jupitermonde benannt. In der größten dieser Regionen, dem Regio Galileo, sind Reste eines ehemaligen Beckens erhalten geblieben. Es ist ein System von konzentrischen, gekrümmten Bergrücken in Abständen von 50 Kilometern, etwa 10 Kilometer breit und 100 Meter hoch.

Eine andere Oberflächenerscheinung sind die klar umgrenzten hellen Streifen mit Längen von Hunderten von Kilometern, die die Oberfläche von Ganymed in allen Richtungen durchziehen. Bei näheren Beobachtungen stellt man fest, dass diese Streifen ein zerfurchtes Terrain bilden. Die scheinbar nicht großen Furchen haben in Wirklichkeit den Charakter von Gräben, Wällen und von langen, etwa 1.000 Meter hohen Rücken in Abständen von 10 bis 15 Kilometern. Ein Gebiet mit parallellaufenden Rillen wird als Sulcus bezeichnet.

Ein weiteres Oberflächenmerkmal sind die zahlreichen Impakt Krater (s. Abb. 86) mit Kränzen aus hell leuchtenden Strahlen, die wahrscheinlich von dem beim Impakt ausgeworfenen Eis gebildet wurden. Die Krater von Ganymed tragen Namen, die mit den alten Zivilisationen auf der Erde zusammenhängen, wie Babylon, Sumer usw. Die Dichte der Krater auf der Oberfläche von Ganymed lässt auf ein Alter des Jupitermondes zwischen 3 und 3,5 Milliarden Jahren schließen. Gegenseitige Überlappungen von Kratern und Gebirgszügen ordnen auch sie dieser Epoche zu. Die Krater von Ganymed sind besonders flach und besitzen auch keine Randgebirge und zentrale Niederungen. Dies lässt sich auf die eher dünne Eisschicht von Ganymed zurückführen, die in geologischen Zeiträumen fließt und dabei die Konturen verwischt. Urzeitliche Krater, die Palimpsest, sind Krater, deren Kontur bis auf einen "Schatten" verschwunden sind.

Abbildung 86 Helle und dunkle Regionen auf Ganymeds Oberfläche. Am unteren Bildrand ist ein relativ frischer Impakt Krater sichtbar, bei dem helles Material aus dem Untergrund strahlenförmig ausgeschleudert wurde.

Die neuesten Bilder von Ganymed, aufgenommen im Juli 1998 durch die Raumsonde Galileo, zeigen Vulkane, die flüssiges Wasser wie Lava ausspucken. Außerdem stellten die Wissenschaftler fest, dass Ganymed früher von Wasser bedeckt war.

Genau wie unser Mond zeigt Ganymed dem Jupiter stets die gleiche Seite. Diese wird unablässig von Jupiterteilchen ähnlich wie in einem Sandsturm getroffen. Die Teilchen schießen das Oberflächeneis auseinander und produzieren Sauerstoff. Deshalb die Schlussfolgerung der Wissenschaftler: Wärme,

Wasser, organisches Material der Meteoriteneinschläge, also alle Zutaten für organisches Leben, sind auf Ganymed vorhanden. Weitere Beweise für eine sauerstoffhaltige Atmosphäre auf Ganymed wurden in jüngster Zeit durch das Hubble Space Telescope entdeckt.

Auch Ganymed besitzt ein Magnetfeld, dass beim ersten Vorbeiflug der Raumsonde Galileo am Jupitermond entdeckt wurde. Dieses Magnetfeld von Ganymed ist in das riesige Magnetfeld des Jupiters eingebettet und wird wahrscheinlich durch Materialverschiebungen im Inneren des Mondes hervorgerufen.

9.10 Kallisto

Kallisto, der vierte und der dunkelste der Galileischen Monde (s. Abb. 87), ist der achte der bekannten Jupitermonde und mit einen einem Durchmesser von 4800 Kilometern der zweitgrößte. Wegen seiner mittleren Dichte von 1,8 g/cm^3 nimmt an, dass er einen großen Anteil an Wasser enthält. Kallisto ist mit seiner Masse von 1,08x10^{23} kg bei seinem Umlauf um Jupiter 1.883.000 Kilometer von ihm entfernt.

Abbildung 87 Der Jupitermond Kallisto, der vierte der Galileischen Monde.

Kallisto wurde nach einer Nymphe benannt, die von Zeus geliebt und von dessen Frau Hera gehasst wurde. Hera verwandelte sie deshalb in eine Bärin, die Zeus später am Himmel als Sternbild Ursa Major plazierte.

Zusammen mit den anderen drei Galileischen Monden, Io, Europa und Ganymed, wurde Kallisto im Jahr 1610 von Galileo Galilei und Marius entdeckt.

Daten der Raumsonde Galileo über die innere Struktur des Jupitermondes Kallisto, der nur etwas kleiner als der Planet Merkur ist, zeigten auf, dass sich das innere Material teilweise abgesetzt hat. Der Anteil von Felsen erhöht sich, je weiter man in das Innere vordringt. Kallisto besteht aus etwa 40% Eis und die übrigen 60% aus einem Gemisch aus Felsen und Eisen.

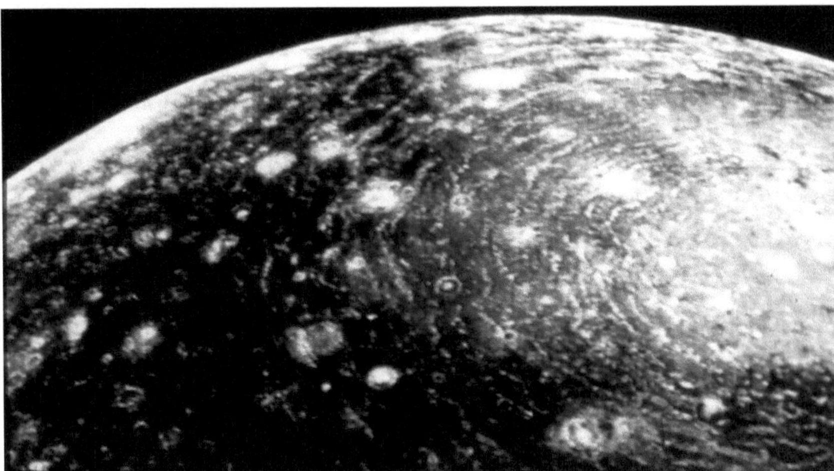

Abbildung 88 Diese Aufnahme, die von der Raumsonde Voyager 2 am 2. Juli 1979 gemacht wurde, zeigt die mit Kratern übersäte Oberfläche von Kallisto. Enorm große Impaktbecken mit Ringstrukturen sind in der Nähe von der oberen Bildmitte und links seitlich der Bildmitte zu erkennen.

Aufnahmen der US-Raumsonden Voyager zeigen, dass die Oberfläche von Kallisto stark von Kratern durchfurcht ist (s. Abb. 88), aber kaum große Strukturen zeigt. Die erhaltenen großen Krater sind sehr flach und zum Teil eingestürzt und weisen keine höheren Gebirge auf. Hochaufgelöste Aufnahmen der Raumsonde Galileo zeigen, dass in manchen Regionen kleinere Krater fast vollständig verschwunden sind. Die Oberfläche besteht aus Eis und Gesteinsbeimengungen. Die Krater von Kallisto wurden zum Großteil nach Gestalten der skandinavischen Mythologie benannt.

Kallisto, zeigt im Gegensatz zu den anderen drei Monden keine Aktivität der inneren Kräfte mehr. Er ist eine tote Eiswelt, die Spuren von Aufschlägen von unzähligen Meteoriten trägt. Diese Einschlagskrater übersähen die Oberfläche von Kallisto fast lückenlos. Ihre Lage blieb an der Stelle, an der sie vor Milliarden von Jahren entstanden sind.

Die auffälligsten Merkmale an der Oberfläche des Mondes sind die Ringstrukturen um die Krater Walhalla und Asgard. Walhalla (s. Abb. 89) ist mit einem Durchmesser von 4.000 Kilometer der größte Krater auf dem Mond Kallisto und stellt ein Paradebeispiel für eines durch einen Impakt eines massiven Körpers entstandenes ringumranktes Becken dar. Diese Impakt Strukturen sind von ausgedehnten hellen Ringsystemen im Abstand von 20 bis 100 Kilometer umgeben, die sich von der Aufschlagsstelle aus etwa 600 Kilometer im Durchmesser ausbreiten. Mindestens sieben weitere solcher Ringstrukturen wurden gefunden.

Ein weiteres Merkmal der Oberfläche von Kallisto ist eine lange Kette von Einschlagskratern, die in gerader Linie verläuft. Diese Kette, die man Gipul Gatena nennt, entstand wahrscheinlich durch Objekt, welches beim Vorbeiflug an Jupiter durch dessen riesigen Gravitationskräfte zerrissen wurde und dessen Teile dann mit Kallisto zusammenprallten.

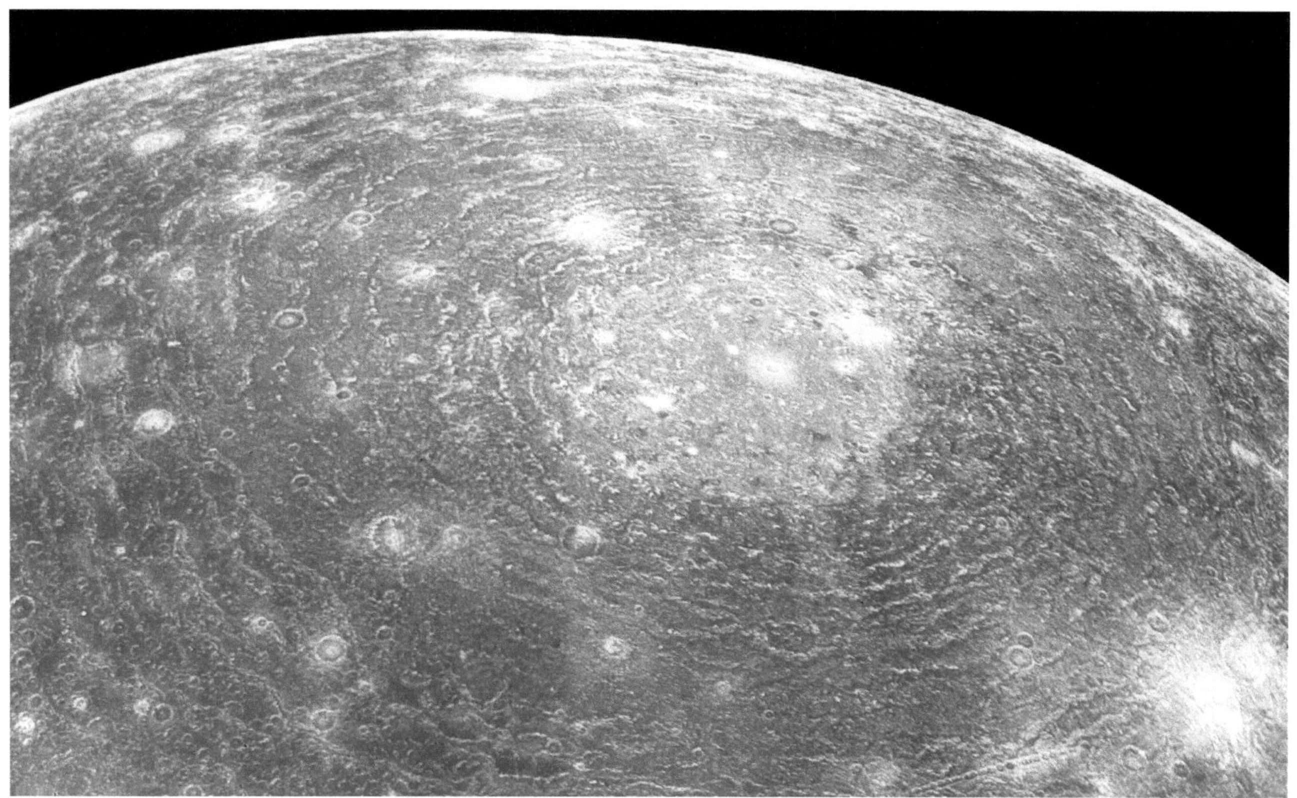

Abbildung 89 Walhalla, der größte Krater

An der Oberfläche des Jupitermondes herrschen am Tag Temperaturen von -120°C und in der Nacht von -190°C.

Weiter Daten der Sonde wiesen eine sehr dünne Atmosphäre aus Kohlendioxid nach. Beweise für ein Magnetfeld wurden von Galileo nicht gefunden.

9.11 Jupiters äußere Monde
Leda, Himalia, Lysithea, Elara, Ananka, Carme, Pasiphae, Sinope, S1999 J1

Leda

Leda, der neunte und zugleich der zweitkleinste der bekannten Jupitermonde hat einen Durchmesser von 16 Kilometer bei einer Masse von $5{,}86 \times 10^{15}$ kg. Er bewegt sich auf einer Umlaufbahn, die 11.094.000 Kilometer von Jupiter entfernt ist.

Der Mond wurde nach der Königin Spartas benannt. Diese gebar die Kinder Helena und Pollux, deren Vater Zeus war und Leda in der Form eines Schwans erschienen war.

Der Astronom Kowal entdeckt den Mond Leda im Jahre 1974.

Himalia

Himalia, der zehnte Mond des Jupiters, ist bei seinen Umläufen um den Jupiter 11.480.000 Kilometer von ihm entfernt. Sein Durchmesser beträgt 186 Kilometer bei einer Masse von $9{,}56 \times 10^{18}$ kg.

Die Nymphe nach der der Jupitermond benannt wurde, war Himalia, die Zeus (Jupiter) drei Kinder geschenkt hat.

Himalia wurde 1904 durch Perrine entdeckt.

Lysithea

Der elfte Mond des Jupiters ist Lysithea, der in 11.720.000 Kilometer Entfernung den Jupiter umläuft. Der Durchmesser des Mondes beträgt 36 Kilometer und seine Masse beläuft sich auf $7{,}77 \times 10^{16}$ kg.

Benannt wurde der Mond nach Lysithea, der Tochter des Oceanus. Diese war auch eine Geliebte des Zeus (Jupiter).

Der Entdecker des Jupitermondes Lysithea war im Jahre 1938 Nicholson.

Elara

Elara, der zwölfte der Jupitermonde hat einen Durchmesser von 76 Kilometer. Seine Masse beträgt $7{,}77 \times 10^{17}$ kg und seine Umlaufbahn über Jupiter ist 11.737.000 Kilometer von ihm entfernt.

Dieser Jupitermond wurde nach Elara benannt, die zusammen mit Zeus (Jupiter) den Tityus zeugte.

1905 entdeckte Perrine Elara.

Anders als beide inneren Monden des Jupiters sind die Umlaufbahnen von Leda, Himalia, Lysithea und Elara mit etwa 28 Grad deutlich gegen den Äquator des Jupiters geneigt. Wissenschaftler nehmen an, dass diese vier Monde wahrscheinlich die Überbleibsel eines einzigen Asteroiden sind, den Jupiter einmal einfing und der dann in Stücke zerbrach. Ein weiteres Merkmal dieser vier Monde ist der Abstand zu Jupiter, der sich bei ihnen auf etwa 11 Millionen Kilometer beläuft.

Ananke

Ananke, der dreizehnte der bekannten Jupitermonde, umläuft ihn in einem Abstand von 21.200.000 Kilometer. Der Durchmesser des Mondes beträgt 30 Kilometer und der seiner Masse $3,82 \times 10^{16}$ kg.

Benannt wurde der Jupitermond nach Ananke, der Mutter von Adrastea, die eine weiter Tochter von Zeus (Jupiter) war.

Im Jahre 1951 entdeckt Ananke der Astronom Nicholson.

Carme

Der vierzehnte Mond des Jupiters ist Carme, der einen Durchmesser von 40 Kilometer hat. Mit seiner Masse von $9,56 \times 10^{16}$ kg umläuft er in einem Abstand von 22.600.000 Kilometern den Jupiter.

Zusammen mit Zeus (Jupiter) zeugte Carme, nach der der Mond benannt wurde, Britomartis, eine kretische Göttin.

Nicholson entdeckte im Jahre 1938 den Jupitermond Carme.

Pasiphae

In 23.500.000 Kilometer Distanz über Jupiter umläuft Pasiphae, der fünfzehnte Mond, den Jupiter. Pasiphaes Durchmesser beträgt 50 Kilometer bei einer Masse von $1,91 \times 10^{17}$ kg.

Der Jupitermond wurde nach Pasiphae, der Frau von Minos und der Mutter des Minotaurus, der angeblich mit einem weißen Stier gezeugt wurde.

Pasiphaes Entdecker war im Jahre 1908 P. Melotte.

Sinope

Der sechzehnte Mond des Jupiters ist Sinope, dessen Masse $7,77 \times 10^{16}$ kg beträgt. Der Jupitermond umläuft seinen Mutterplaneten in einer Entfernung von 23.700.000 Kilometern. Sein Durchmesser beträgt 36 Kilometer.

Die einzige Frau, die in der griechischen Mythologie behauptete, sie hätte kein Kind mit Zeus gezeugt, war Sinope, nach der dieser Jupitermond benannt wurde.

Nicholson entdeckte den Mond Sinope im Jahre 1914.

Auch bei diesen äußeren Monden des Jupiters, Ananke, Carme, Pasiphae und Sinope nehmen Wissenschaftler an, dass diese vier Monde wahrscheinlich die Überbleibsel eines einzigen Asteroiden sind, den Jupiter einmal einfing und der dann in Stücke zerbrach.

S/1999 J1

Der siebzehnte Mond des Jupiters wurde erst kürzlich entdeckt. Sein vorläufiger wissenschaftlicher Name ist S/1999 J1 und er ist der kleinste Mond im Sonnensystem. Er umkreist den Jupiter in einer unregelmäßigen Bahn und sein Durchmesser ist nur 4,8 Kilometer.

Entdeckt wurde er von Jeff Larsen (Arizona-Uni in Tucson). "Es ist aufregend, wenn man seine Augen auf etwas richtet, das zuvor noch niemand gesehen hat", sagt der Forscher.

Während unser Mond ein Kind der Erde ist, genauso alt, vielleicht aus einem Trümmerbrocken entstanden ist, ist der siebzehnte Jupitermond ein eingefangener Asteroid. Er kam dem Gasriesen Jupiter zu nahe und wurde durch seine enorme Anziehungskraft auf eine Umlaufbahn gezwungen.

S/1999 J1 ist ein Bespiel für all die sehr kleinen Jupitermonde (30-40) deren Namen nach deren Entdeckungsjahr entstehen.

10 Saturn ♄

Der Saturn (s. Abb. 90) ist der sechste Planet von der Sonne aus gesehen und mit einem Durchmesser von 120.536 Kilometer der zweitgrößte Planet im Sonnensystem. Mit einer Masse von $5,68\times10^{26}$ kg zieht er auf einer Umlaufbahn, die 1.429.400.000 Kilometer (9,54 AE) von der Sonne entfernt ist, durch das All.

Saturn bekam seinen Namen nach dem Agrar- und Erntegott in der römischen Mythologie. In der griechischen Mythologie nannte man ihn Kronos und er war der Sohn von Uranus und Gaia sowie später dann der Vater von Zeus.

Abbildung 90 Saturn, der von der Sonne aus gesehen sechste Planet im Sonnensystem, ist mit seinen Ringen eines der schönsten Objekte im Universum.

Der Saturn ist eines der schönsten Objekte im Kosmos. Das auffälligste Merkmal des Saturn ist sein Ringsystem, das erstmals 1610 von Galileo Galilei mit einem der ersten Teleskope beobachtet wurde. Galilei erkannte jedoch nicht, dass die Ringe vom eigentlichen Planeten getrennt waren. Deshalb deutete er sie als Griffe, die man ,,ansae" nannte. Erstmals wurden die Ringe durch den holländischen Astronomen Christian Huygens richtig beschrieben. Huygens erstellte 1655 eine Schrift, die ein Anagramm enthielt. Die Buchstaben in diesem Anagramm bildeten in der richtigen Reihenfolge gelesen einen lateinischen Satz mit folgender Übersetzung: "Er ist von einem dünnen, flachen Ring umgeben, der ihn nirgends berührt und der zur Ekliptik geneigt ist." Die Ringe sind nach der Reihenfolge ihrer Entdeckung benannt worden. Sie werden von innen nach außen als D-, C-, B-, A-, F-, G-, und E-Ring bezeichnet. Heute ist bekannt, dass das Ringsystem des Saturn aus 100.000 Einzelringen besteht.

Saturn erscheint von der Erde aus als gelblicher Himmelskörper, der als einer der hellsten am nächtlichen Himmel leuchtet. Die Ringe A und B kann man sehr leicht mit einem Teleskop beobachten, die Ringe D und E hingegen lassen sich nur unter optimalen Bedingungen beobachten. Mit sehr empfindlichen Teleskopen kann man neun seiner Monde sehen.

10.1 Aufbau des Saturn

Der Saturn wurde durch die Raumsonden Pioneer 11, die an ihm im September 1979 vorbeiflog, und von den Sonden Voyager 1 und Voyager2, die an ihm im November1980 und im August 1981 vorbeiflogen, näher erforscht. Diese Raumsonden hatten Kameras und Instrumente an Bord, mit deren Hilfe Strahlungen im sichtbaren, ultravioletten, infraroten und Radiowellenbereich des elektromagnetischen Spektrums registriert wurden. Die Sonden waren außerdem mit Instrumenten bestückt, mit denen Magnetfelder untersucht und geladenen Teilchen und interplanetarische Staubkörner aufgespürt werden konnten.

Saturn gehört zu den jupiterähnlichen Planeten und sein Durchmesser ist etwa 9,5mal so groß als der Erddurchmesser. Seine Masse übertrifft die der Erde um das das 0,7fache der Dichte von Wasser bzw. ein Achtel der Erddichte. Den Hauptteil seiner Masse bildet mit ungefähr 75% Wasserstoff und 25% Helium mit Spuren von Wasser, Methan, Ammoniak und Felsengestein. Diese Zusammensetzung ähnelt der Zusammensetzung des ursprünglichen Sonnennebels aus dem sich unser Sonnensystem formte.

Durch Fotos von Voyager 1 und 2 wurden komplizierte Zirkulationsströmungen enthüllt, die denen des Jupiters ähnlich sind. Der Planet Saturn rotiert ziemlich schnell. Eine Umdrehung um seine Achse dauert 10 Stunden und 40 Minuten. Die Rotationsgeschwindigkeit der Wolkenhülle hängt auch von der geographischen Breite ab. Wegen der hohen Rotationsgeschwindigkeit ist der Saturn an seinen Polen abgeflacht. Der Unterschied zwischen dem Polumfang (Durchmesser =108.728 Kilometer) und dem Äquatorumfang (Durchmesser= 1 20. 536 Kilometer) beträgt fast 11%. Die anderen Gasplaneten sind ebenfalls abgeflacht, aber nicht so stark wie der Saturn.

Wie der Jupiter so zieht sich auch der Saturn noch weiter durch die Gravitation zusammen, nachdem sie sich aus den Gas und Staubnebeln verdichtet haben, aus denen sich das Sonnensystem vor über vier Milliarden Jahren gebildet hat. Dieses Zusammenziehen, die so genannte Kontraktion, erzeugt Wärme. Der Saturn strahlt deshalb dreimal so viel Wärme in den Weltraum ab, wie er von der Sonne aufnimmt.

Saturn besitzt wahrscheinlich einen felsigen Kern, der zehn bis fünfzehn Erdmassen auf sich vereinigt. In diesem Kern herrschen schätzungsweise Temperaturen von knapp 15.000°C. Auf diesen Kern folgt eine Schicht aus flüssigem Wasserstoff, die unter so einem hohen Druck steht, dass sie metallische Eigenschaften annimmt. In dieser Schicht kommen auch Spuren verschiedener Eisenarten vor. Daraufhin folgt die dichte Atmosphäre von Saturn, in der sich Wolkenschichten befinden. Diese Atmosphäre besteht überwiegend aus Wasserstoff und Helium. Den Rest bilden Methan, Ammoniak, Wasserdampf und die Gase Ethan, Acetylen und Phosphin.

Das Innere von Saturn ist sehr heiß und der Planet Saturn strahlt mehr Energie in das Weltall ab, als er von unserer Sonne aufnimmt. Der größte Teil dieser zusätzlichen Energie entsteht wie auf dem Nachbarplaneten Jupiter durch den Kelvin-Heimholts-Mechanismus.

Durch direkte Beobachtung sind nur die Wolkenschichten (s. Abb. 91) an der Oberfläche der Atmosphäre erkennbar. Hier herrschen etwa Temperaturen von -176°C vor. Bilder der Voyager-Sonden zeigen Wolkenwirbel und Wolkenstrudel in den tiefen eines Gasnebels, der aufgrund der niedrigen Temperaturen des Saturn viel dichter ist als der des Jupiters. Die Streifen sind auf Saturn viel feiner als auf dem Jupiter und sie sind in der Nähe des Äquators viel weiter. Normalerweise weist die Strukturierung der Wolkenbänder keine starken Farbkontraste auf. Aber Ende September 1990 entdeckte man durch das Hubble Space Telescope einen riesigen weißen Fleck, der wochenlang anwuchs und schließlich einen großen Teil des Äquators einnahm. Hier handelt es sich wahrscheinlich um aufsteigendes, tiefer liegendes Äquatormaterial. Solche Erscheinungen kehren in Perioden von 30 Jahren wieder. Dies entspricht etwa der Zeit, die der Saturn für einen Sonnenumlauf benötigt.

Abbildung 91 Saturn und seine Wolkenbänder.

Der Unterschied zwischen der Rotationszeit der Wolkenschichten in Äquatornähe und der Rotationszeit im Inneren des Saturn, gemessen an der Radiostrahlung, die aus dem Inneren kommt, beträgt
etwa eine halbe Stunde. Durch diese Zeitdifferenz erhält man Geschwindigkeiten für die Winde am
Äquator von knapp 1.700 Kilometern pro Stunde.

Durch Voyager-Fotos entdeckten Wissenschaftler am Nordpol des Saturn eine ungewöhnliche
atmosphärische Erscheinung. Möglicherweise handelt es sich bei dieser Erscheinung um ein
stehendes Wellenmuster, das sich sechsmal um den Saturn wiederholt und die Wolkenbänder in
einiger Entfernung des Pols als riesiges, dauerhaftes Sechseck erscheinen lässt.

Der metallische Wasserstoff im Innern des Planeten ist elektrisch leitfähig. Diese elektrischen Ströme
sind für das Magnetfeld des Saturn verantwortlich. Dieses Magnetfeld beträgt etwa nur ein Drittel des
Jupitermagnetfeldes. Die Magnetosphäre des Saturn besteht aus einer Reihe von scheibenförmigen
Strahlungsgürteln, in denen Elektronen und Atomkerne eingefangen werden. Die Ausdehnung dieser
Strahlungsgürtel vom Mittelpunkt des Saturn aus beträgt über 2 Millionen Kilometer. Auf der von der
Sonne abgewandten Seite sogar noch mehr. Die Größe der Magnetosphäre ist von der Stärke der
Sonnenwinde anhängig. Die Teilchen, die in den Strahlungsgürteln eingefangen werden, stammen
von den Sonnenwinden, von den Ringen und den Monden des Saturn. Aus dem Zusammenwirken der
Magnetosphäre und der obersten Schicht der Atmosphäre des Saturn, der Ionosphäre, entsteht
eine einer Aurora ähnlichen Ultraviolettstrahlung (s. Abb. 92).

Das auffälligste und bekannteste Merkmal des Saturn sind seine Ringe. Die Ringe befinden sich in
Äquatorialebene und sind im Winkel von 27° gegen dessen Bahnebene um die Sonne geneigt. Diese
außergewöhnlich dünnen Ringe, die bereits durch ein Teleskop beobachtet werden können, dehnen
sich bis zu einer Entfernung von 250.000 Kilometern vom Saturnmittelpunkt aus. Die Ringe sind nur
eineinhalb Kilometer dick und bestehen nur aus so wenig Material, dass wären es auf einen Körper
verdichtet, der einen Durchmesser von höchstens 100 Kilometer hätte. Das Ringsystem, dass mit
einer Albedo von 0,2 - 06 sehr hell ist, präsentiert sich dem Betrachter unter verschiedenen Blick-
winkeln. Manchmal erscheinen die Ringe weit geöffnet, ein anderes Mal zeigen sie sich nur von der
Kante, so dass sie sogar zeitweise unsichtbar sind. Die Ringe (s. Abb. 93a/93b) sind in Regionen von
unterschiedlicher Helligkeit geteilt, die durch dunkle Bereiche voneinander getrennt sind. Die markantesten Bereiche, die nach ihren Entdeckern benannt wurden, sind die Guerin Spalte zwischen D- und
C-Ring, die Maxwell-Spalte zwischen C- und B-Ring, die Cassini-Teilung (oder Cassini Spalte),

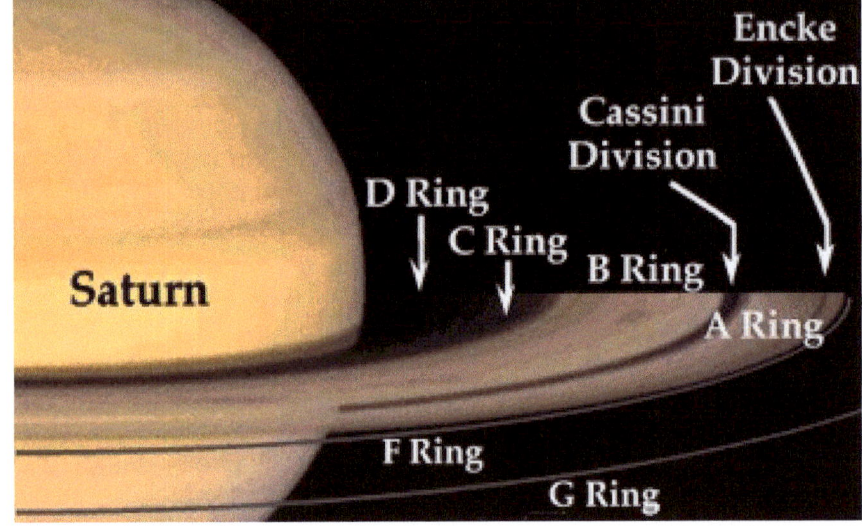

Abbildung 92 Der Saturn besitzt neben seinem Ringsystem um den Planeten noch ein anderes, welches sich um die Pole des Saturn erstreckt, die ultraviolette Aurora. Diese Aufnahme wurde am 07. Januar 1998 vom Hubble Space Telescope gemacht.

Abbildung 9a Die Ringe des Saturn.

zwischen dem A- und B-Ring, und die Enckesche Teilung (oder Encke-Spalte), die den A-Ring teilt. Die Ringe selbst sind nach der Reihenfolge ihrer Entdeckung benannt worden und werden von innen nach außen hergesehen als D-, C-, B-, A-, F-, G-, und E-Ring bezeichnet.

Bilder von den Voyager-Sonden zeigen fünf schwache Ringe in der Cassini-Teilung. Die breiten Ringe B und C bestehen aus Hunderten von kleinen Ringen, von denen einige leicht elliptisch und unterschiedlich dicht sind. Die Ursache dieser unterschiedlichen Dichten ist noch nicht geklärt. Der B-Ring erscheint bei Betrachtung von der Sonne beschienen Seite aus hell. Bei Betrachtung von der anderen Seite erscheint er dunkel. Der B-Ring ist so dunkel, dass selbst das Sonnenlicht am Durchgang gehindert wird. Radial, speichenartige rotierende Muster im B-Ring sind auf Aufnahmen der Voyager-Sonden erkennbar. Beim F-Ring ist eine komplexe Struktur aus mehreren kleineren Ringen und Knoten sichtbar. Diese kleinen Knoten, so nehmen Wissenschaftler an, könnten Klumpen des Ringmaterials oder einfach Minimonde sein.

Die Ringe des Saturn, die in der Aufsicht einen ähnliche Anblick wie die Rillen einer Schallplatte bieten, sind eine Ansammlung von Gestein (s. Abb. 93), gefrorenen Gasen und Eis oder Wasser. Die Größe der Teilchen reicht von 0,005 Millimetern bis etwa zehn Metern. Die Instrumente an Bord von Voyager 2 zählten bis zu 100.000 Ringe im Saturnsystem. Außerdem bestätigte Voyager die Existenz von verblüffenden radialen Unregelmäßigkeiten innerhalb der Ringe, die "Spokes" genannt hat. Woher diese Spokes kommen ist noch unbekannt, aber Wissenschaftler nehmen an, dass sie mit dem Magnetfeld des Saturn zusammenhängen.

Woher diese Ringe des Saturn kommen ist noch unbekannt und vielleicht besitzt er sie schon seit seiner Entstehung. Das Ringsystem ist keineswegs stabil und muss daher ständig neu regeneriert werden. Dies geschieht wahrscheinlich durch den Zusammenbruch von größeren Satelliten.

Abbildung 93b Nahaufnahme der Saturnringe.

Bis 1980 waren 10 Satelliten des Saturn bekannt. Weiter wurden mit Hilfe von Teleskopen entdeckt, als das Ringsystem sich von der Kante zeigte und die Monde vom Streulicht angestrahlt wurden. Andere wurden durch die Voyager-Sonden aufgespürt bis schließlich insgesamt 18 Saturnmonde entdeckt wurden. Ihre Durchmesser reichen von 20 bis 5.150 Kilometer. Die größten und markantesten Monde des Saturn werden auf den nachfolgenden Seiten beschrieben. Mehrere kleine Monde sind außerhalb des A-Ringes und in der Nähe des F-Ringes und des G-Ringes entdeckt worden. Noch nicht ganz gesichert ist die Entdeckung von vier so genannten trojanischen Monden von Tethys und eines trojanischen Mondes von Dione. Der Begriff trojanisch wird für Himmelskörper wie Monde oder Asteroiden verwendet, die in stabilen Bereichen vorkommen und die dem Himmelskörper auf seiner Bahn um einen Planeten oder die Sonne vorauseilen oder folgen. Zwischen den Umlaufbahnen des größten Mondes, Titan, und der Umlaufbahn von Rhea befindet sich eine riesige ringförmige Wolke aus ungeladenen Wasserstoffatomen. Eine Plasmascheibe, möglicherweise bestehend aus Wasserstoff- und auch Sauerstoff Ionen, reicht von der Umlaufbahn von Tethys bis fast an die Umlaufbahn von Titan. Diese Scheibe rotiert fast synchron mit dem Magnetfeld des Saturn.

Zwischen den Monden und dem Ringsystem des Planeten Saturn besteht eine komplexe gezeitliche Resonanz. Manche der Monde, die man auch Schäfermonde oder hütende Monde nennt, wie Atlas, Prometheus und Pandora, sind sehr wichtig, um die Ringe des Saturn in ihrer Position zu halten. Ein anderer Mond, Mimas, scheint die Verantwortung für die Armut des Materials in der Cassini-Spalte zu tragen. In der Encke-Spalte befindet sich der Saturnmond Pan. Von den Saturnmonden, deren Rotationsgeschwindigkeiten bekannt sind, rotieren außer den Monden Phoebe und Hyperion alle synchron. Zusätzlich zu den bekannten 18 Saturnmonden wurden in jüngster Zeit noch weiter kleine Satelliten entdeckt, die mit vorläufigen Bezeichnungen versehen wurden.

10.2 Erforschung des Saturn

Die ersten qualitativ guten Aufnahmen und Daten des Saturn wurden am 1. September 1979 von
Pioneer 11 übermittelt. Die Sonde flog dabei am äußersten Rand der A-Ringe des Saturn vorbei, flog
dann an der Unterseite des Ringsystems entlang und überflog zum Schluss die obersten Wolkenschichten des Planeten.

Am 12. November 1980 flog Voyager 1 und am 26. August 1981 Voyager 2 am Saturn vorbei. Die
übermittelten Daten der beiden Raumsonden bildeten den Grundstock von unserem Wissen über den
Saturn.

20 Jahre ist es her, seitdem die ersten drei Raumsonden das äußere Sonnensystem besuchten und
erstmals sensationelle Bilder und Daten vom Saturn und seinem System übermittelten. Jetzt ist erneut
eine Sonde auf dem Weg zum ,,Herrn der Ringe". Sechs Jahre wird die Reise dauern, bis Cassini
(s. Abb. 94) und die im Huckepack mitreisende Titansonde Huygens ihr Ziel erreicht haben.

Abbildung 94 Die Raumsonde Cassini-Huygens beim Saturnvorbeiflug.

1997 wurde die Cassini-Huygens - Mission gestartet und erreichte am 1.Juli 2004 den Saturn. Ihr
Hauptziel ist es, das komplette Saturnsystem zu erforschen. Vor allem sollten die Atmosphäre, die
Ringe, das Magnetfeld und einige Monde des Saturn erforscht werden. Dabei ist besonders der
Saturnmond Titan interessant, da angenommen wird, dass seine Atmosphäre der irdischen
Atmosphäre aus prähistorischer Zeit ähnelt.

Am 14. Januar 2005 landete Huygens drei Wochen nach der Trennung von Cassini auf Titan für
Messungen in der Atmosphäre und auf der Oberfläche. Orbiter können nur eingeschränkt die Titan-
atmosphäre mit ihren Fernerkundungsinstrumenten durchdringen. Huygens sandte 72 Minuten lang
Daten, die das Verständnis über den Mond deutlich verbesserten.

Der Cassini-Orbiter lieferte mit seiner umfangreichen Ausstattung an wissenschaftlichen Instrumenten
viele neue, teils revolutionäre Erkenntnisse in Bezug auf Saturn und seine Monde. Die Mission wurde
mehrfach verlängert und endete am 15. September 2017 mit dem geplanten Eintritt der Sonde in die
Saturnatmosphäre.

10.3 Pan

Pan, der innerste der bekannten Saturnmonde, hat eine Umlaufbahn von 133.583 Kilometer über den Planten Saturn und sein Durchmesser beträgt 20 Kilometer.

Der Saturnmond Pan wurde nach dem Gott der Wälder, Felder und Herden benannt. Dieser Pan hatte einen menschlichen Torso mit Ziegenbeine sowie einen Kopf mit Ziegenhörnern und Ziegenohren.

Im Jahre 1990 wurde der Saturnmond Pan auf zehn Jahre alten Fotografien der Voyager-Sonde von Mark R. Showalter entdeckt.

Die Umlaufbahn von Pan um den Saturn befindet sich innerhalb der Encke-Teilung in Saturns A-Ring. Dort verursacht er durch seine Nähe zum A-Ring Wellenmuster in diesem Ring. Aufgrund dieser Muster wurde die Größe und Position von Pan rechnerisch festgelegt bevor er überhaupt erst auf den Voyager-Fotografien entdeckt wurde.

10.4 Atlas

Atlas, der zweite der bekannten Jupitermonde und dessen mittlerer Durchmesser 30 Kilometer (40x20) beträgt, hat eine Umlaufbahn von 137.670 Kilometer die vom Planeten Saturn entfernt ist.

Der Namensgeber für den Saturnmond war Atlas, ein Titan, der von Zeus dazu verdammt war, den Himmel auf seinen Schultern zu tragen. Der Titan Atlas war der Sohn von Iapetus und der Nymphe Clymene und zugleich der Bruder von Prometheus und Epimetheus.

Atlas wurde im Jahre 1980 von R. Terrile auf Fotografien der Voyager-Sonden entdeckt und scheint ein Schäfermond im A-Ring zu sein.

10.5 Prometheus

Prometheus (Abb. 95) ist mit seiner Umlaufbahn von 139.350 Kilometer über Saturn der dritte der Saturnmonde. Der Mond, dessen Masse 2,7x1017 kg beträgt, sieht mit seinen Ausmaßen von 145x85x62 Kilometern im Durchmesser extrem in seine Länge gezogen aus.

Dieser Saturnmond wurde ebenfalls nach einem Titanen der griechischen Mythologie benannt. Der Titan Prometheus hatte vom Olymp, dem Sitz der Götter, Feuer gestohlen und an die Menschen weitergeben. Für diese Tat wurde Prometheus (griech. Weitblick) schrecklich von Zeus bestraft. Prometheus war der Bruder von Atlas und Epimetheus.

Prometheus wurde auf Aufnahmen von der Raumsonde Voyager bei ihrem Vorbeiflug an Saturn von S. Collins und anderen Wissenschaftlern im Jahre 1980 entdeckt.

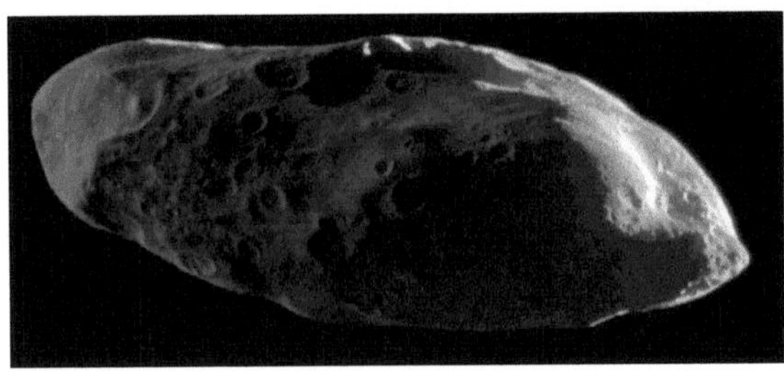

Abbildung 95 Eine durch die Raumsonde Voyager2 am 25. August 1981 gemachte Aufnahme von Prometheus.

Prometheus wirkt wie ein vom inneren Rand des Saturn F-Rings behüteter Satellit und wird deshalb als sein Hirtensatellit bezeichnet. Auf seiner Nordseite sind auf seiner Oberfläche eine Menge Gebirgskämme und Täler sowie einige Krater mit bis zu 20 Kilometer im Durchmesser zu sehen. Die Anzahl der Krater auf dem Saturnmond Prometheus scheint weniger als auf seinen Nachbarmonden Pandora, Janus und Epimetheus sein. Die niedrige Dichte und das relativ hohe Albedo von Prometheus lässt darauf schließen, dass er sehr leicht ist. Wahrscheinlich besteht er aus porösem Eis.

Zwischen der durch Voyager-Daten von 1981 berechneten Position und Beobachtungen der Position während der Saturn-Ringebenen-Kreuzung von 1995 ergab sich ein Unterschied von 20 Grad. Diese Gradabweichung ist damit zu erklären, dass die Umlaufbahn des Saturnmondes Prometheus durch ein Zusammentreffen mit dem F-Ring oder durch einen Begleitmond mit gleicher oder ähnlicher Umlaufbahn gestört worden ist.

10.6 Pandora

Der vierte der bekannten Saturnmonde, Pandora (s. Abb. 96), bewegt sich mit einer Masse von $2,2 \times 10^{17}$ kg auf einer Umlaufbahn von 141.700 Kilometer über dem Planeten Saturn. Pandoras mittlerer Durchmesser beträgt 84 Kilometer (114x84x62).

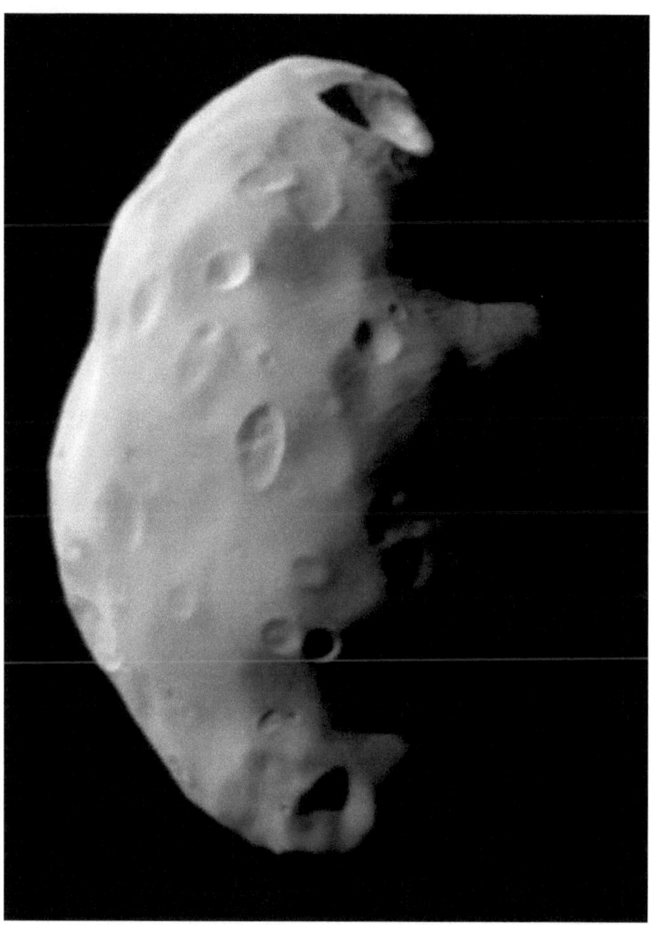

Abbildung 96 Die Raumsonde Voyager 2 schoss dieses Foto von Pandora am 25.August 1981.

Pandora war in der griechischen Mythologie die erste Frau, die den Menschen als "Geschenk" zur Strafe für den Diebstahl des Feuers vom Olymp durch Prometheus von Zeus geschickt wurde. Diese Pandora war mit einer "Büchse" voller Plagen ausgestattet. Öffnete die Menschen aus Neugierde diese Büchse, so wurden diese Plagen herausgelassen und alles Übel überkam die Menschen. Pandora war die Frau von Epimetheus.

1980 entdeckt S. Collins den Saturnmond Pandora auf Fotografien der Raumsonden Voyager.

Pandora, der äußere Hirtenmond des F-Rings, hat mehr Krater auf seiner Oberfläche als sein Nachbarmond Prometheus, dafür aber keine Anzeichen für lang gezogene Täler und Bergketten. Von diesen Kratern haben zwei Durchmesser von 30 Kilometer.

10.7 Epimetheus

Mit einem mittleren Durchmesser von 115 Kilometer (144x108x98) Kilometer und einer Masse von $5,6x10^{17}$ kg bewegt sich der fünfte der bekannten Saturnmonde, Epimetheus (s. Abb. 97), auf einer Umlaufbahn von 151.422 Kilometer um den Saturn.

Abbildung 97 Am 11. November 1989 machte die Raumsonde Voyager 1 diese Fotografie von Epimetheus.

Epimetheus war der Sohn von Iapetus und der Bruder von Prometheus und Atlas sowie der Ehemann von Pandora. Epimetheus bedeutet im griechischen so viel wie "Hintersicht".

Epimetheus wurde 1966 zuerst von R. Walker entdeckt. Durch die gleiche Umlaufbahn des Saturnmondes Janus war die Situation sehr verwirrend. Walker musste sich die Entdeckung von Epimetheus deshalb mit Fountain und Larson teilen, die erst im Jahre 1977 bewiesen, dass zwei Monde sich auf der gleichen Umlaufbahn um Saturn bewegen. Daten von der Raumsonde Voyager 1 klärten 1980 diese Situation endgültig.

Seine Oberfläche besitzt einige kleine und große Gräben, Täler und Gebirgskämme. Auf der Oberfläche sind auch einige Krater mit Durchmessern von mehr als 30 Kilometern zu sehen. Da die Oberfläche Epimetheus mit Einschlagkratern übersäht ist, folgern die Wissenschaftler, dass sie einige Billionen Jahre alt ist. Bei den dunklen Linien, die auf Bilder der Voyager-Sonde zu sehen sind, handelt es sich in Wirklichkeit um den Schatten des F-Rings von Saturn.

Epimetheus und Janus, teilen fast die gleiche Umlaufbahn, sie sind also koorbital. Sie sind nur 50 Kilometer voneinander entfernt. Wenn sich diese beiden Satelliten näherkommen, tauschen sie durch einen geringen Schwung die Umlaufbahnen, d.h. der innere Satellit wird der äußere und der äußere bewegt sich auf die innere Position. Dieser Austausch der Positionen geschieht alle vier Jahre. Epimetheus und Janus dürften durch das Auseinanderbrechen eines einzelnen Körpers entstanden sein. Wenn dies der Fall wäre, so müsste dieses Auseinanderbrechen sehr früh in der Geschichte der Saturnmonde geschehen sein.

10.8 Janus

Der sechste der bekannten Saturnmonde, Janus (s. Abb. 98), hat mit einem mittleren Durchmesser von 178 Kilometer und den Ausmaßen von 196x192x150 Kilometer eine irreguläre Form. Janus bewegt sich mit seiner Masse von 2,01x10^{18} kg auf einer Umlaufbahn von 151.472 Kilometer über den Planeten Saturn.

Janus wurde nach dem Gott der Pforten und Türöffnungen benannt. Dieser Gott wurde immer mit zwei Gesichtern dargestellt, die in entgegen gesetzten Richtungen schauen.

Abbildung 98 Die Raumsonde Voyager 2 machte dieses hoch aufgelöste Bild von Janus am 25. August 1981.

Der Saturnmond Janus wurde 1966 von Audouin Dollfus entdeckt. Es ist aber nicht sicher, ob das Objekt, das er sah, Janus oder Epimetheus war. Die Bestätigung für die zwei Monde erfolgte endgültig durch Daten der Raumsonde Voyager 1 aus dem Jahre 1980.

Seine Oberfläche ist von vielen Einschlagkratern gezeichnet, von denen einige einen Durchmesser von 30 Kilometern haben. Da die Janusoberfläche von Einschlagkratern übersäht ist, folgern die Wissenschaftler, dass sie einige Billionen Jahre alt ist, Janus hat einige geradlinigen Merkmale.

Janus und Epimetheus, die sich die gleiche Umlaufbahn in einer Höhe von 151.472 Kilometer vom Saturnmittelpunkt um den Saturn und 91.000 Kilometer über der oberen Wolkenschicht teilen, sind also koorbital. Sie sind nur 50 Kilometer voneinander entfernt. Wenn sich diese beiden Satelliten näherkommen, tauschen sie durch einen geringen Schwung die Umlaufbahnen, d.h. der innere Satellit wird der äußere und der äußere bewegt sich auf die innere Position. Dieser Austausch der Positionen geschieht alle vier Jahre. Janus und Epimetheus dürften durch das Auseinanderbrechen eines einzelnen Körpers entstanden sein. Wenn dies der Fall wäre, so müsste dieses Auseinanderbrechen sehr früh in der Geschichte der Saturnmonde geschehen sein.

10.9 Mimas

Mimas (s. Abb. 99), mit einem Durchmesser von 392 Kilometern der kleinste unter den fünf inneren kugelförmigen Saturnmonden, ist der siebte der bekannten Saturnmonde. 185.520 Kilometer oberhalb von Saturn befindet sich die Umlaufbahn von Mimas, den er mit seiner Masse von $3,80 \times 10^{19}$ kg umläuft.

Mimas war in der griechischen Mythologie ein Titan, der von Herkules erschlagen wurde.

Der Saturnmond Mimas wurde 1789 von William Herschel entdeckt.

Abbildung 99 Am 11. November 1980 wurde vom Raumfahrzeug Voyager 1 diese Aufnahme von Mimas gemacht. Sehr gut ist rechts oben der Krater Herschel zu sehen.

Seine geringe Dichte von 1,17 g/cm³ deutet daraufhin, dass er wie die meisten Saturnmonde eine große schmutzige Eiskugel mitgeringem Felsanteil ist. Seine von Kratern zerfurchte Oberfläche hat sich vermutlich seit der Entstehung nicht mehrwesentlich verändert.

Das Hauptmerkmal von Mimas ist der nach seinem Entdecker Herschel benannte Krater, dessen Durchmesser 130 Kilometer, also etwa ein Drittel des Durchmessers von Mimas, beträgt. Der Krater ist 10 Kilometer tief und die den Kraterumgebenden Ränder sind 5 Kilometer hoch. Im Zentrum befindet sich ein Berg mit der Höhe des Mount Everest auf der Erde. Die zentrale Spitze reicht 6 Kilometer über den Kraterboden. Berechnungen haben ergeben, dass Mimas bei diesem Einschlag fast zerstört wurde. Spuren von Bruchmerkmalen können auf der Mondrückseite gesehen werden. Die Existenz einer so großen Formation bestätigt die Gesteinshärte des Eises beiden vorherrschenden Temperaturen von -200°C.

Die Oberfläche ist zum größten Teil von Kratern mit Durchmessern von mehr als 40 Kilometer bedeckt. Eine Ausnahme bildet die Südpolregion, in der Krater mit mehr als 20 Kilometer Durchmessergänzlich fehlen. Dies deutet darauf hin, dass einige Vorgänge diese großen Krater aus dieser Gegend verschwinden ließen.

Die Namen der Formationen auf Mimas wurden, bis auf den Krater Herschel, der britischen Sage von der Tafelrunde des Königs Arthurs entnommen.

10.10 Enceladus

Der achte der bekannten Saturnmonde, Enceladus (s. Abb.100), hat eine Umlaufbahn von 238.020 Kilometer oberhalb von Saturn. Er hat einen Durchmesser von 498 Kilometer bei einer Masse von $7,30 \times 10^{19}$ kg.

Enceladus war in der griechischen Mythologie ein Titan, der in einer Schlacht umgebracht wurde und von der Göttin Athene unter dem Vulkan Ätna begraben wurde.

Der Saturnmond Enceladus wurde 1789 von Herschel entdeckt.

Abbildung 100 Der Saturnmond Enceladus aus 120.000 Kilometer. Diese Aufnahme wurde aus Bildern, die vom Raumfahrzeug Voyager 2 am 25 August 1981und mit Klar-, Violett- und Grünfiltern aufgenommen wurden, zusammengesetzt.

Enceladus, der von der Ferne aus gesehen weiß und der hellste der Saturnmonde ist und auch mit 0,9 die höchste Albedo aller Körper im Sonnensystem hat, reflektiert 100% des Sonnenlichts, das in erreicht. Da Enceladus das ganze Sonnenlicht reflektiert beträgt seine Oberflächentemperatur nur -201°C. Enceladus hat eine Dichte von 1,2g/cm³ und seine Oberfläche wird von frischem, sauberen Eis beherrscht.

Von diesem Satelliten des Saturn wurden von Voyager 2 Bilder, mit Details bis zu 2 Kilometern Auflösung, gemacht. Anders als auf Mimas können auf der Oberfläche von Enceladus fünf verschiedene Formationen unterschieden werden. Teile von Enceladus zeigen Krater, deren Durchmesser nicht größer als 35 Kilometer sind. Andere Regionen sind ohne Krater, gerunzelt und gewellt oder besitzen tiefe Spalten, gerade Bruchkanten und Bergkämme sowie glatte Ebenen. Diese geologischen Deformationen haben ihren Ursprung wahrscheinlich durch lokale Bewegungen, die beim Schmelzen der Eis Rinde entstanden.

Die Formationen auf Enceladus tragen Namen aus "Tausend und einer Nacht". Dies ist ein Hinweis darauf, dass die Oberfläche von Enceladus (s. Abb.101) seit seiner Entstehung durch geologische Aktivitäten völlig neugestaltet wurde. Außerdem wird von Wissenschaftlern vermutet, dass das Innere von Enceladus noch flüssig ist. Sie vermuten weiterhin, dass Enceladus sich innerlich ähnlich erhitzt wie der Jupitermond Io. Eine weiter Vermutung betrifft seine Umlaufbahn um den Saturn. Diese Umlaufbahn soll mit dem schwachen E-Ring des Saturn zusammenfallen. Ausbrüche (Wasser-Vulkanismus) auf Enceladus könnten die Quelle für das Material des sehr feinen E-Ringes sein.

Abbildung 101 So stellen sich die Wissenschaftler die Oberfläche von Enceladus vor. Saturnansicht aus einer der zahlreichen Spalten auf der Oberfläche von Enceladus.

10.11 Tethys

Tethys, der neunte der bekannten Saturnmonde, hat einen Durchmesser von 1.060 Kilometer. Mit einer Masse von $6,22 \times 10^{20}$ kg bewegt er sich auf einer Umlaufbahn, die sich 294.660 Kilometer über dem Planeten Saturn befindet.

Thetys war in der griechischen Mythologie eine Meeresgöttin, welche die Ehefrau und zugleich die Schwester von Oceanus war.

Der Saturnmond Tethys wurde 1984 von Giovanni Cassini entdeckt.

Die niedrige Dichte von 1,2 g/cm^3 deutet auf einen typischen Eismond hin, der wahrscheinlich hauptsächlich aus Wassereis besteht. Oberflächenbilder von Tethys zeigen Gebiete, die eine hohe und eine dünne Kraterdichte aufweisen. Dies weist auf eine oberflächenveränderte geologische Aktivität in der Vergangenheit hin. Die Temperaturen an der Oberfläche betragen -187°C.

Thethys besitzt drei auffällige Strukturen. Die Auffälligste ist das riesige Tal Ithaca Chasma (s. Abb. 102), das 50 bis 100 Kilometer breit und 3 bis 5 Kilometer tief ist und sich fast zwei Drittel des Tethysumfangs, also fast 2.000 Kilometer hinzieht. Dieses Tal entstand wahrscheinlich bei der Expansion der Oberfläche als das Mondinnere erstarrte.

Abbildung 102 Aus einer Distanz von 282.000 Kilometer machte die Raumsonde Voyager 2 am 12.August 1981 diese hoch aufgelöste Aufnahme von der Oberfläche von Tethys. Das gigantische Tal Ithaca Chasma erstreckt sich auf dem Bild von der linken Seite bis zum oberen Zentrum, an dessen Ende der Krater Telemachos zu sehen ist.

Das zweite Merkmal ist der am Nordende des Tals liegende Krater Telemachos (s. Abb. 102) mit einem Durchmesser von 100 Kilometern.

Die dritte Kuriosität auf Tethys bildet der fast 450 Kilometer durchmessende Riesenkrater Odysseus ist der größte Impakt Krater mit Zentralgebirge, der bisher im Sonnensystem entdeckt wurde. Das dieser Einschlag Tethys nicht vollkommen zerstörte, lässt die Vermutung aufkommen, dass die Mondoberfläche damals noch ziemlich flüssig oder noch nicht besonders massiv war. Der Krater Odysseus (s. Abb. 103) ist ziemlich flach und entspricht damit der sphärischen Tethys Oberfläche. Die Formationsnamen auf Tethys wurden Homers "Odyssee" entnommen.

Tethys teilt seine Umlaufbahn mit zwei sehr kleinen Saturnmonden, Telesto und Calypso, die sich in seinen Lagrangepunkten, d.h. 60 Grad vor und nach ihm, befinden

Abbildung 103 Diese Oberflächenaufnahme von Tethys zeigt den riesigen Einschlagkrater Odysseus wurde am 26. August 1981 aus einer Entfernung von 825.000 Kilometer von der Raumsonde Voyager 2 gemacht.

10.12 Telesto

Der zehnte der bekannten Saturnmonde, Telesto, hat einen mittleren Durchmesser von 29 Kilometer (34x28x36) und seine Umlaufbahn ist 294.660 Kilometer über dem Planeten Saturn.

Telesto war in der griechischen Mythologie eine Tochter von Oceanus und Tethys.

Durch bodengestützte Beobachtungen entdeckten 1980 die Wissenschaftler Smith, Reitsema, Larson und Fountain den Saturnmond.

Telesto, der sich auf der gleichen Umlaufbahn wie Tethys und Calypso um Saturn bewegt, liegt im führenden Lagrangepunkt von Tethys.

10.13 Calypso

Calypso, der elfte der bekannten Saturnmonde, bewegt sich auf einer Umlaufbahn von 294.660 Kilometer über Saturn. Der mittlere Durchmesser beträgt 26 Kilometer (34x22x22).

Calypso war in der griechischen Mythologie eine Meeresnymphe, die den griechischen Krieger Odysseus während seiner Heimfahrt vom Trojanischen Krieg sieben Jahre lang auf ihrer Insel aufhielt.

Im Jahre 1980 entdeckten die Wissenschaftler Pascu, Seidelmann, Baum und Currie durch bodengestützte Beobachtungen mit einem Kameraprototypen, der für das Hubble Weltraumteleskop bestimmt war, den Saturnmond.

Calypso, der sich auf der gleichen Umlaufbahn wie Tethys und Telesto um Saturn bewegt, liegt im nachfolgenden Lagrangepunkt von Tethys. Calypso und Telesto gehören beide zu den kleinsten Monden in unserem Sonnensystem.

10.14 Dione

Dione, der zwölfte der bekannten Saturnmonde bewegt sich mit einer Masse von $1,05 \times 10^{21}$ kg auf einer Umlaufbahn von 377.400 Kilometer oberhalb des Planeten Saturn. Der Durchmesser beträgt 1.120 Kilometer.

Die Tochter von Zeus (Jupiter) und Dione war in der griechischen Mythologie Aphrodite.

Im Jahre 1684 entdeckte Giovanni Gassini den Saturnsatelliten Dione.

Abbildung 104 Diese Aufnahme ist ein Mosaik von verschiedenen hoch aufgelösten Bildern der Voyager Raumsonde. Sie zeigt die mit Kratern übersäte Oberfläche von Dione.
In der rechten Hälfte oben des Bildes ist eine Rinne zu sehen, die etwa 300 Kilometer lang, ein Kilometer tief und bis zu 12 Kilometer breit ist. Sie wird Latium Chasma genannt.

Dione, hat unterdessen Eismonden die größte Dichte mit $1,4$ g/cm^3. Der Kern von Dione nimmt etwa ein Drittel des Mondvolumens ein und besitzt einen größeren Anteil an dichtem Material, wie etwa silikates Felsengestein.

Die Raumsonde Voyager 1 machte die ersten Aufnahmen von Dione (s. Abb. 104). Diese zeigten verschieden Bodenformationen auf der Oberfläche. Es gibt stark von Kratern durchsetzte Regionen deren Durchmesser größer als 100 Kilometer betragen, Ebenen mit geringer Kraterdichte in denen die Durchmesser der Krater weniger als 30 Kilometer betragen. Der größte Krater ist Aneas mit einem Durchmesser von 160 Kilometer. Weiterhin gibt es glatte Ebenen mit einzelnen Kratern oder anderen Merkmalen.

Eine dieser Merkmale ist ein unregelmäßiges Netzwerk von hellen dünnen Strichen auf dunklem Untergrund (s. Abb. 105). Hier handelt es sich wahrscheinlich um eisige Ablagerungen, die auf Gase zurückzuführen sind, die aus dem Inneren von Dione entweichen oder um Material, das bei Einschlägen hoch geschleudert wurde und als Schnee oder Asche auf die Oberfläche zurückfiel. Diese hellen Streifen befinden sich auf der dem Saturn entgegen gerichteten Seite von Dione und überlagern die dort vorkommenden Krater. Dies deutet daraufhin, dass sie jünger sind als die Krater. Die Namen der Formationen auf Dione wurden dem Epos "Aneas" von Vergil entnommen.

Obwohl es zwischen Dione und Rhea Größenunterschiede gibt, sind sie sich sehr ähnlich. Sie haben etwa die gleiche Zusammensetzung, die gleichen Albedomerkmale, verschiedene Regionen auf der Oberfläche und sie rotieren beide synchron.

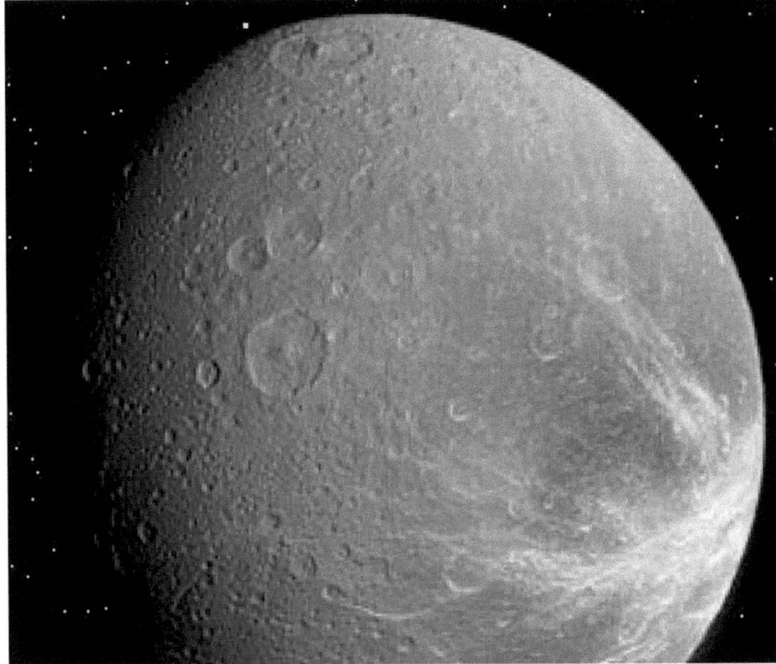

Abbildung 105 Die Raumsonde Voyager 1 machte diese Fotografie am 12. November 1980. Es zeigt die dem Saturn zugewandte Hemisphäre von Dione. Auf der rechten Hälfte der Mondoberfläche sind die hellen Streifen gut zu sehen.

10.15 Helene

Der dreizehnte der bekannten Saturnsatelliten ist Helene. Der mittlere Durchmesser dieses Saturnmondes beträgt 33 Kilometer (36x32x30) und seine Umlaufbahn ist 377.400 Kilometer von Saturn entfernt.

Eine Amazone, die mit dem berühmten griechischen Krieger Achilles kämpfte, wurde in der griechischen Mythologie Helene genannt.

Aufgrund von Bodenbeobachtungen aus, entdeckten Laques und Lecacheux im Jahre 1980 den kleinen Saturnmond Helene.

Helene wird auch Dione B genannt, da sich der Mond im führenden Lagrangepunkt von Dione befindet.

10.16 Rhea

Der vierzehnte bekannte Saturnmond ist Rhea (s. Abb. 106) und mit einem Durchmesser von 1.530 Kilometern der größte der luftlosen Saturneismonde. Seine Umlaufbahn ist 527.040 Kilometer oberhalb von Saturn und Rheas Masse beträgt $2,49x10^{21}$ kg.

Rhea war in der griechischen Mythologie die Schwester und zugleich die Frau von Chronos (Saturn). Außerdem war sie noch die Mutter von Demeter, Hades (Pluto), Hera, Hestia, Poseidon (Neptun) und Zeus (Jupiter).

Entdeckt wurde der Saturnmond Rhea 1672 von Giovanni Gassini entdeckt.

Abbildung 106 Diese Aufnahme vom Saturnmond Rhea wurde am 11. November 1980 von der Raumsonde Voyager 1 aus gemacht.

Der Mond Rhea ist ein Eiskörper mit einer Dichte von 1,33 g/cm^3. Die niedrige Dichte lässt auf einen felsigen Kern schließen, der etwa ein Drittel der Mondmasse einnimmt. Rhea ist dem Saturnmond Dione sehr ähnlich. Beide haben eine ähnliche Zusammensetzung, Albedomerkmale, verschiedenartige Gelände auf der Oberfläche und eine synchrone Umdrehung. Die Temperaturen auf Rhea sind im Sonnenlicht -174°C und zwischen -200°C und -220°C im Schatten. Aufnahmen von Voyager 1 zeigen eine helle, eisbedeckte Oberfläche (s. Abb. 106), die sehr stark mit Kratern übersät ist. Der größte dieser Impakt Krater, der Krater Izanagi, hat einen Durchmesser von 300 Kilometer.

Die Oberfläche kann in zwei unterschiedliche Regionen aufgeteilt werden. Die erste Region enthält Krater, deren Kraterdurchmesser größer 40 Kilometer sind. Die zweite Region, Teile der polaren und äquatorialen Gegend, besitzt Krater mit Durchmesser unter 40 Kilometer. Die Oberfläche hat sich seit der Zeit, als die Krater damals entstanden, kaum verändert.

Rhea besitzt ein zweites Merkmal auf der ständig vom Saturn abgekehrten Seite. Hier befindet sich, ähnlich wie auf dem Saturnmond Dione, ein System heller Streifen (s. Abb. 107). Dies könnten Vereisungen von Wasserdampf aus dem Mondinneren sein, der wahrscheinlich aus Rissen entwichen ist.

Die Namen der Formationen auf Rhea stammen aus Mythen verschiedener Völker über die Schöpfung der Welt.

Abbildung 107 Die weißen Linien von Rhea von der Raumsonde Voyager aus einer Entfernung von 1,7 Millionen Kilometer aus aufgenommen.

10.17 Titan

Titan (s. Abb. 108), der fünfzehnte der bekannten Saturnmonde, ist der mit seinem Durchmesser von 5.150 Kilometer der größte Saturnmond und der zweitgrößte Mond nach dem Jupitermond Ganymed in unserem Sonnensystem. Er bewegt sich mit einer Masse von $1{,}35 \times 10^{23}$ kg auf einer 1.221.830 Kilometer von Saturn entfernten Umlaufbahn.

Die Tjtanen waren in der griechischen Mythologie eine Familie von Giganten, welche die Kinder von Uranus und Gaia waren. Die Titanen strebten danach den Himmel zu beherrschen, wurden aber von Zeus (Jupiter) gestürzt und verdrängt.

Der Saturnmond Titan wurde 1655 von Christian Huygens entdeckt.

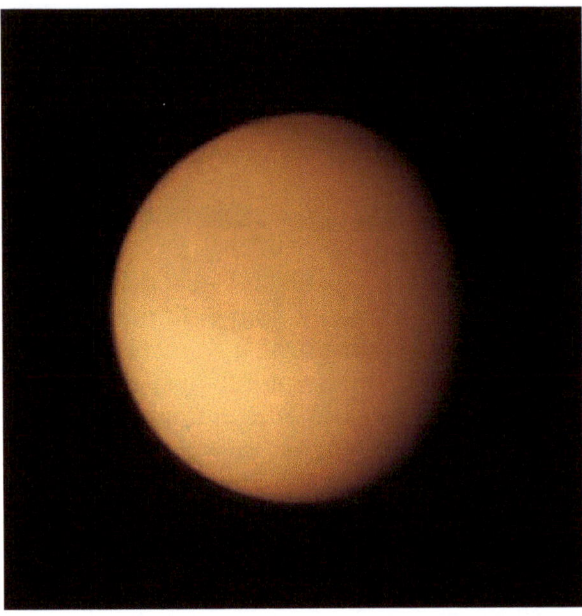

Abbildung 108 Der wolkenbedeckte Titan während des Vorbeiflugs von Voyager 1980 aufgenommen. Die Wolken über der südlichen Halbkugel sind heller als die Wolken der nördlichen Halbkugel. Eine schwarze Haube über dem Nordpol ist zu sehen.

Titan ist wahrscheinlich der einzige Mond im Sonnensystem, der von einer dichten Atmosphäre umgeben ist. Deshalb war das Hauptziel der Voyager 1 - Mission die Erforschung von Titan. Die Raumsonde näherte sich bei ihrem Vorbeiflug der Oberfläche von Titan bis auf 4.000 Kilometer. Daten von Voyager 1 zeigten, dass die Atmosphäre von Titan bis in eine Höhe von 200 Kilometern reicht und sie ist gänzlich von undurchsichtigen Wolken aufgefüllt. Dies führt dazu, dass die Oberfläche für Beobachter gänzlich verborgen bleibt. Diese Atmosphäre besteht hauptsächlich aus molekularem Stickstoff und dem Edelgas Argon sowie einigen Prozenten Methan. In dieser Zusammensetzung der Atmosphäre von Titan sind alle Grundelemente für die Bildung von Aminosäureketten, die für das Entstehen von Leben notwendig sind, enthalten. Wissenschaftler glauben, dass die Umwelt von Titan Ähnlichkeit mit der Umwelt der früheren Erde hat, bevor das Leben begann und Sauerstoff in die Atmosphäre gelassen wurde. Die Orangefärbung der Wolken beruht wahrscheinlich auf komplizierte Kohlenhydrate, die in der kalten Atmosphäre kondensieren und eine undurchsichtige Schicht bilden.

Der Saturnmond Titan besteht je zur Hälfte aus Wassereis und Gestein. Wissenschaftler vermuten, dass Titan aus verschiedenen Schichten mit einem 3.400 Kilometerdicken Gesteinskern aufgebaut ist. Dieser Kern ist wiederum von mehreren Schichten Eis, dass aus verschiedenartigen kristallinen Material besteht, umgeben. Sein Kern, so vermuten Wissenschaftler, dürfte noch heiß sein.

Titan besitzt eine mittlere Dichte von $1{,}9$ g/cm^3 und er ist trotz ähnlicher Zusammensetzung wie die anderen Saturnmonde viel dichter, weil er aufgrund seiner Größe die Schwerkraft sein Inneres stärker zusammenpresst. Der atmosphärische Druck in der Nähe der Äquatoroberfläche beträgt 1,6 bar, etwa 60% größer als der vergleichbare Erddruck. Die Temperatur auf der Oberfläche bewegt sich um die

-180°C und die Wissenschaftler nehmen an, dass Methan in gasförmigen, flüssigem (als Regen und Seen und Flüsse) und auch festem Aggregatzustand, existieren kann.

Der Saturnmond Titan besitzt kein eigenes Magnetfeld und der Mond umläuft den Planeten Saturn zeitweise auch außerhalb dessen Magnetosphäre. Titan ist deshalb dem Sonnenwind schutzlos ausgeliefert. Eine Folge davon dürfte sein, dass einige Moleküle seiner obersten Atmosphäre ionisieren und weggetragen werden.

Beobachtungen durch das Hubble Weltraumteleskop deuten darauf hin, dass die Rotation von Titan synchron ist.

Bisher wurde der Saturnmond Titan von den Raumsonden Voyager 1 und Huygens erforscht. Am 14. Januar 2005 landete die europäische Sonde Huygens auf Titan. Die Geschwindigkeit von 18.000 Kilometer pro Stunde wurde vor der Landung mit Hilfe von zwei Fallschirmen bis auf 160 Kilometer heruntergebremst. Der Lander (s. Abb. 109) der Sonde sendete 72 Minuten lang von der Oberfläche, darunter waren auch 350 Bilder. Diese Bilder zeigten unter der dichten Atmosphäre eine karge Welt, die offenbar durch Flüssigkeit geformt wurde. Es waren verästelte Formen eines Flusssystems zu sehen. Es wurde auch festgestellt, dass es auf der Titanoberfläche Seen aus flüssigen Kohlenwasserstoffen wie Methan und Ethan gibt. Huygens Muttersonde Cassini erforscht das Saturnsystem immer noch.

Neuere Beobachtungen durch das Hubble Weltraumteleskop zeigen Ansichten der Oberfläche von Titan im nahen Infrarotbereich. Durch den nahen Infrarotbereich sind die Schleier in der Atmosphäre von Titan transparenter und aus den Aufnahmen schließen die Wissenschaftler auf einen riesigen hellen Kontinent auf der Halbkugel Titans, die der künftigen Bahn zugeneigt ist. Außerdem zeigen die Aufnahmen durch das Hubble Weltraumteleskop dunkle Gebiete. Die Landezone der Sonde Huygens wurde aufgrund der Untersuchung dieser Bilder ausgewählt. Der Landeplatz wird in der Nähe der Küste neben dem größten Kontinent liegen (18,1° Nord, 208,7° Länge).

Abbildung 109 So könnte Huygens auf dem Titan gelandet sein.

10.18 Hyperion

Der sechzehnte der bekannten Saturnmonde ist Hyperion (s. Abb. 110), der einen mittleren Durchmesser von 286 Kilometer hat. 1.481.100 Kilometer oberhalb von Saturn bewegt sich Hyperion mit einer Masse von $1{,}77 \times 10^{19}$ kg auf einer Umlaufbahn um den Saturn.

Hyperion war in der griechischen Mythologie ein Titan. Seine Eltern waren Uranus und Gaia und er war der Vater des Helios.

Hyperion, einer der kleineren Saturnmonde, wurde 1848 von W. C. Bond und Lassell entdeckt.

Abbildung 110 Hyperion aus 480.000 Kilometer Entfernung von Voyager2 am 24. August 1981 fotografiert.

Hyperion hat mit seinen Ausmaßen von 410x260x220 Kilometer eine völlig unregelmäßige Form. Wissenschaftler glauben deshalb, dass der Mond Hyperion das Fragment eines größeren Körpers ist, welches durch den Einschlag vor langer Zeit herausgebrochen wurde. Seine geringe Dichte weist daraufhin, dass er aus Wassereis mit einem kleinen Anteil an Felsgestein besteht. Seine Oberfläche ist von vielen Kratern gezeichnet. Der größte Krater hat einen Durchmesser von 120 Kilometer und eine Tiefe von 10 Kilometer. Ein weiteres Merkmal ist ein 300 Kilometer langer Bergrücken. Bei diesem Bergrücken handelt es sich wahrscheinlich um den Rest eines Körpers, der beim Einschlag auf die Oberfläche zerschmettert wurde.

Hyperions Rotation ist unregelmäßig und ändert sich von einem Saturnumlauf zum anderen. Er ist damit der einzige Körper im Sonnensystem, der chaotisch rotiert. Diese unregelmäßige Rotation ist wahrscheinlich dafür verantwortlich, dass die Oberfläche von Hyperion einigermaßen einheitlich aussieht und nicht wie die anderen Saturnmonde verschiedene Hemisphären besitzen.

Mit seiner geringen Albedo (0,2- 0,3) ist er im Gegensatz zu den anderen Monden des Saturn sehr dunkel. Dies ist ein Hinweis darauf, dass er mit einer dünnen Schicht an dunklem Material überzogen ist. Wissenschaftler glauben, es könnte sich dabei um Material vom Saturnmond Phoebe handeln, das sich hinter dem Saturnmond Iapetus abgelagert hat.

Die Krater auf Hyperion tragen die Namen des Sonnen- und des Mondgottes.

10.19 Iapetus

Iapetus (s. Abb. 111), der siebzehnte der bekannten Saturnmonde und der mit einem Durchmesser von 1.460 Kilometer zugleich drittgrößte, bewegt sich auf einer Umlaufbahn um den Saturn, die 3.560.300 Kilometer vom Planeten Saturn entfernt ist. Seine Masse beträgt $1,88x10^{21}$ kg.

Iapetus, in der griechischen Mythologie ein Titan, war der Sohn von Uranus und der Vater von Prometheus und Atlas. Außerdem war er der Vorfahre der Menschheit.

Der Saturnmond Iapetus wurde 1671 von Giovanni Gassini entdeckt.

Abbildung 111 Aufnahme von Iapetus, die am 22. August 1981 von Voyager 2 gemacht wurde. Auf der rechten Seite des Mondes ist ein Teil des dunklen Materials zu sehen. Der Mond rotiert links herum.

Wegen seiner mittleren Dichte von 1,2 g/cm³ gehört Iapetus zu den Eismonden des Saturn und muss fast vollständig aus Wassereis bestehen.

Von Iapetus war nach Beobachtungen von der Erde aus nur bekannt, dass eine der Halbkugel des Mondes extrem dunkel ist. Aufnahmen der Raumsonde Voyager bestätigten dies. Da Iapetus immer die gleiche Seite dem Planeten zeigt, sieht man von der Erde aus im Laufe einer Saturnumrundung seine helle und seine dunkle Seite. Die helle Seite, die etwa 50% des Lichts reflektiert, ist von Kratern übersät und wahrscheinlich von Eis bedeckt und das Albedo beträgt 0,5 und ist damit fast so hell wie der Saturnmond Europa.

Die dunkle Seite, die zum Großteil schwarz wie Kohle ist, ist mit einem zehnmal dunkleren Material bedeckt. Die Albedo dieser führenden Seite liegt zwischen 0,03 und 0,05 und ist somit so dunkel wie Pechblende. Diese dunkle Region wurde nach dem Iapetus - Entdecker Cassini Regio benannt. Die

Zusammensetzung des dunklen Materials ist unbekannt und könnte wahrscheinlich aus dem Mondinneren bzw. aus aufgesammelten Weltraummaterial bestehen. Diese dünne dunkle Schicht muss stetig erneuert werden, da keine hellen Spuren von Impakt Kratern in dieser Region zu sehen sind.

Alle Saturnmonde mit Ausnahme von Iapetus und Phoebe befinden sich in einer Ebene vom Äquator des Saturn. Die Umlaufbahn von Iapetus hingegen ist um 15° geneigt.

Die Formationen auf Iapetus stammen alle aus dem "Rolandslied". Roncesvalles war das Schlachtfeld, auf dem Roland fiel.

10.20 Phoebe

Phoebe (s. Abb. 112), der achtzehnte und der äußerste der bekannten Saturnmonde ist mit einer Umlaufbahn von 12.952.000 Kilometer oberhalb von Saturn nahezu viermal so weit von Saturn entfernt, als der nächste Nachbar Iapetus. Der Durchmesser beträgt 220 Kilometer und er besitzt eine Masse von $4,0 \times 10^{18}$ kg.

In der griechischen Mythologie war Phoebe die jungfräuliche Göttin der Jagd und des Mondes. Sie war auch die Zwillingsschwester von Apollo.

Pickering entdeckte den Mond im Jahre 1898.

Abbildung 112 Aufnahme des Saturnmondes Phoebe, die von der Raumsonde Voyager 2 am 4. September 1981 gemacht wurde.

Phoebe umkreist den Saturn in entgegen gesetzter Richtung als alle seine anderen Monde. Durch die Raumsonde Voyager2 fand man heraus, dass der Mond eine etwa runde Form hat und 6% des Sonnenlichts reflektiert. Die Albedo ist mit 0,05 sehr niedrig und etwa so dunkel wie Pechblende. Phoebe rotiert in neun Stunden um seine eigene Achse. Zusammen mit Hyperion bildet Phoebe eine Ausnahme unter den anderen Saturnmonden. Beide Monde zeigen, bedingt durch ihre Eigenrotation, dem Saturn nie die gleiche Seite. Wissenschaftler glauben, dass er ein von Saturn eingefangener Asteroid ist, dessen Zusammensetzung unbekannt ist. Er gehört wahrscheinlich zur Klasse der schwarzen kohlenstoffähnlichen Asteroiden. Diese Asteroiden sind chemisch primitiv aufgebaut und man glaubt, dass sie aus fest gewordenem Material des Solaren Nebels bestehen. Da sie so klein sind, werden sie sich nie so erhitzen können, dass sie ihre chemische Zusammensetzung ändern. Phoebe ist wahrscheinlich die Ursache für das dunkle Material auf der Oberfläche des Saturnmondes Iapetus.

Phoebe bildet mit seinem Nachbarmond Iapetus eine Ausnahme beim umlaufen des Saturn. Seine Umlaufbahn ist im Gegensatz zu den anderen Saturnmonden, die den Saturn in Äquatorebene umrunden, um fast 175° geneigt.

10.21 Neue Saturnmonde

Durch die Analyse von Daten die von der Raumsonde Voyager 2 übermittelt wurden und durch
Beobachtungen mit dem Weltraumteleskop Hubble (HST) während der Kreuzung der Ringebene Mitte
1995 wurden einige Hinweise auf kleinere Monde in der Nähe des Saturn gefunden. Beobachtungen
bei Kreuzungen der Ringebene sind besonders vorteilhaft, da der helle Schein der Ringe kleinere
Monde normalerweise überstrahlt und während dieser Zeit nicht vorhanden ist. 13 von Saturns 18
bekannten Monden wurden während Ringebenenkreuzungen entdeckt. Jedoch fehlt noch die
Bestätigung für die Existenz der neuen Saturnmonde und einige dieser Monde werden sich als
Beobachtungsfehler herausstellen. Alle diese Monde sind, falls real, sehr klein und der Durchmesser
von ihnen dürfte 10 Kilometer nicht überschreiten. Diese neuen Saturnmonde sind höchstwahrscheinlich kurzlebige Klumpen. Durch die verbesserten Beobachtungsmöglichkeiten, sowohl von
Sonden als auch von der Erde aus, stieg die Gesamtzahl der beobachteten Monde von 2003 bis 2009
jährlich, wobei die neu entdeckten aber nur Radien von wenigen Kilometern haben.

11 Uranus ■

Uranus (s. Abb. 113) ist von der Sonne aus gesehen der siebte Planet und der drittgrößte im Sonnensystem. Uranus, einer der jupiterähnlichen Planeten, hat mit 51.118 Kilometern Durchmesser den 4-fachen Erddurchmesser und seine Masse von $8,683 \times 10^{25}$ kg ist 15mal so groß wie die der Erde. Die Umlaufbahn von Uranus befindet sich 2.870.990 Kilometer von der Sonne entfernt.

Abbildung 113 Aufnahme des Uranus, die im Januar 1986 von der Raumsonde Voyager 2 gemacht wurde. Die bläuliche Farbe der Uranusatmosphäre kommt vom hohen Methangehalt und vom fotochemischen Smog.

Uranus war in der griechischen Mythologie der frühere Himmelsgott. Er war der Sohn und gleichzeitig der Geliebte der Erdgöttin Gaia. Außerdem war er der Vater von Chronos (Saturn), der Titanen, der Zyklopen sowie der hundertarmigen Riesen.

Der Planet Uranus wurde am 13. März 1781 von William Herschel entdeckt. Der neu entdeckte Planet erhielt von ihm zunächst den Namen Georgium Sidus, Georg's Stern, zu Ehren Georgs III. Später wurde er kurze Zeit nach seinem Entdecker benannt und erst gegen Ende des 19. Jahrhunderts gab man ihm schließlich auf Vorschlag des deutschen Astronomen Johann Elert Bode den Namen Uranus.

Von der Erde aus gesehen ist er gerade hell genug um ihn mit bloßem Auge zu erkennen. Selbst durch große Teleskope erscheint der Uranus als strukturlose, grünliche Scheibe. Am 24. Januar 1986 flog die Raumsonde Voyager 2 nahe am Uranus vorbei und lieferte die ersten und bisher einzigen Nahaufnahmen. Dabei wurden zu den bereits fünf bekannten Uranusmonden, Ariel, Umbriel, Titania, Oberon und Miranda, noch zehn weitere kleine Monde entdeckt.

Uranus besitzt eine 1,17fache Erdschwerkraft und eine Dichte von 1,27 g/cm³. Seine Umlaufzeit um die Sonne beträgt etwa 84 Erdjahre und ein Tag auf dem Uranus dauert ca. 17 Stunden. Seine Rotationsachse steht in einem Winkel von 98° zur Senkrechten auf die Ebene der Planetenumlaufbahn um die Sonne. Uranus rotiert deshalb im Gegensatz zu den anderen Planeten des Sonnensystems gegenläufig. Da zwischen der Rotationsachse und der Bahnebene nur ein Winkel von 8° ist, sind die Polgebiete des Uranus jeweils eine halbe Umlaufzeit der Sonne zu- bzw. abgewandt. Daraus folgt, dass die Polgebiete des Uranus mehr Sonneneinstrahlung aufnehmen als die Gebiete am Äquator. Trotzdem ist der Uranus am Äquator heißer als an seinen Polen, der dafür verantwortliche Mechanismus ist aber noch unbekannt.

Man nimmt an, dass der Planet Uranus einen etwa erdgroßen Kern aus Metallen und Metalloxiden besitzt, der von einem dicken eisigen Mantel aus gefrorenem Wasser, Methan und Ammoniak umgeben ist. Auf diesen Mantel folgt eine gasförmige Wasserstoffhelium-Atmosphäre.

Uranus besitzt eine etwa 11.000 Kilometer hohe Atmosphäre, die aus 83% Wasserstoff, 15% Helium, 2& Methan und einem kleinen Anteil an molekularen Verbindungen besteht.

Auf Aufnahmen von der Raumsonde Voyager 2 sind in der Atmosphäre des Uranus zu beobachten, in denen Stürme mit einer Geschwindigkeit bis zu 550 km/h wehen. Diese Wolkenbänder sind extrem fein und nur auf radikalen Bildvergrößerungen der Voyager 2 - Bilder sichtbar. n jüngerer Zeit gemachte Aufnahmen durch das Hubble Weltraumteleskop zeigten größere und mehr betonte Wolkenbänder (s. Abb. 114). Wissenschaftler spekulieren, dass dies eine jahreszeitliche Auswirkung ist. Die Temperatur an der Wolkenoberfläche beträgt -210°C. Strukturen auf der Oberfläche von Uranus sind durch die Wolkenschicht nicht zu erkennen.

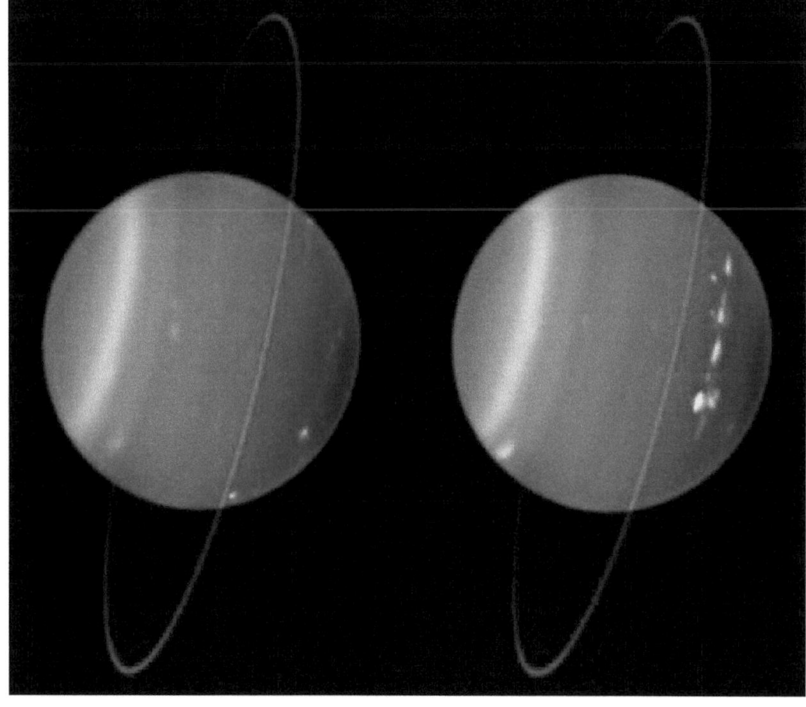

Abbildung 114 Aufnahme der Uranuswolkenbänder durch das Hubbel Weltraumteleskop.

Die blaue Färbung von Uranus ist auf die Absorption von rotem Licht durch Methan in den oberen Schichten der Atmosphäre zurückzuführen. Darunter, so nehmen die Wissenschaftler an, könnten sich farbige Bänder, wie sie auf Jupiter zu finden sind, befinden. Diese Bänder werden aber durch das darüber liegende Methan verdeckt.

Ein weiteres Kuriosum des Uranus ist die Neigung seines Magnetfeldes. Die Achse des Magnetfeldes liegt nicht im Mittelpunkt des Planeten, sondern ist um einen Winkel von 55° zu seiner Rotationsachse geneigt. Dies ist unter den anderen Planeten des Sonnensystems eine Sonderstellung, da diese eine Magnetfeldneigung von nur wenige Grad haben. Wahrscheinlich wird das Magnetfeld des Uranus von Bewegungen in vergleichsweise flacher Tiefe hervorgerufen.

Der amerikanische Astronom James L. Elliot bemerkte 1977, als er die Bedeckung eines Sternes der 8. Größe (s. Kapitel Sterne) durch Uranus beobachtete, Helligkeitsschwankungen dieses Sternes bei der Annäherung an den Planeten. Daraus schloss er, dass Uranus fünf Ringe (s. Abb. 114/115) besitzt, die den Planeten in Äquatoralebene umkreisen. Diese Ringe sind 9.400 Kilometer breit und werden beginnend vom innersten Ring Alpha, Beta, Eta, Gamma, Delta und Epsilon genannt. Die Ringe sind zwischen 38.000 Kilometer und 51.300 Kilometer vom Zentrum des Planeten Uranus entfernt. Diese Ringe setzen sich aus ziemlich großen Partikeln mit bis zu 10 Metern Durchmesser und feinen Staub zusammen. Später wurde die Existenz weiterer Ringe nachgewiesen. Die Raumsonde Voyager 2 entdeckt 1986 bei ihrem Vorbeiflug am Uranus noch zwei weitere Ringe. Damit sind bis heute insgesamt 11 Uranusringe bekannt. Diese dunklen Ringe sind maximal 15 Kilometer breit und nur der innerste Ring, Alpha, besitzt eine Breite von 2.500 Kilometer. Der äußerste Ring, Epsilon, hat eine Breite von 100 Kilometer.

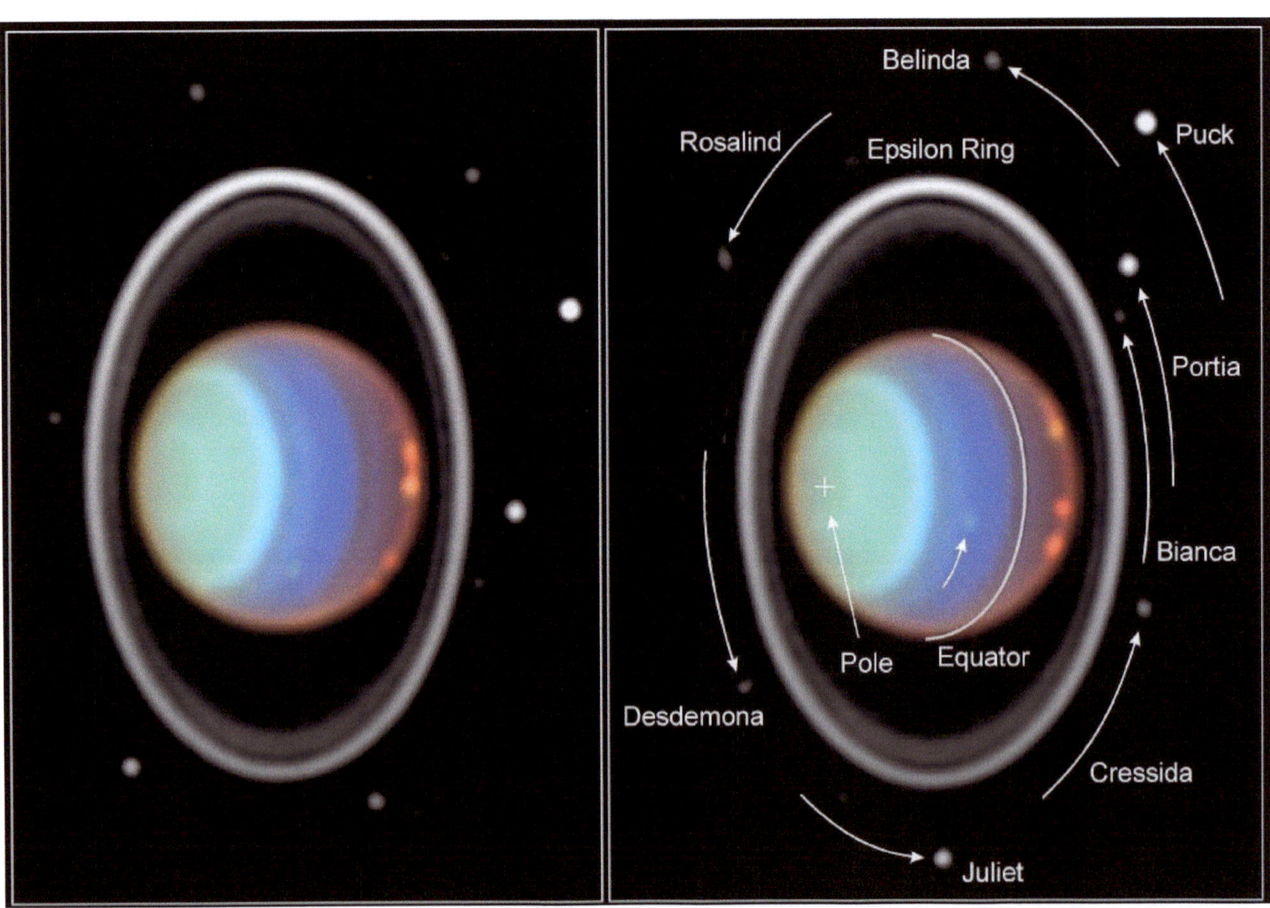

Abbildung 115 Die Ringe und Monde des Uranus.

Der Planet Uranus eine Menge Trabanten, die sich alle in seiner Äquatorebene bewegen (s. Abb.
115). Alle diese Trabanten drehen sich in die gleiche Richtung wie der Uranus. Die Monde von Uranus
setzen sich aus drei Gruppen zusammen: Die zehn inneren kleinen Monde, die alle durch die Raumsonde Voyager 2 entdeckt wurden, die Gruppe der fünf großen Uranusmonde Miranda, Ariel, Umbriel,
Titania und Oberon (s. Abb. 116) sowie die Gruppe der äußeren kleinen Monde, die alle erst in
neuester Zeit entdeckt wurden, Die inneren kleinen Monde des Uranus sind alle recht dunkel, da
deren Albedo weniger als 0,1 beträgt.

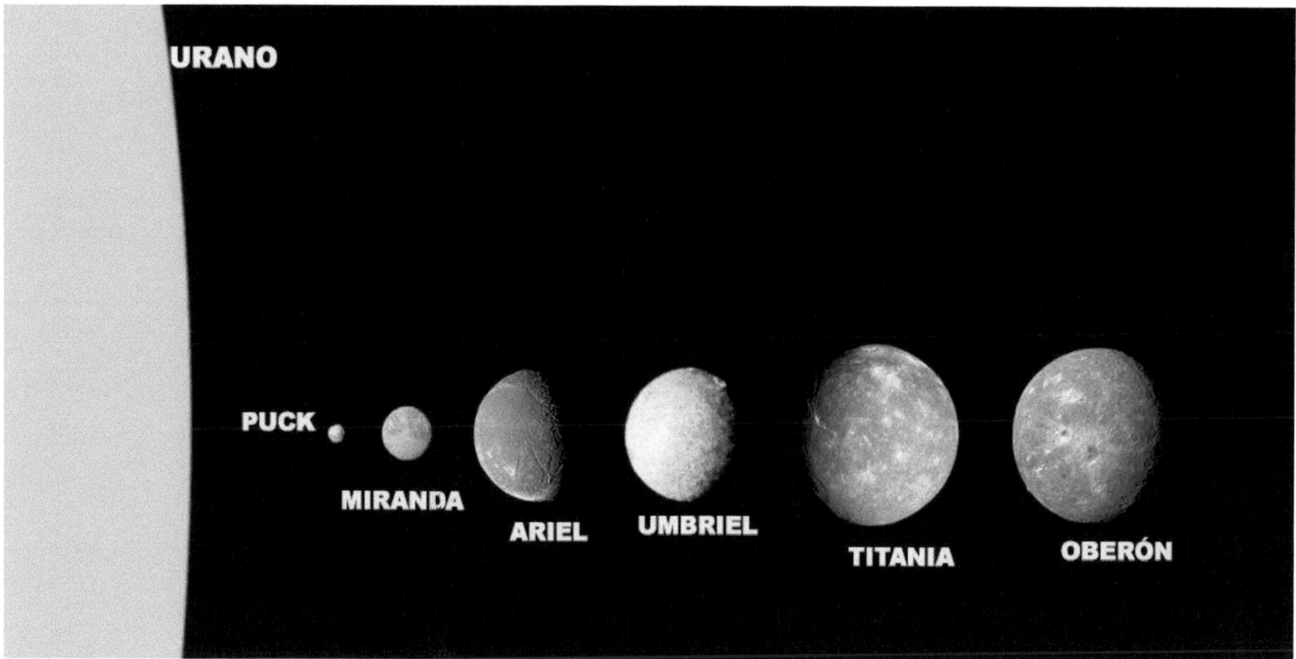

Abbildung 116 Die fünf großen Uranusmonde Miranda, Ariel, Umbriel, Titania und Oberon.

11.1 Erforschung des Uranus

Die bisher einzigen Nahaufnahmen und Daten über den Uranus erhielt man beim Vorbeiflug der
Raumsonde Voyager 2 am 24. Januar 1986. Momentan beobachtet man den Planeten Uranus und
seine Satelliten mit dem Weltraumteleskop Hubble.

11.2 Cordelia

Der innerste der bekannten kleinen Uranusmonde ist Cordelia (1986U7). Der Durchmesser des Mondes beträgt 26 Kilometer und die Distanz seiner Umlaufbahn von Uranus beträgt 49.752 Kilometer.

Cordelia wurde nach der Tochter von König Lear aus dem Shakespeare Drama König Lear benannt.

Dieser Mond von Uranus wurde 1986 durch die Raumsonde Voyager 2 entdeckt (s. Abb.117).

Cordelia scheint der innere Hirtenmond im Epsilonring des Uranus zu sein und er befindet sich zusammen mit seinem Nachbarmond Ophelia innerhalb des synchronen Umlaufradius.

Abbildung 117 Die Raumsonde Voyager 2 entdeckte 1986 Cordelia.

11.3 Ophelia

Der zweite der kleinen bekannten Monde des Uranus ist Ophelia, der mit seinem Durchmesser von 32 Kilometer in einer Entfernung von 53.764 Kilometer den Planeten Uranus umläuft.

Ophelia ist in Shakespeares Hamlet die Tochter des Polonius.

Dieser Mond von Uranus wurde 1986 durch die Raumsonde Voyager 2 entdeckt (s. Abb. 118).

Ophelia scheint der äußere Hirtenmond im Epsilonring des Uranus zu sein.

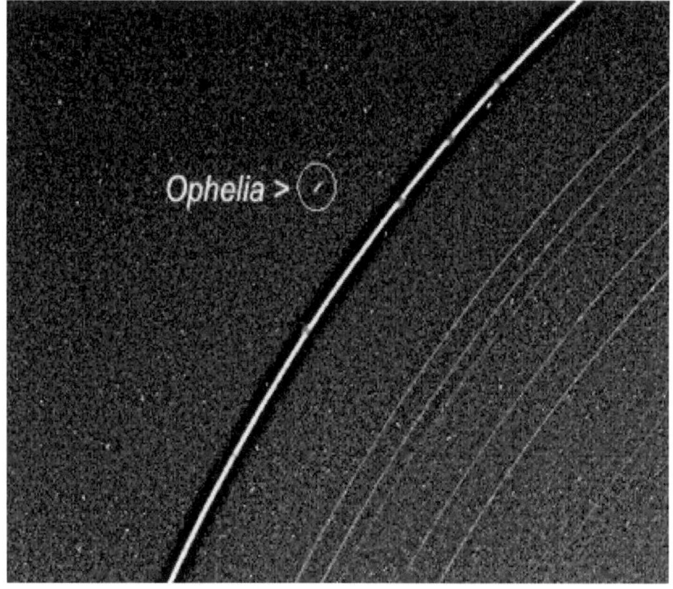

Abbildung 118 Die Raumsonde Voyager 2 entdeckte 1986 den Uranusmonde 1986U8 (Ophelia). Diese Aufnahme wurde am 21. Januar 1986 von Voyager 2 aus einer Entfernung von 4,1 Millionen Kilometer gemacht. Die Auflösung der Aufnahme beträgt 36 Kilometer. Sehr schön sind von außen nach innen der Epsilon-, der Delta-, der Gamma-, der Eta-, der Beta- und der Alpharing sowie die Ringe 4, 5 und 6 des Uranus zu erkennen.

11.4 Bianca

Bianca, mit einer Umlaufbahn von 59.165 Kilometer über Uranus, ist der dritte der bekannten kleinen Uranusmonde. Sein Durchmesser beträgt 44 Kilometer.

In Shakespeares Taming of the Shrew ist Bianca die Schwester Kathrins.

Der Uranusmond Bianca wurde 1986 durch die Raumsonde Voyager 2 entdeckt (s. Abb. 119).

Abbildung 119 Auf Aufnahmen der Raumsonde Voyaqer 2 wurde Bianca entdeckt.

11.5 Cressida

Cressida, der vierte der bekannten kleinen Uranusmonde, besitzt einen Durchmesser von 66 Kilometer. Er umläuft den Planeten Uranus auf einer von ihm 61.767 Kilometer entfernten Umlaufbahn.

In Shakespeares Troilus und Cressida ist Cressida die Tochter Galchas.

Der Uranusmond Cressida wurde 1986 durch die Raumsonde Voyager 2 entdeckt (s. Abb. 120).

Abbildung 120 Diese 1986 durch die Raumsonde Voyager 2 gemachte Aufnahme zeigt Cressida.

11.6 Desdemona

Der fünfte der bekannten kleinen Jupitermonde ist Desdemona. Die Umlaufbahn von diesem Mond ist 62.659 Kilometer von Uranus entfernt und sein Durchmesser beträgt 58 Kilometer.

Desdemona wurde nach der Frau Othellos aus dem Shakespeare Drama Othello benannt.

Der Uranusmond Desdemona wurde 1986 durch die Raumsonde Voyager 2 entdeckt (s. Abb. 121).

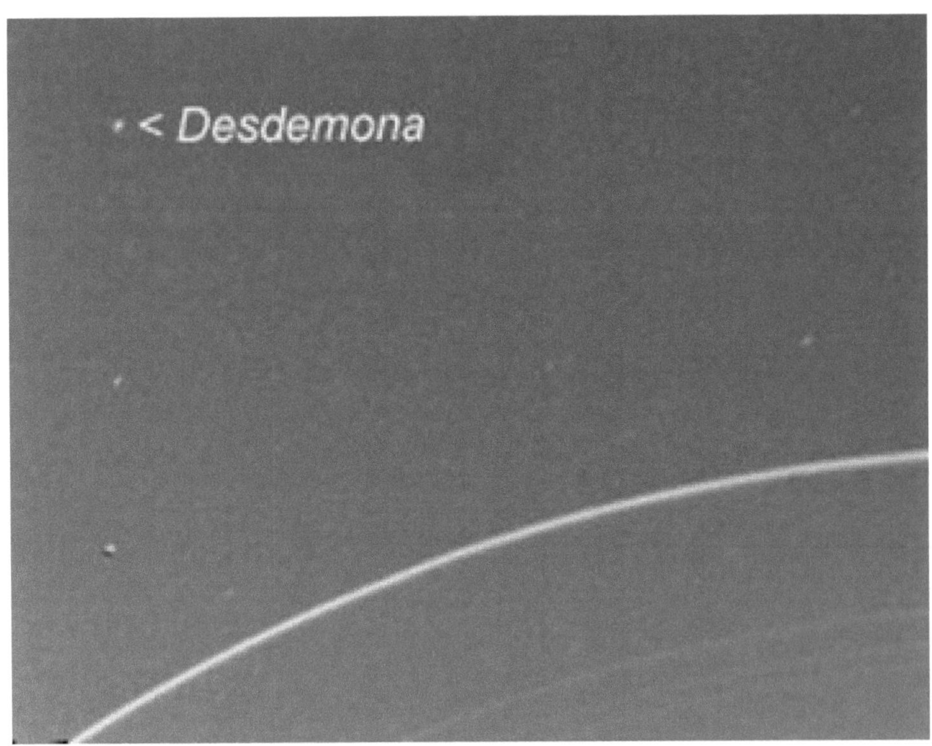

Abbildung 121 Desdemona, der fünfte der inneren Uranusmonde, wurde 1986 von der Raumsonde Voyager 2 fotografiert.

11.7 Julia

Julia, dessen Durchmesser von 84 Kilometer beträgt, ist der sechste der bekannten Monde des Uranus. Seine Umlaufbahn ist 64,358 Kilometer von Uranus entfernt.

Julia ist in Shakespeares Romeo und Julia die tragische Heldin.

Der Uranusmond Julia wurde 1986 durch die Raumsonde Voyager 2 entdeckt (s. Abb. 122).

Abbildung 122 Der sechste der inneren Uranusmonde, Julia, wurde auch im Jahre 1986 von der Raumsonde Voyager 2 entdeckt.

11.8 Portia

Der siebte der bekannten kleinen Monde des Uranus ist Portia. Dieser Mond ist auf seiner Umlaufbahn 66.097 Kilometer von Uranus entfernt und sein Durchmesser beträgt 110 Kilometer.

In Shakespeares Händler von Venedig ist die Portia eine reiche Erbin.

Der Uranusmond Portia wurde 1986 durch die Raumsonde Voyager 2 entdeckt (s. Abb. 123).

Abbildung 123 Portia wurde auch im Jahre 1986 von der Raumsonde Voyager 2 entdeckt.

11.9 Rosalind

Rosalind, der achte der bekannten kleinen Jupitermonde bewegt sich auf einer Umlaufbahn um Uranus, die 69.927 Kilometer von ihm entfernt ist. Der Durchmesser des Mondes beträgt 54 Kilometer.

In "Wie es euch gefällt" von Shakespeare ist Rosalind die Tochter des verbannten Grafen.

Der Uranusmond Rosalind wurde 1986 durch die Raumsonde Voyager 2 entdeckt (s. Abb. 124).

Abbildung 124 Rosalind, der achte der inneren Uranusmonde, wurde 1986 von der Raumsonde Voyager2 aus aufgenommen.

11.10 Belinda

Die Umlaufbahn von Belinda (s. Abb. 125), dem neunten der bekannten kleinen Uranusmonde, ist 75.255 Kilometer vom Planeten Uranus entfernt. Der Durchmesser von Belinda beträgt 68 Kilometer.

In Alexander Popes "The Rape of the Lock" ist Belinda die Heldin.

Der Uranusmond Belinda wurde 1986 durch die Raumsonde Voyager 2 entdeckt.

Abbildung 125 Am 23. Januar 1986 wurde dieses Bild von Belinda und dem Epsilon Ring von der Raumsonde Voyager 2 aus gemacht

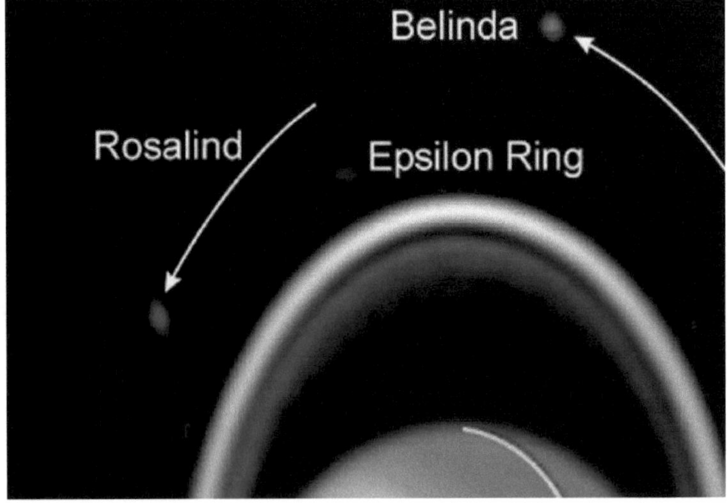

11.11 Puck

Puck, der zehnte und letzte der bekannten kleinen Satelliten um Uranus, hat einen Durchmesser von 154 Kilometer. Seine Umlaufbahn ist 86.006 Kilometer über dem Planeten Uranus.

Der tollpatschige Wicht in Shakespeares Ein Sommernachtstraum wird Puck genannt.

Der Uranusmond Puck wurde 1986 durch die Raumsonde Voyager 2 entdeckt (s. Abb. 126). Der Beobachtungsplan von der Raumsonde Voyager 2 wurde eigens wegen Puck so abgeändert, dass von ihm Aufnahmen gemacht werden konnten.

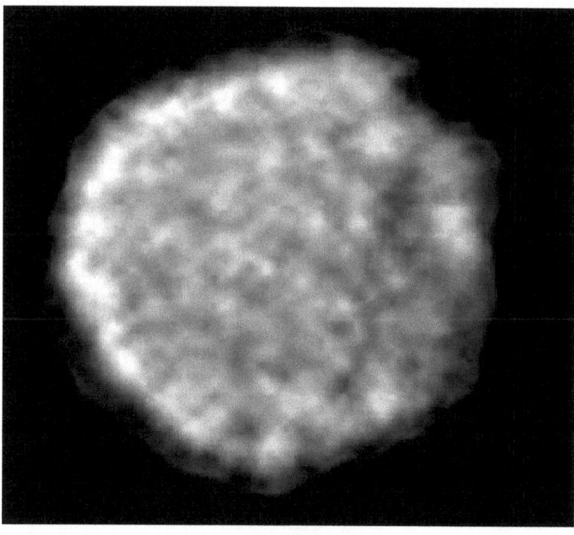

Abbildung 126 Puck, der zehnte der inneren Uranusmonde wurde von der Raumsonde Voyager 2 im Jahre 1986 entdeckt.

Die großen Uranusmonde Meranda, Ariel, Umbriel, Titania und Oberon

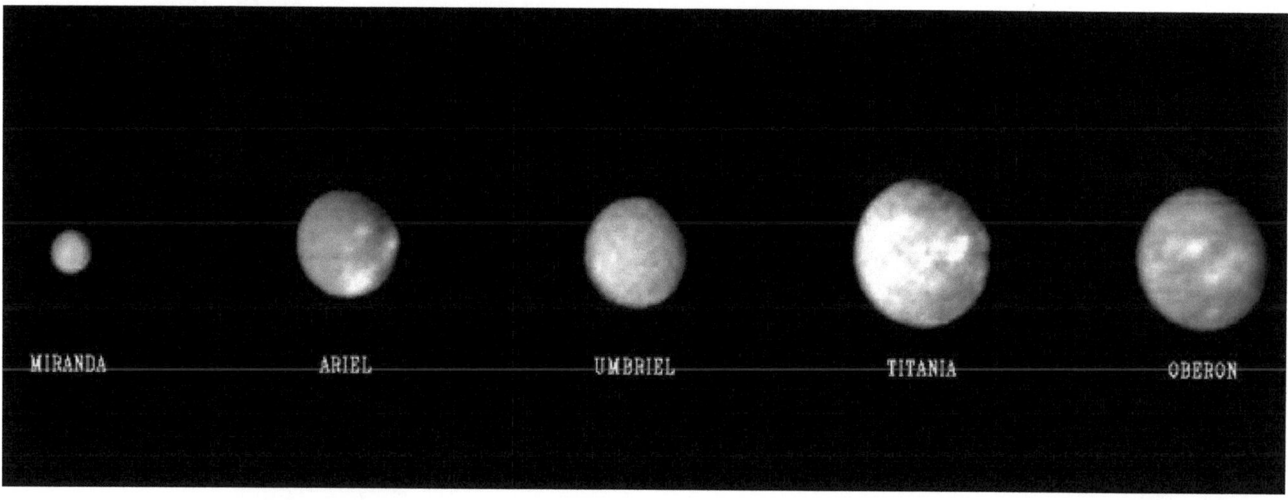

11.12 Miranda

Miranda (s. Abb. 127) besitzt einen Durchmesser von 422 Kilometer und ist der innerste der großen Uranusmonde. Seine Umlaufbahn ist 129.850 Kilometer über dem Planeten Uranus und seine Masse beträgt $6,3 \times 10^{19}$ kg.

In Shakespeare Der Sturm ist Miranda die Tochter des Magiers Prospero.

Er wurde von Gerard Kuiper im Jahre 1948 entdeckt.

Voyager2 flog 1986 in einem Abstand von nur3.000 Kilometer an der Oberfläche von Miranda vorbei. Die dabei gemachten Aufnahmen zeigen Formationen auf der Oberfläche mit einer Auflösung von einigen hundert Metern. Diese Formationen scheinen, was einmalig im Sonnensystem ist, als wären sie wahllos durcheinandergeworfen worden. Jüngere Gebiete auf der Oberfläche wurden mit alten Gebieten gemischt. Miranda, der etwa zu gleichen Teilen aus Wassereis und Gestein besteht, weist auf seiner Oberfläche verschiedene Geländearten auf. Es gibt Gebiete, die stark von Krater übersät

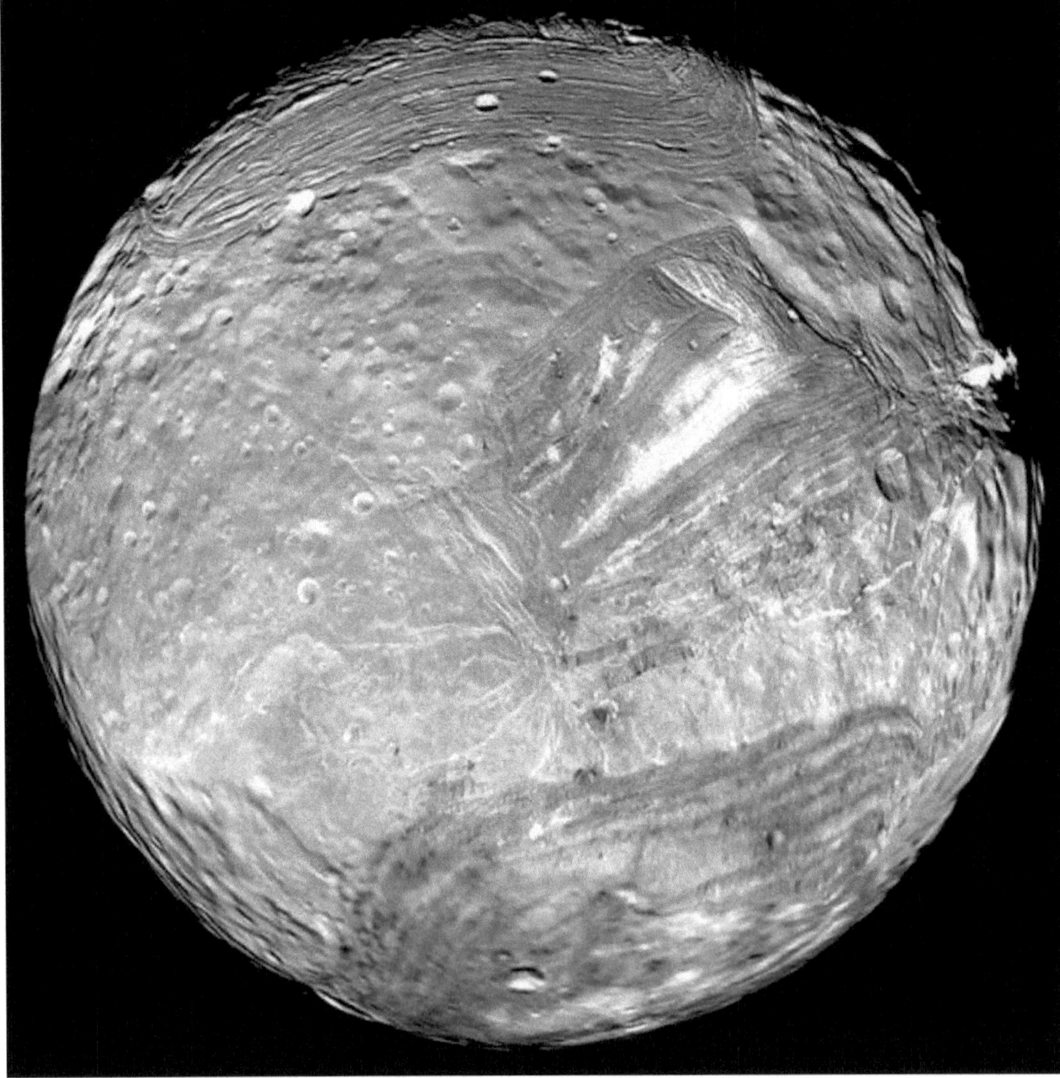

Abbildung 127
Dieses Bild vom Uranusmond Miranda wurde am Computer aus verschiedenen Aufnahmen zusammengesetzt, die alle am 24. Januar 1986 von der Raumsonde Voyager 2 aufgenommen wurden. Miranda ist der innerste und der kleinste der fünf großen Satelliten des Uranus.

sind, wie man sie auch auf anderen Monden des Sonnensystems findet. Außerdem gibt es ausgedehnte Brüche mit Tiefen von fast 20 Kilometern und Bergkämme sowie Hochländer und Klippen. Es ist unwahrscheinlich, dass eine solche abwechslungsreiche Landschaft durch geologische Aktivität zustande gekommen sein kann (s. Abb. 128). Einige Wissenschaftler vermuten, dass der Uranusmond Miranda bei einem Zusammenstoß mit einem größeren Körper in mehrere Teile zerbrach und sich dann später durch die eigene Schwerkraft wieder zusammenzog. Andere Wissenschaftler wiederum glauben, dass die Gestaltung der Oberfläche von Miranda durch hervor schmelzendes Eis geschieht.

Abbildung 128 Krater, Gräben und andere Merkmale auf der Oberfläche von Miranda von der Raumsonde Voyager2 aus 31.000 Kilometer aufgenommen.

Das geringe Ausmaß, die niedrige Temperatur von -187° sowie die Ungleichheit der tektonischen Aktivitäten des Mondes Miranda haben die Wissenschaftler überrascht. Sie vermuten, dass eine zusätzliche Wärmequelle, ausgelöst durch das gravitatorische Zerren des Uranus, dabei verwickelt ist. Diese Wärmequelle könnte die Ursache für das Fließen von eisähnlichem Material bei niedrigen Temperaturen auf der Oberfläche sein.

Da die Raumsonde Voyager 2 so nahe an Miranda vorüber flog und durch das niedrige Lichtniveau, aufgrund einer Sonnenentfernung von nahezu 3 Milliarden Kilometer, musste für die Aufnahmen von Miranda spezielle Techniken angewendet werden um ein verschmieren der Aufnahmen zu verhindern. Dies erreichte man, indem man beim Belichten die ganze Sonde Voyager 2 drehte, um die Bewegung auszugleichen. Die dabei gemachten Aufnahmen von Melinda weisen die höchste Auflösung der gesamten Voyager 2 - Mission auf.

11.13 Ariel

Ariel (s. Abb. 129), der zwölfte und hellste der Uranussatelliten und mit 1.158 Kilometer Durchmesser zu den größeren Monden des Uranus gehörend, besitzt eine Masse von $1,27 \times 10^{21}$ kg. 190.930 Kilometer oberhalb von Uranus befindet sich die Umlaufbahn von Ariel.

Der Uranusmond Ariel wurde nach einem bösartigen Luftgeist aus Shakespeares Der Sturm und aus Alexander Popes satirischem Epos Lokenraub benannt.

Entdeckt wurde der Uranusmond Ariel im Jahre 1851 von W. Lassell.

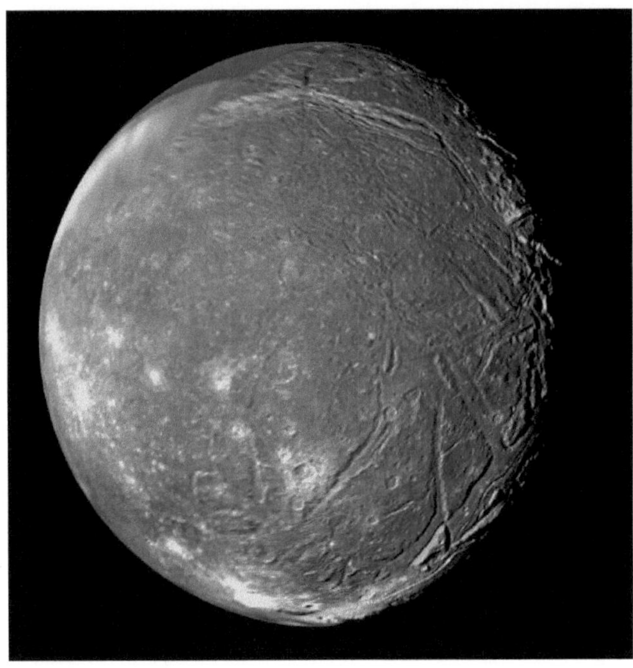

Abbildung 129 Aufnahme von Ariel, die von der Raumsonde Voyager 2 gemacht wurde.

Ariel besteht, wie auch alle anderen großen Uranusmonde, aus einem Gemenge von 50% Wassereis und 50% Gestein. Beim Vorbeiflug im Jahre 1986 machte die Raumsonde Voyager 2 Bilder der Oberfläche von Ariel.

Die Oberfläche (s. Abb. 130) ist stark von Kratern bedeckt, weist viele Grabenverwerfungen auf und ist von Tälern zerfurcht. Diese Täler können bis Hunderte von Kilometern lang und bis zu 10 Kilometer tief sein und sind untereinander verbunden. Die Oberfläche von Ariel ist jünger und geologisch vielgestaltiger als die der restlichen Uranusmonde. Die Brüche an der Oberfläche entstanden wahrscheinlich bei der Ausdehnung der Rinde von Ariel, als der Mond gefror. Der Boden der seichten Täler scheint, als wäre er mit einem Material geglättet worden. Dieses Material kann aber nicht Wasser sein, da sich Wasser bei der vorherrschenden Oberflächentemperatur von ca. -190° wie Stahl verhalten würde. Wissenschaftler glauben, dass dieses Material entweder aus Ammoniak, Methan oder Kohlenmonoxid besteht. Die jüngsten Merkmale auf der Oberfläche von Ariel sind die Impakt Krater mit einem hellen Wall und Saum.

Die Formationen auf der Oberfläche von Ariel wurden nach Licht- und anderen Geistern benannt.

11.14 Umbriel

Der dreizehnte und mit einem Durchmesser von 1.170 Kilometer der drittgrößte Uranusmond, Umbriel, besitzt eine Masse von $1{,}27 \times 10^{21}$ kg. Seine Umlaufbahn ist 265.980 Kilometer vom Planeten Uranus entfernt.

Der Uranusmond Umbriel wurde 1851 von W. Lassell entdeckt.

Umbriel personifizierte die Kräfte des Bösen und der Finsternis im satirischen Epos Lockenraub von Alexander Pope.

Umbriel hat die dunkelste Oberfläche aller Uranusmonde. Er reflektiert nur 19% des Sonnenlichtes. Möglicherweise erfolgte die Bedeckung seiner Oberfläche mit dunklem Material erst nachträglich auf seiner Umlaufbahn um den Uranus. Seine Dichte mit $1{,}52$ g/cm^3 ist die gleiche wie die vom Uranusmond Ariel und er besteht wie alle großen Uranusmonde aus einem anteilsgleichen Gemisch von Wassereis und Gestein.

Bilder von Voyager 2, die 1986 beim Uranusvorbeiflug aufgenommen wurden, zeigen eine von Kratern übersäte Oberfläche (s. Abb. 131). Es sind auch einige große Kraterformationen zu erkennen, die für ein beträchtliches Alter der Oberfläche sprechen. Der größte Krater Wunda auf Umbriel hat einen Durchmesser von 110 Kilometer und hat im Kontrast zur Oberfläche einen sehr hellen Ring auf dem Kratergrund.

Die Formationen auf der Oberfläche von Umbriel wurden unter den Geistern des Bösen und der Unterwelt ausgewählt.

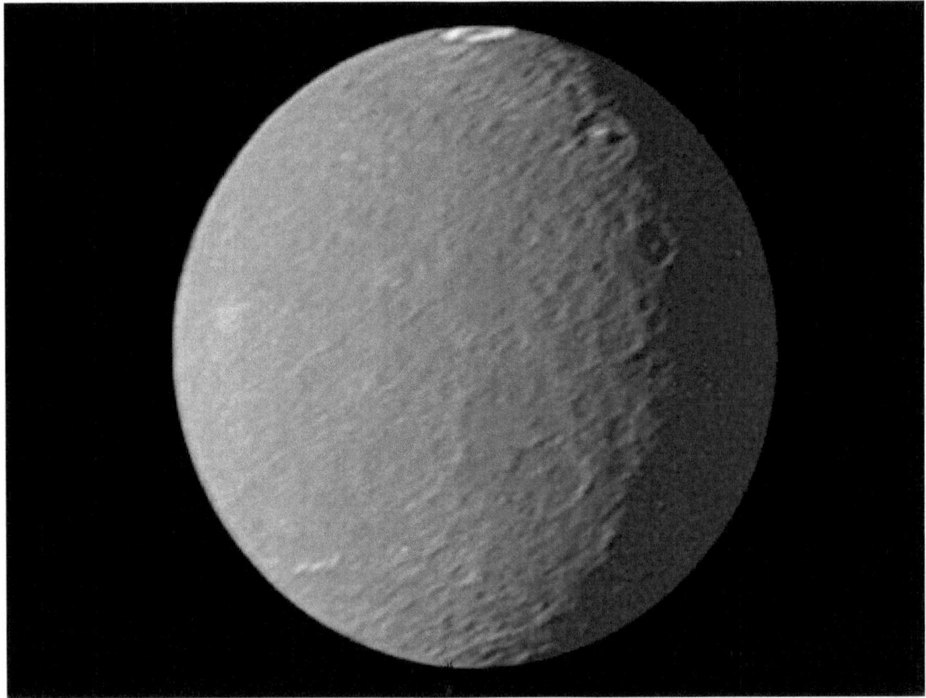

11.15 Titania

Titania (s. Abb. 132), der vierzehnte und mit einem Durchmesser von 1.578 Kilometer der größte Uranusmond, bewegt sich mit einer Masse von $3,49 \times 10^{21}$ kg auf einer Umlaufbahn um Uranus, die 436.270 Kilometer von ihm entfernt ist.

Titania ist die Königin der Feen und die Gemahlin des Oberon im Sommernachtstraum von William Shakespeare.

Der Uranusmond Titania wurde 1787 von William Herschel entdeckt.

Auf Bildern von Voyager 2, die 1986 beim Uranusvorbeiflug aufgenommen wurden, zeigte sich Titania von Kratern mit Durchmessern von 10 - 50 Kilometer übersät. Es sind nur drei Impaktkessel mit einem Durchmesser von 100 - 200 Kilometer erhalten geblieben. Es sind auch Gebiete mit geringerer Kraterdichte vorhanden. Dies deutet darauf hin, dass es früher eine oberflächenverändernde Aktivität gegeben hat und das die Oberfläche geologisch relativ jung ist.

Die Oberfläche von Titania ist von Tälern und Brüchen zerfurcht, von denen einige sogar größere Krater in zwei Hälften teilen. Diese Gräben können eine Länge von 1.500 Kilometern, eine Breite von 20 - 50 Kilometer und eine Tiefe von 2 - 5 Kilometer erreichen und sind manchmal untereinander verbunden. Diese Gräben entstanden wahrscheinlich als sich die Oberfläche, in der Endphase des Gefrierens im Inneren von Titania, ausdehnte. Die jüngsten Formationen auf der Oberfläche von sind die Strahlenkrater. Titania besteht wie alle großen Uranusmonde aus einem anteilsgleichen Gemisch von Wassereis und Felsengestein.

Die Kraternamen auf der Oberfläche von Titania wurden nach weniger bedeutenden Frauengestalten ausgewählt und die anderen Formationen wurden nach Orten benannt, die in Dramen von Shakespeare vorkommen.

11.16 Oberon

Oberon (s. Abb. 133), mit einem Durchmesser von 1523 Kilometer ähnelt er in Größe, Dichte, Farbe und Albedo dem Uranusmond Titania. Oberon ist der äußerste und der zweitgrößte der bekannten Uranusmonde. Die Distanz der Umlaufbahn ist 583.420 Kilometer von Uranus und seine Masse beträgt $3,03 \times 10^{21}$ kg.

Oberon ist im Sommernachtstraum von William Shakespeare der König der Feen und der Ehemann von Titania.

Im Jahre 1787 wurde der Mond von William Herschel entdeckt.

Abbildung 133 Oberon mit einem Durchmesser von 1.523 Kilometer der zweitgrößte Uranusmond.
Links unten am Mondrand ist ein sechs Kilometer hoher Berg zu erkennen.

Die Oberfläche von Oberon ist von vielen Kratern übersät, von denen viele mit hellen Strahlen und von Auswurfmaterial umgeben sind. Einige dieser Krater haben in ihrem Inneren dunkles Material. Zwei geologisch junge Strahlenkrater, Hamlet und Othello, haben auf ihrem Kratergrund dunkles Material, das nur 5 -10% des einfallenden Lichtes reflektiert.

Ein weiteres auffallendes Merkmal der Oberfläche von Oberon befindet sich in der Nähe des Kraters MacBeth. Hier erhebt sich ein 20 Kilometer hoher Berg, der wahrscheinlich als Zentralberg das Überbleibsel eines gewaltigen Einschlags von einigen hundert Kilometern Durchmesser ist. Oberon besteht wie alle großen Uranusmonde aus einem anteilsgleichen Gemisch von Wassereis und Felsengestein.

Die Kraternamen auf der Oberfläche von Oberon tragen Namen von tragischen Helden aus Dramen von Shakespeare.

11.17 Neue Monde des Uranus

Im Jahre 1997 wurden zwei neue Monde von Uranus entdeckt. Sie wurden provisorisch Uranus XVI (S/1997 U 1), entdeckt von Brett Gladman, u. Uranus XVII (S/1997U 2), entdeckt von Phil Nicholson, benannt. Ihre Entdecker schlugen die Namen Caliban und Sycorax vor, die wahrscheinlich auch übernommen werden. Gladman und Nicholson entdeckten die beiden Monde mit Hilfe des 200 Zoll großen Haleteleskops.

Caliban war im Drama The Tempest von Shakespeare ein grausamer und verunstalteter Sklave des Magiers Prospero. Caliban ist in diesem Drama der Sohn der Hexe Sycorax, die den Elf Ariel wegen seines Ungehorsams gefangen nahm. Der Magier Prospero befreit aber Ariel aus dem Zauber der Hexe Sycorax und verknechtet dafür Caliban.

Der erste der beiden Monde, Caliban (S11997 U 1), umkreist den Planeten Uranus in einer Entfernung von 7.200 Kilometer und sein Durchmesser beträgt 60 Kilometer. Sycorax (S/1997 U 2), der zweite dieser Monde, umkreist den Uranus in einer Entfernung 12.200.000 Kilometer und sein Durchmesser beträgt 120 Kilometer. Diese Größenangaben der beiden Monde beruhen auf der gemessenen Helligkeit unter Annahme einer Albedo von etwa 0,07. Die Orbits der beiden Monde sind gegenläufig und stark geneigt. Caliban und Sycorax sind die dunkelsten Monde, die jemals von einem Teleskop auf der Erde aufgenommen wurden.

Vor der Entdeckung der Monde Caliban und Sycorax waren keine unregelmäßigen Monde des Uranus bekannt. Unregelmäßige Monde sind solche Monde, deren Umlaufbahnen nicht in der Ebene vom Äquator des Mutterplaneten liegen. Caliban und Sycorax sind wahrscheinlich eingefangene Asteroiden, da es sehr unwahrscheinlich ist, dass sie auf diesen Umlaufbahnen ursprünglich entstanden sind.

Die Uranusmonde Caliban und Sycorax setzen sich laut Phil Nicholson aus einer Mischung aus Felsen und Eis zusammen. Beide Monde sind ungewöhnlich rot, was eine geschichtliche Verbindung zum Kuipergürtel nahelegt.

Ein weiterer neuer Mond von Uranus ist Uranus XVIII (1986 U10). Dieser Mond ist zurzeit noch unbenannt und er ist mit einem Durchmesser von 40 Kilometer ein Winzling. Seine Umlaufbahn ist 75.000 Kilometer über Uranus und somit mit der Umlaufbahn von Belinda fast identisch.

Aufgenommen wurde der Mond 1986 U 10 von der Raumsonde Voyager 2 im Jahre 1986. Der Entdecker war aber erst im Jahre 1999 Erich Karkoschka vom Lunar and Planetary Lab der Universität von Arizona in Tucson.

Im Jahre 1999 wurden noch drei Monde des Uranus entdeckt, Uranus XIX (1999 U 1), Uranus XX (1999 U 2) und Uranus XXI (1999 U 3). Die ersten Aufnahmen stammen von Kavelaars, Gladman und Holman, die im Juli 1999 vom Canada- France-Hawaii - Teleskop auf dem Berg Mauna Kea aus gemacht wurden.

Die Umlaufbahnen und die Durchmesser der drei Monde konnten noch nicht genau bestimmte werden, aber sie sind wahrscheinlich 10 bis 25 Million Kilometer vom Uranus entfernt und sie besitzen wahrscheinlich einen Durchmesser zwischen 30 und 40 Kilometer bei einer geschätzten Albedo von 7%.

Bis 2003 wurden noch 7 weitere Kleinmonde des Uranus entdeckt.

12 Neptun ♆

Von der Sonne aus gesehen ist Neptun (s. Abb. 134) mit einer Umlaufbahn von 4.504.000.000 Kilometer (30,06 AE) der achte Planet im Sonnensystem. In den Jahren 1979 bis Februar 1999 war er jedoch der neunte, da der Planet Pluto in dieser Zeit auf seiner stark elliptischen Bahn näher an der Sonne war als Neptun. Neptun ist mit seinem äquatorialen Durchmesser von 49.532 Kilometer der viertgrößte Planet im Sonnensystem und gehört zu den jupiterähnlichen Planeten.

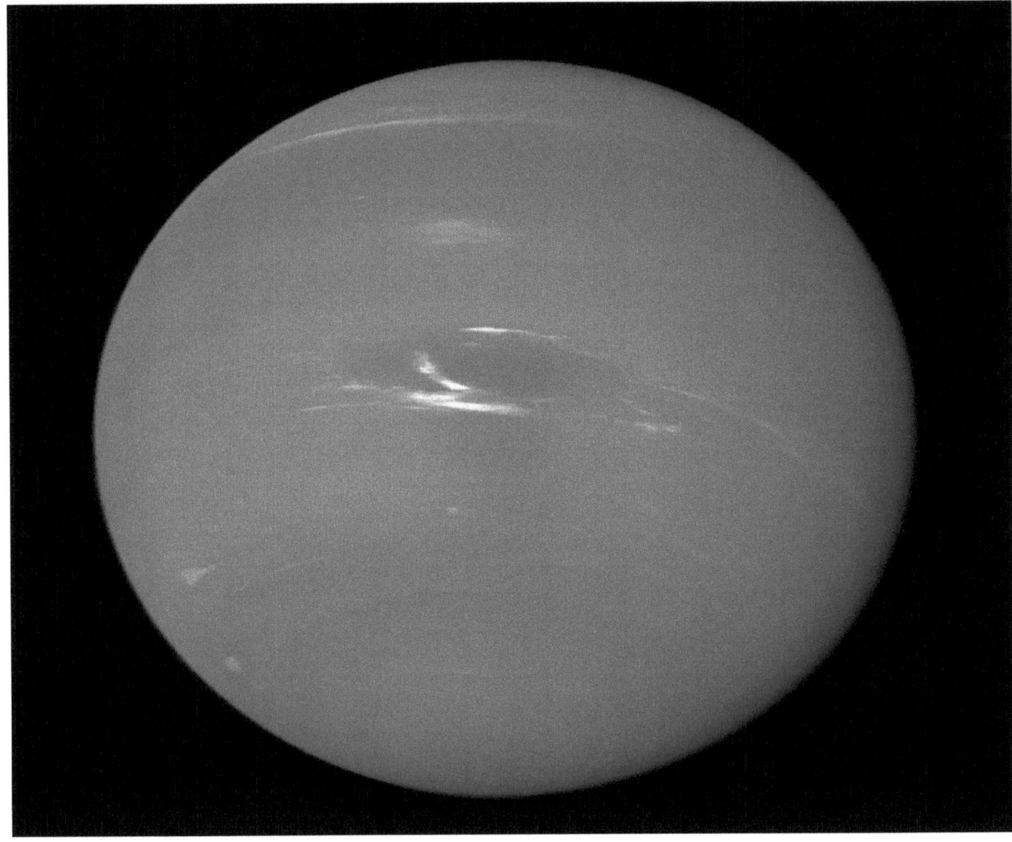

Abbildung 134 Neptun, der achte Planet im Sonnensystem.

Er ist der äußerste der Gasgiganten. Sein Volumen beträgt etwa das 72fache, seine Masse von 10247×10^{26} kg das 17fache und seine durchschnittliche Dichte von 1,64 g/cm^3 das 0,3fache der Erde.

Neptun war in der römischen Mythologie sowie in der griechischen Mythologie als Poseidon der Gott des Meeres. Neptun war der Sohn des Gottes Saturn und Bruder des Jupiters, Herrscher der Götter, Gott der Toten. In der altitalienischen Herkunft war er der Gott der Quellen und Flüsse. Erst ab dem 5. Jahrhundert v. Chr. wurde er dem griechischen Meergott Poseidon gleichgesetzt.

Am 23. September 1846 entdeckten Johann Gottfried Galle und d'Arrest vom Berliner Observatorium den Planeten, nachdem John Couch Adams in England und Urbain J. J. Leverrier in Frankreich Neptuns Position am Himmel unabhängig voneinander vorausgesagt hatten. Ihre Berechnungen basieren auf Schwankungen zwischen der vorausgesagten und der tatsächlichen Bahn des Uranus. Diese Schwankungen schrieben sie einem bis dahin unbekannten Planeten zu. Es folgte ein internationaler Streit zwischen Engländern und Franzosen wegen dem Recht der Namengebung. Die Entdeckung des Neptuns wird heute beiden Parteien zugeschrieben. Beobachtungen in jüngster Zeit haben jedoch gezeigt, dass die Berechnungen von Adams und Leverrier über die Umlaufbahn von Neptun ziemlich schnell von der tatsächlichen Umlaufbahn abweichen.

Von der Erde aus sind auf der Oberfläche von Neptun lediglich im Infrarotbereich helle Flecken erkennbar. Erst am 25. August 1989 machte die Raumsonde Voyager 2 bei ihrem Vorbeiflug die ersten Nahaufnahmen des Neptuns. Dabei stellte sich heraus, dass er in Größe und Ausmaß seinem Nachbarplaneten Uranus ähnelt. Die Oberflächentemperatur des Neptuns liegt bei etwa -218°C und ist somit der Oberflächentemperatur des Uranus sehr ähnlich, obwohl dieser mehr als 1,5 Milliarden Kilometer näher zur Sonne steht. Wissenschaftler vermuten deshalb eine interne Wärmequelle des Neptun. Da Neptun 84% des einfallenden Sonnenlichts reflektiert, ist seine Albedo mit 0,41 sehr hoch.

Neptun benötigt für eine Eigenrotation 16 Stunden und für einen Sonnenumlauf fast 165 Erdenjahre. Neptun hat eine stellare Helligkeit von 7,8 und ist deshalb von der Erde aus mit bloßem Auge nicht zu erkennen. Aber durch ein Teleskop kann er als kleine, grünlich blaue Scheibe ohne Oberflächen Markierungen beobachtet werden.

Neptun besitzt einen kleinen Gesteinskern, der wahrscheinlich von einer Schicht aus geschmolzenem Gestein, gefrorenem Wasser, flüssigem Ammoniak und Methan umgeben ist. Diese Schicht nimmt etwa zwei Drittel von Neptun ein.

Die äußere Atmosphäre des Neptuns besteht zum Hauptteil aus Wasserstoff, 15 - 20 Massenprozent Helium und geringen Mengen Methan. Die bemerkenswerte blaue Farbe des Neptuns stammt von der Absorption von rotem Licht durch den hohen Methangehalt in der Atmosphäre her.

Neptun ist ein dynamischer Planet mit großen, wolkenartigen dunklen Flecken. Der größte Fleck, bekannt als der "Great Dark Spot" ist etwa so groß wie die Erde und hat Ähnlichkeit mit dem Great Red Spot des Jupiters. Etwa 20° südlich des Äquators rotiert dieser dunkle Fleck gegen den Uhrzeiger mit einer Periode von 16 Tagen. Über ihm bilden sich lange helle, zirrusähnliche Wolken (s. Abb. 135) und weitere, kleine dunkle Flecken. Die Raumsonde Voyager 2 entdeckt bei ihrem Vorbeiflug an Neptun noch einen kleinen schwarzen Fleck und eine unregelmäßige weiße Wolke auf der südlichen Hemisphäre, die etwa alle 16 Stunden um den Neptun herumflitzen und die heute als Scooter bekannt sind.

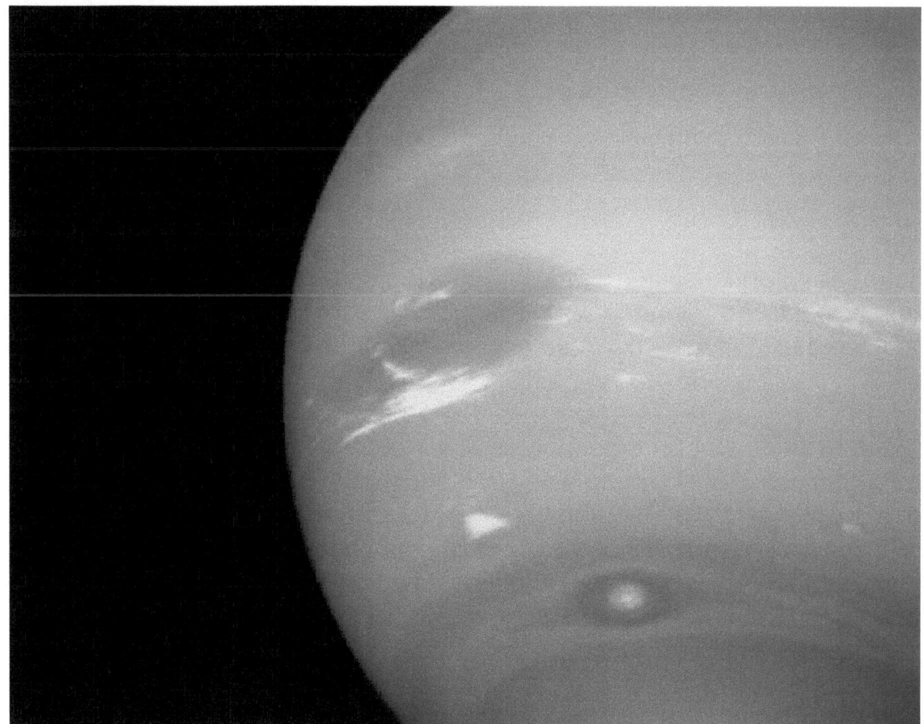

Abbildung 135 Zirrusähnliche Wolken in der nördlichen Hemisphäre des Neptuns. Sie sind etwa 160 Kilometer breit und einige tausend Kilometer lang. Auf der Aufnahme von Neptun ist unten rechts gut der kleine dunkle Fleck und die weiße Wolke zu sehen, die als Scooter um den Neptun herumflitzen.

Beobachtungen des Neptuns durch das Hubble Weltraumteleskop im Jahre 1994 zeigten, dass der große dunkle Fleck verschwunden ist. Entweder hat er sich völlig aufgelöst oder er ist von anderen Teilen der Atmosphäre verdeckt worden. Es wurde aber auf der nördlichen Hemisphäre des Neptuns ein neuer dunkler Fleck entdeckt, was darauf schließen lässt, dass sich die Atmosphäre des Neptuns sehr schnell ändert. Auslöser dafür könnten geringfügige Temperaturunterschiede zwischen den oberen und unteren Schichten der Wolken sein.

Eine leichte Bandstruktur parallel zum Äquator ist ebenfalls erkennbar. Auf Voyager - Bildern sind Wolken erkennbar, deren Schatten (s. Abb. 136) auf der darunter liegenden Wolkendecke zu sehen ist. Es gibt zwei Wolkenschichten in der Atmosphäre von Neptun. Die höchste besteht aus Methankristallen. Die darunter liegende Schicht ist durchsichtig und besteht wahrscheinlich aus gefrorenem Ammoniak und Wasserstoffsulfit. Darüber hinaus existiert ein sehr hoch liegender Dunst aus Kohlenwasserstoffen, die durch die Einwirkung des Sonnenlichts auf das Methan entstehen.

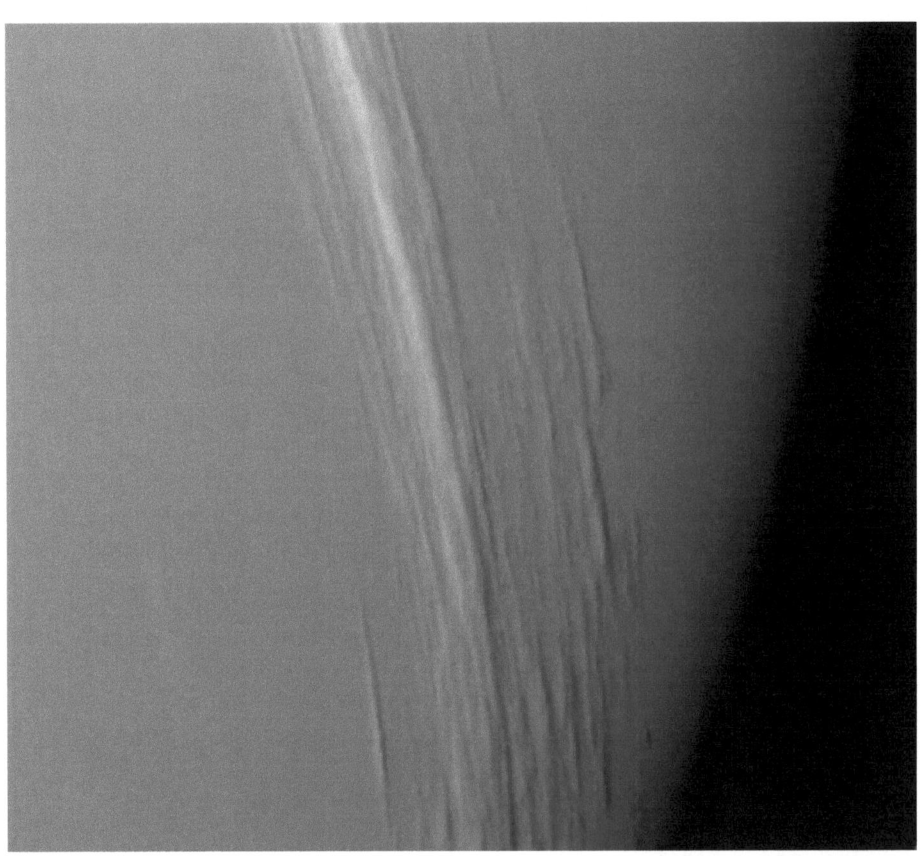

Abbildung 136 Wolken und ihre Schatten in der Atmosphäre des Neptuns.

Die stärksten Winde aller Planeten des Sonnensystems wurden auf Neptun gemessen. Die meisten Winde blasen auf der Oberfläche in westliche Richtung, entgegengesetzt zur Planetenrotationrichtung. In der Nähe des Great Dark Spot wurden Windgeschwindigkeiten von 2.000 Kilometern die Stunde gemessen.

Beim Vorbeiflug von Voyager 2 am Neptun wurden regelmäßige Radioausbrüche festgestellt. Die Ausbrüche ereignen sich in Abständen von 16,11 Tagen. Dies entspricht der Rotationsperiode des festen Kerns von Neptun. Neptun besitzt also ein Magnetfeld und ist von einer Magnetosphäre umgeben. Dieses Magnetfeld erstreckt sich bis zu 13.500 Kilometer vom physikalischen Zentrum des Planeten aus. Die Magnetfeldachse ist um 47° gegen die Rotationsachse geneigt. Einige Wissenschaftler vermuten die Entstehung des Magnetfelds eher im Mantel als im Kern, hervorgerufen durch leitendes Material, wie etwa Wasser.

Bei Beobachtungen von Sternenbedeckungen des Neptuns, die von der Erde aus durchgeführt wurden, fand man Hinweise auf die Existenz von nicht vollständigen Ringen um den Planeten (s. Abb. 137). Auf Aufnahmen von der Raumsonde Voyager 2 waren vier dünne Ringe, die an einigen Stellen

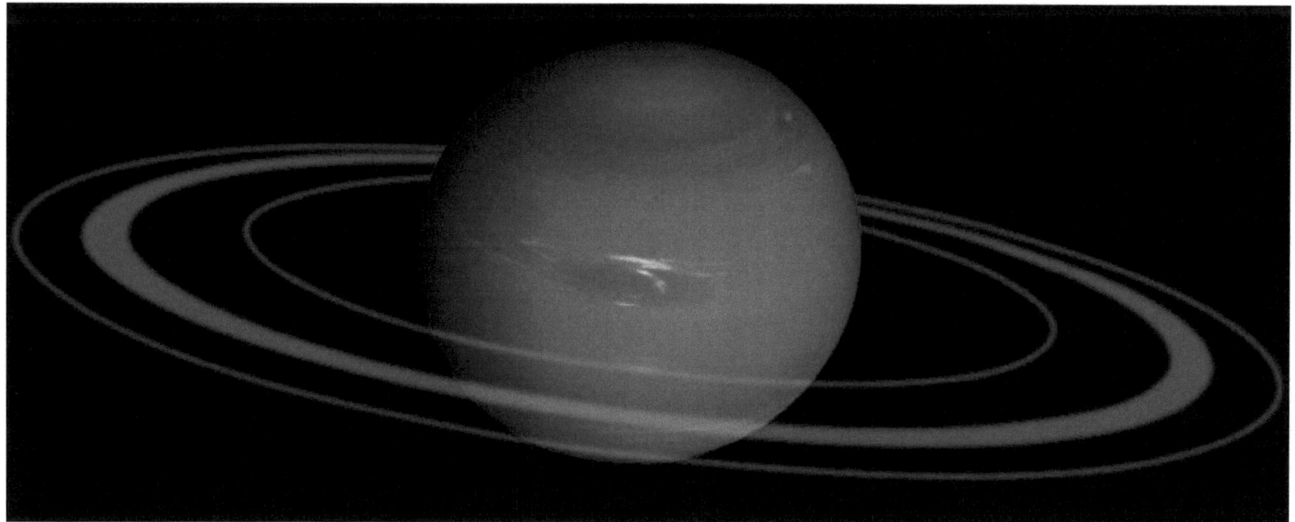

Abbildung 137 Die Ringe des Neptuns.

Verdickungen besitzen, erkennbar. Die Ringe bestehen aus Staubpartikeln, die beim Einschlag von Meteoriten auf die Oberfläche seiner Monde in den Weltraum geschleudert wurden. Einer der Ringe hat eine seltsame Verdrehung. Die Ringe des Neptuns sind sehr dunkel und ihre Zusammensetzung ist noch unbekannt. Der äußerste Ring wurde Adams getauft und besteht aus drei auffälligen Bögen, die man heute Freiheit, Gleichheit und Brüderlichkeit nennt. Dann folgt ein noch unbenannter Ring, auf den wiederum der nach seinem Entdecker benannte Ring Leverrier folgt. Dieser Ring hat Erweiterungen, die man Lassell und Arago nennt. Der vierte Ring ist der sehr feine aber breite Ring Galle.

Durch die Raumsonde Voyager 2, wurden neben den schon bekannten Neptunmonden Triton und Nereid noch weitere sechs Monde gefunden. Einer dieser neu entdeckten Monde, Proteus, hat sogar einen doppelt so großen Durchmesser wie Nereid. Beschreibungen der Neptunmonde folgen in den nächsten Kapiteln.

Im Sommer 1989 wurde der Neptun zum ersten Mal aus der Nähe beobachtet, und zwar von der Raumsonde Voyager 2. Neptun war auf der 12-jährigen Reiseroute von Voyager 2 der letzte Planet im Sonnensystem, der fotografiert und erforscht wurde. Die Sonde passierte den Nordpol des Planeten in einem Abstand von 4.950 Kilometern. Fünf Stunden später überflog die Sonde noch in 40.000 Kilometer Entfernung Neptuns größten Mond Triton.

12.1 Naiad

Naiad (s. Abb. 138) ist mit einer Umlaufbahn von 48.200 Kilometer der innerste der Neptunmonde. Der Durchmesser von Naiad beträgt 58 Kilometer.

Der Neptunmond wurde nach Nymphen benannt, die in Bächen, Quellen und Brunnen lebten.

Die Raumsonde Voyager2 entdeckte Naiad als letzten Mond bei ihrer Mission im Weltraum.

Die Form von Naiad ist unregelmäßig.

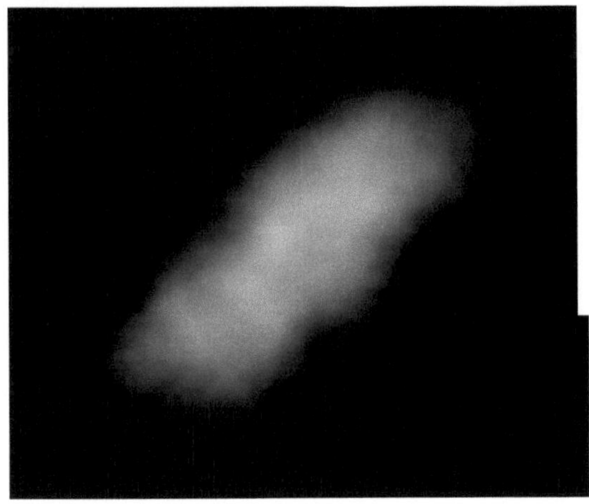

Abbildung 138 Aufnahme von Naiad, die im Jahre 1989 von der Raumsonde Voyager 2 gemacht wurde.

12.2 Thalassa

Thalassa (s. Abb. 139) ist der zweite der Neptunmond. Dieser Mond, dessen Durchmesser 80 Kilometer beträgt, bewegt sich auf einer Umlaufbahn, die sich 50.000 Kilometer oberhalb des Neptuns befindet.

In der griechischen Mythologie war Thalassa die Tochter von Äther und Hemera. Im Griechischen bedeutet "Thalassa" der "See".

Im Jahre 1989 entdeckte die Raumsonde Voyager 2 den Neptunmond Thalassa.

Die Form von Thalassa ist unregelmäßig.

Abbildung 139 Die Raumsonde Voyager 2 macht 1989 diese Aufnahme von Thalassa.

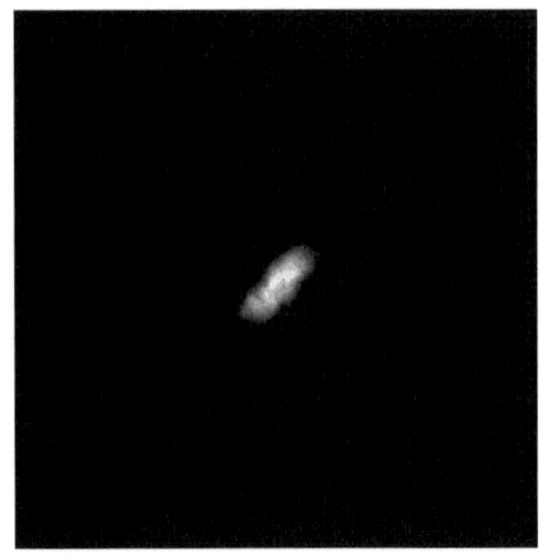

12.3 Despina

Der dritte der bekannten Neptunmonde, Despina (s. Abb. 140), hat einen Durchmesser von 148 Kilometer und bewegt sich auf einer Umlaufbahn, die sich 52. 600 Kilometer oberhalb von Neptun befindet.

In der griechischen Mythologie war Despina eine Nymphe sowie die Tochter von Poseidon (Neptun) und Demeter.

Im Jahre 1989 entdeckte die Raumsonde Voyager 2 den Neptunmond Despina.

Die Form von Despina ist unregelmäßig.

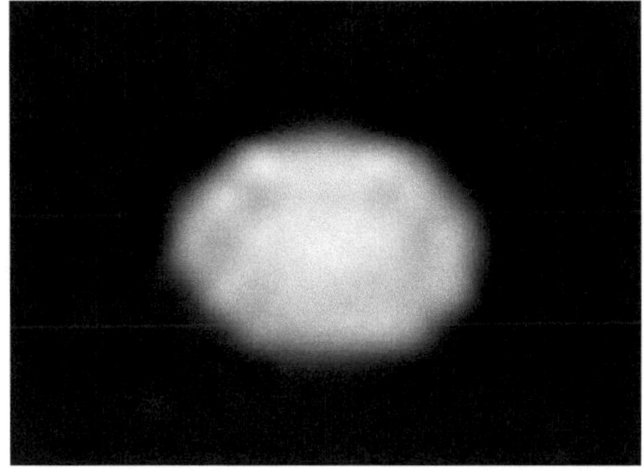

Abbildung 140 Voyager 2 Aufnahme von Despina. Der Mond braucht für einen Umlauf um den Planeten Neptun 8 Stunden.

12.4 Galatea

Mit einer Umlaufbahn von 62.000 Kilometer oberhalb von Neptun ist Galatea (s. Abb. 141) der vierte der bekannten Neptunmonde. Der Durchmesser beträgt 158 Kilometer.

Galatea war die Geliebte des Zyklopen Polyphem sowie eine sizilianische Seenymphe.

Im Jahre 1989 entdeckte die Raumsonde Voyager 2 den Neptunmond Galatea.

Die Form von Galatea ist unregelmäßig.

Abbildung 141 Voyager 2 In 10 Stunden und 18 Minuten umrundet der Mond Galatea seinen Heimatplaneten Neptun.

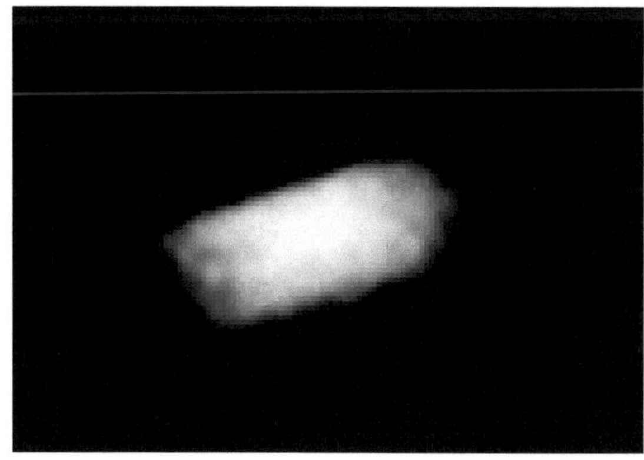

12.5 Larissa

Der Durchmesser des fünften der bekannten Neptunmonde, Larissa (s. Abb. 142), beträgt 193 Kilometer (208x178). Die Umlaufbahn von Larissa ist 73.600 Kilometer über dem Planeten Neptun.

In der griechischen Mythologie war Larissa eine der Töchter des Pelasgus.

Als Entdecker des Neptunmondes Larissa durch Beobachtungen von der Erde aus gilt heute Harold Reitsma.

Die ersten Bilder von Larissa lieferte bisher die Raumsonde Voyager 2.

Die Form von Larissa ist unregelmäßig und die Oberfläche des Mondes sieht aus, als wäre sie von Kratern übersäht.

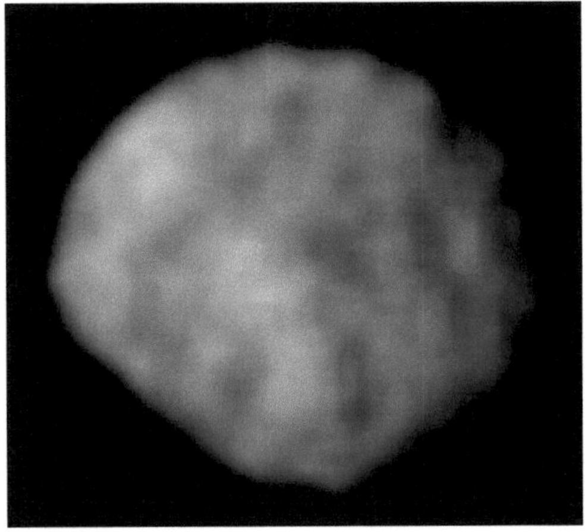

Abbildung 142 Larissa, der Fünfte der Neptunmonde, aufgenommen 1 989 von der Raumsonde Voyager 2.

12.6 Proteus

Proteus (s. Abb. 143), mit 418 Kilometer Durchmesser der zweitgrößte der Neptunmonde, umrundet den Planeten auf einer Umlaufbahn, deren Abstand 117.600 Kilometer über den obersten Wolken von Neptun beträgt. Der Mond Proteus braucht für eine solche Umrundung 26 Stunden und 54 Minuten.

Proteus ist in der griechischen Mythologie der Sohn des Meergottes Poseidon. Er lebte als Meergreis und Prophet auf der Insel Pharos vor der ägyptischen Küste. Dort hütete er die Robben und Meeresgeschöpfe. Proteus konnte seine Erscheinungsform willkürlich ändern.

Abbildung 143 Diese Aufnahme von Proteus wurde am 25. August 1989 von der Raumsonde Voyager 2 aufgenommen.

Proteus wurde erst 1989 von Stephen Synnott auf Aufnahmen der Raumsonde Voyager 2 entdeckt.

Der Neptunmond Proteus (s. Abb. 144) ist eines der dunkelsten Objekte des Sonnensystems. Der Mond reflektiert nur 6% des Sonnenlichts. Proteus ist unregelmäßig geformt und zeigt kein Zeichen für irgendeine geologische Veränderung. Er umrundet den Planeten Neptun in der gleichen Richtung und bleibt in der Nähe der Äquatorebene des Neptuns.

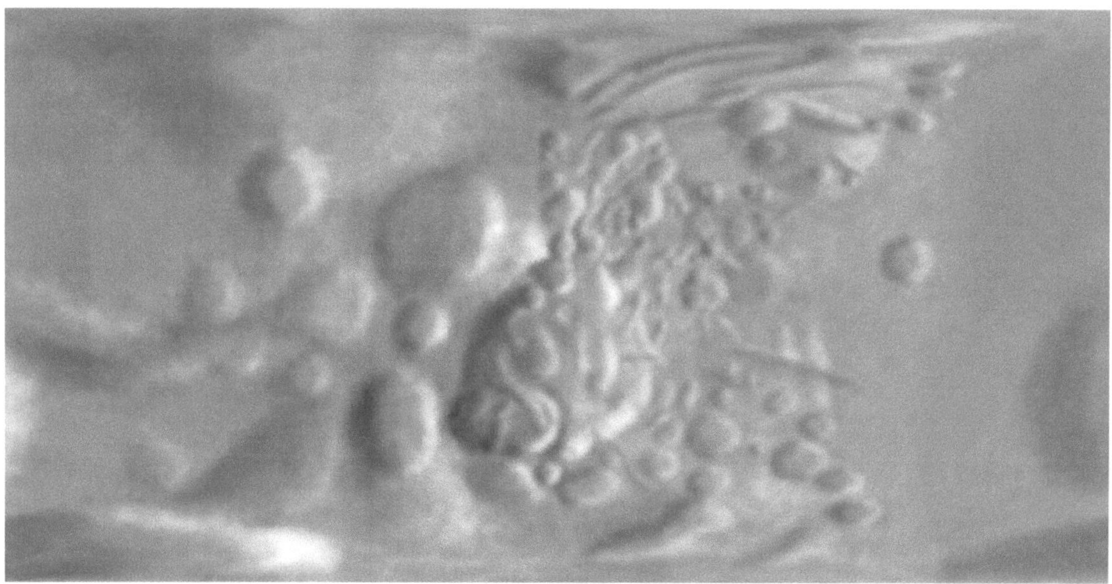

Abbildung 144 Reliefkarte von Proteus, dem sechsten Neptunmond.

12.7 Triton

Triton (s. Abb. 145), der mit einem Durchmesser von 2.720 Kilometer größte Mond von Neptun, besitzt eine Masse von $2,14 \times 10^{22}$ kg. Seine Umlaufbahn ist 354.760 Kilometer oberhalb von Neptun.

Triton war in der griechischen Mythologie der Sohn des Meergottes Poseidon und seiner Frau Amphitrit. Er lebte mit seinen Eltern in einem goldenen Palast im Meer, begab sich jedoch manchmal an die Küste von Libyen, wo er den Argonauten bei ihrer Suche nach dem Goldenen Vlies die Richtung wies. Triton wird als Meermann mit Kopf und Oberkörper eines Menschen und mit einem Fischschwanz dargestellt. Dabei trägt er wie sein Vater einen Dreizack und ein Muschelhorn, mit dem er heftige Stürme hervorrufe, aber auch Wellen glätten kann.

Im Jahre 1846, nur 17 Tage nach der Entdeckung von Neptun, wurde Triton von William Lassell gefunden.

Am 25. August 1989 flog die Raumsonde Voyager 2 in einem Abstand von nur 4.000 Kilometer an Tritons Oberfläche vorbei (s. Abb. 146). Dabei wurde eine Vielzahl von Messungen durchgeführt. Die Wirkung der Gravitation von Triton auf die Flugbahn der Sonde deutet darauf hin, dass seine helle, eisige Kruste und der Manteleinen festen, felsigen, vielleicht sogar metallischen Kern umgeben. Ein zweiter Hinweis auf diesen Kern ist die hohe Dichte von $2,066$ g/cm^3. Dieser Kern nimmt zwei Drittel der Masse von Triton ein. Die gemessene Oberflächentemperatur auf Triton von -235°C macht den Mond zum kältesten bekannten Objekt im Sonnensystem. Diese niedrige Temperatur ist teilweise auf die hohe Albedo von 0,7 - 0,8 von Triton zurückzuführen, da der Mond damit nur wenig des ehe schon dürftigen Sonnenlichts absorbieren kann.

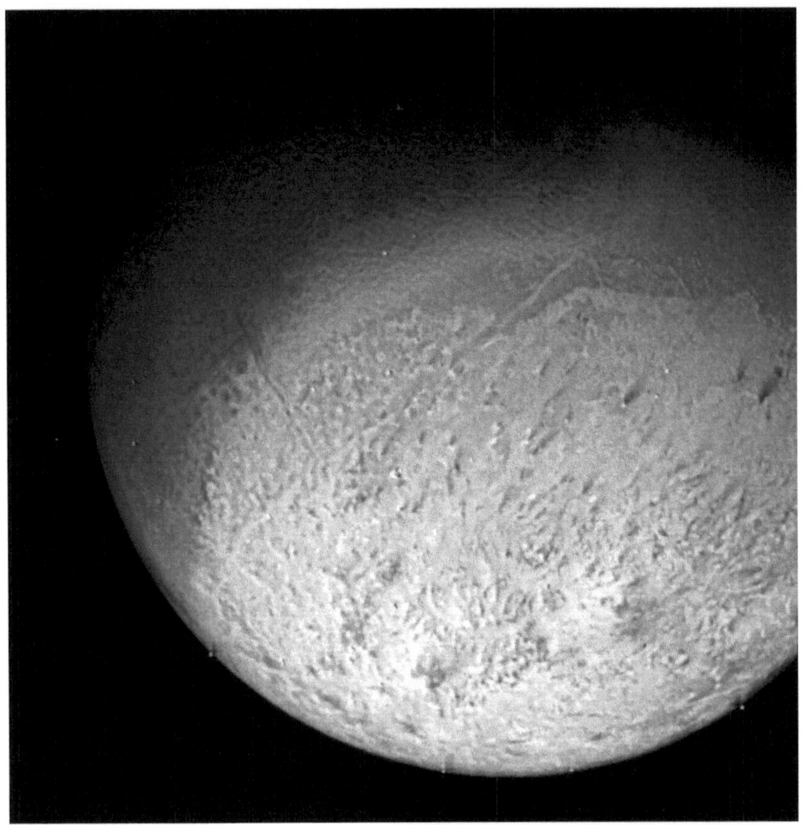

Abbildung 145 Dieses Farbfoto von Triton wurde aus mehreren hoch aufgelösten Bildern, die durch orange, violette und ultraviolette Filter 1989 beim Vorbeiflug der Raumsonde Voyager 2 aufgenommen wurden, zusammengesetzt. Triton ist mit einem Durchmesser von 2.700 Kilometer der größte der Neptunmonde und hat die kälteste Oberfläche im ganzen Sonnensystem. Die pinkfarbene Ablagerung zeigt die ausgedehnte Südpolkappe. Die dunklen Flecke zeigen Ablagerungen von früheren Geysirausbrüchen.
Das blau-grüne Band in der Mitte von Triton zeigt die Äquatorregion und besteht aus relativ neueren Nitrogen Ablagerungen.

Abbildung 146 Dieses Bild einer globalen ortographischen Ansicht von Triton wurde aus verschiedenen Aufnahmen zusammengestellt, die alle von der Raumsonde Voyager 2 bei ihrem Vorbeiflug am 25. August 1989 aufgenommen wurden. Das Zentrum des Bildes liegt bei einer Latitude von -40° und einer Longitude O°.

Die Rinde von Triton besteht hauptsächlich aus Wassereis, unter der sich wahrscheinlich ein Ozean aus Wasser, Ammoniak und Methan befindet. Die helle Oberfläche reflektiert 70 - 90% des auftreffenden Sonnenlichts. Tritons eis- und schneebedeckten Polkappen sind am hellsten und beinhalten wahrscheinlich auch Stickstoff und Methan. Durch die ununterbrochene Sonnenbestrahlung sublimiert das Stickstoffeis allmählich, d.h. das Eis geht vom festen in den gasförmigen Aggregatzustand über. Die Oberfläche von Triton ist von einer dünnen Atmosphäre (ca. 0,01 Millibar), die Stickstoff und einen geringen Anteil an Methan enthält, umgeben. Diese Atmosphäre wird durch Geysire und Stickstoffsublimationen aus der Eisoberfläche laufend ergänzt. Der Druck an der Oberfläche beträgt 15 Mikrobar. Auf Aufnahmen von Voyager 2 sind Stickstoffgeysire zu sehen, die über dem Polareis senkrecht bis zu acht Kilometer aufsteigen. Dort ändert das ausgeworfene Material dann plötzlich seine Richtung und zieht dann als dunkle Wolke parallel zur Oberfläche 100 Kilometer weit. Die dunklen Flecke, die sich in der Nähe der Polkappen befinden, sind wahrscheinlich Materialablagerungen früherer Eruptionen. Parallel zum Rand der Polkappen zieht sich eine bläuliche Frostzone hin. Der Vulkanismus auf Triton hat große Calderen und ausgedehnte Gebiete mit einer kompliziert geformten Oberfläche entstehen lassen. Diese Gebiete wurden nach der Schale der Ananasmelone als 'Cantaloupe Terrain' benannt (s. Abb. 147). Diese Gebiete werden von langen Furchen und niedrigen Rücken durchzogen. Die geringe Zahl von Einschlagskratern auf Triton zeugt von einer, im astronomischen Maßstab gesehen, relativ jungen Oberfläche.

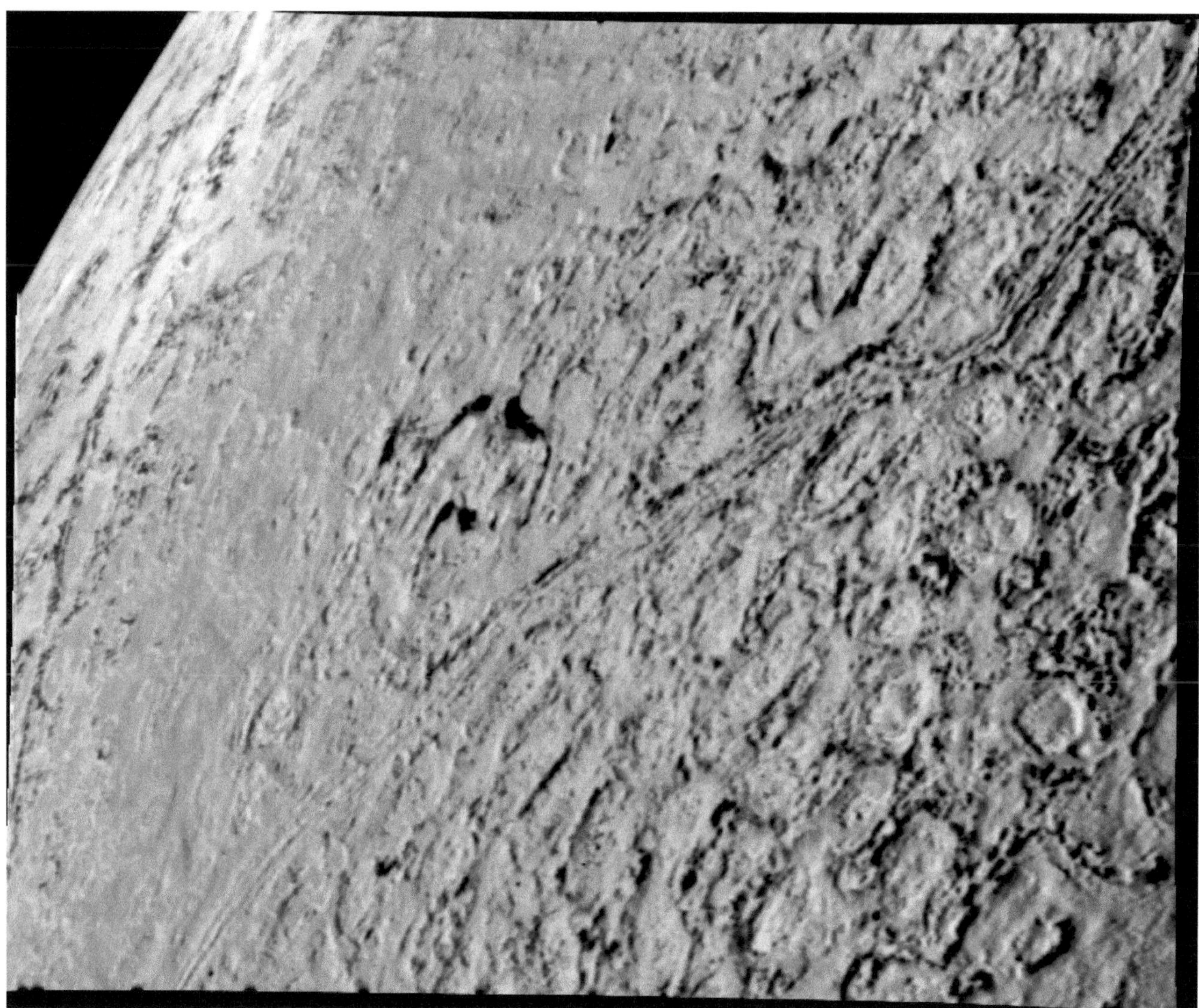

Abbildung 147 Das 'Cantaloupe Terrain' auf der Oberfläche von Triton.

Triton (s. Abb. 148) umrundet in etwa 6 Tagen auf einer retrograden (Rückwärtsrichtung) Bahn, die um 23°gegen die Äquatorebene des Planeten geneigt ist, den Neptun. Wegen seiner ungewöhnlichen Bahn vermutet Wissenschaftler, dass Triton von Neptun eingefangen und nicht zusammen mit ihm entstanden ist. Aufgrund der retrograden Bewegung von Triton werden zwischen ihm und Neptun gravitatorische Wechselwirkungen erzeugt, die dem Mond Triton Energie entziehen und sich dadurch die Höhe der Umlaufbahn von Triton um den Planeten verringert sowie die Rotation von Neptun beschleunigen. Irgendwann in der Zukunft wird Triton deshalb entweder auseinander brechen oder auf den Planeten Neptun stürzen.

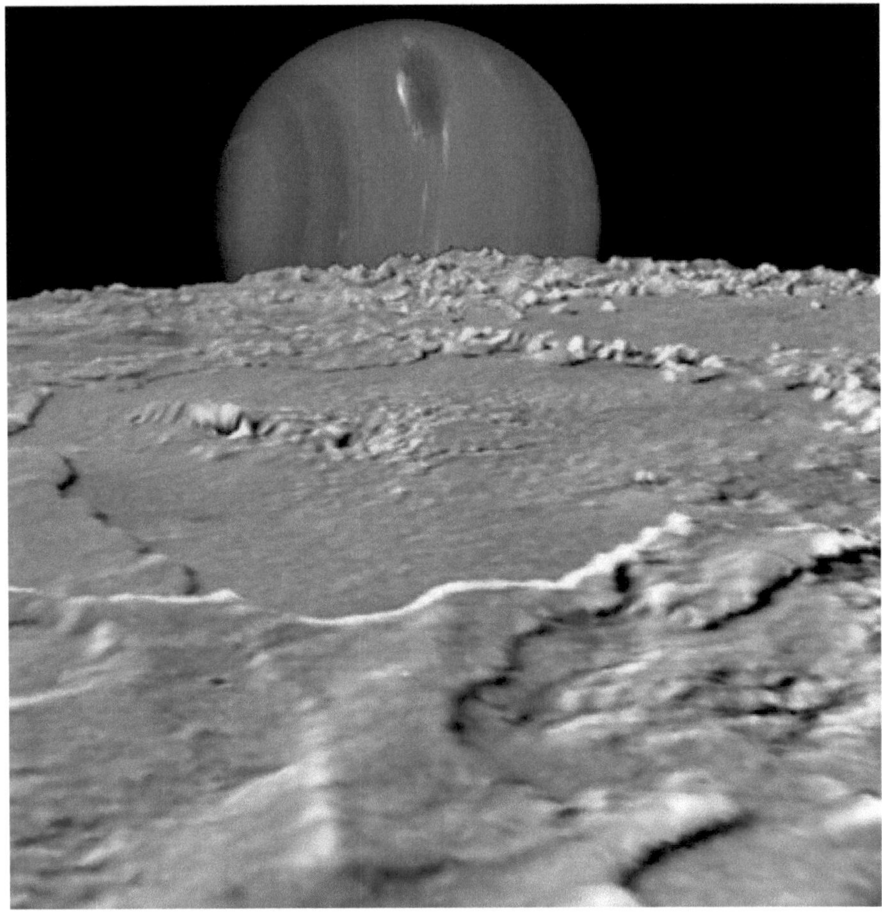

Abbildung 148 Diese Aufnahme zeigt Neptun am Horizont von Triton. Neptuns Südpol ist an seiner linken Hälfte. Die 3D-Ansicht der Triton Oberfläche wurde in einem Computer generiert.

Die Rotationsachse von Triton ist sehr ungewöhnlich, da sie mit 157° zur Rotationsachse von Neptun geneigt ist. Dies führt zu einer Stellung von Triton, die der Sonne abwechselnd Pole und die Äquatorzone zuneigt. Die Folge davon ist, so nehmen Wissenschaftler an, dass es auf der Oberfläche von Triton zu radikalen jahreszeitlichen Veränderungen kommt, wenn ein Pol nach dem anderen zur Sonne gedreht wird.

12.8 Nereide

Nereide, mit einem Durchmesser von 340 Kilometern der drittgrößte Neptunmond, ist so weit von
Neptun entfernt, dass ein Umlauf um den Planeten 360 Tage dauert. Der Orbit von Nereide ist mit
einem maximalen Abstand von 9.623.700 Kilometer und einem minimalen Abstand von 1.353.600
Kilometer die außergewöhnlichste Umlaufbahn im ganzen Sonnensystem.

Die Nereiden waren in der griechischen Mythologie die Nymphen des Mittelmeeres. Sie waren die 50
schönen Töchter des Nereus, des alten Mannes vom Meer, und seiner Frau Doris. Sie lebten am
Meeresgrund, kamen aber oft an die Oberfläche, um Seeleuten und anderen Reisenden zu helfen.
Man glaubte, sie würden auf Delphinen und anderen Meerestieren reiten. Thetis, die Mutter des
griechischen Helden Achilles, Amphitrite, die Gemahlin des Meeresgottes Poseidon, und Galatea, die
von dem Zyklopen Polyphem geliebt wurde, waren die bekanntesten der Nereiden.

Gerard Kuiper entdeckte 1949 den Neptunmond Nereide.

Die Raumsonde Voyager 2 machte aus einer Entfernung von 4,7 Millionen Kilometer die beste Aufnahme von Nereide (s. Abb. 149). Das Foto zeigte, dass die Mondoberfläche 14 % des eintreffenden
Sonnenlichts reflektiert. Um Oberflächendetails auf dem Bild ausmachen zu können, war die Raumsonde zu weit entfernt.

Der Neptunmond Nereid ist wahrscheinlich wegen seiner exzentrischen Umlaufbahn ein vom Planeten
Neptun eingefangener Asteroid oder ein Objekt aus dem Kuipergürtel.

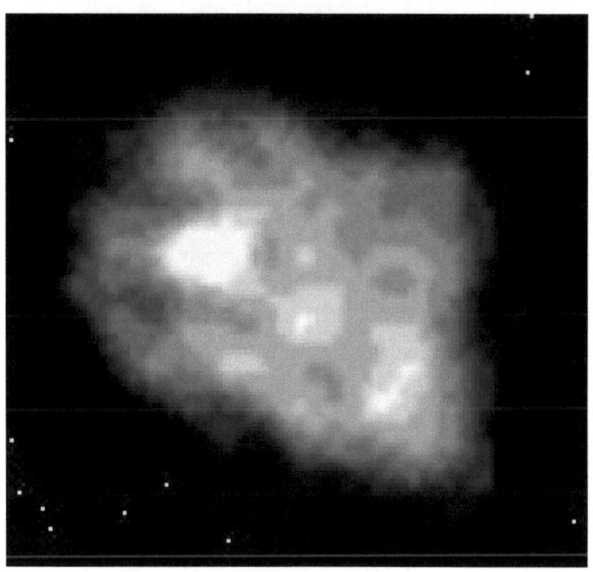

Abbildung 149 Nereide, der äußerste der Neptunmonde, fällt
durch seine mit 30° sehr stark geneigten und stark elliptischen
Umlaufbahn um Neptun auf.

13 Zwergplaneten

Am 24. August 2006 wurden in Prag von der Internationalen Astronomischen Union (IAU) die Klasse der Zwergplaneten definiert. Dazu zählen Ceres, Pluto, Eris, Makemake, Haumea und Sedna.

13.1 Ceres

Der einzige Zwergplanet im Asteroidengürtel ist Ceres (s. Abb. 150). Er ist kugelförmig aufgebaut und besitzt genügend Masse für einen hydrostatischen Aufbau.

Ceres wurde 1801 von Giuseppe Piazzi entdeckt

Abbildung 150 Der Zwergplanet Ceres.

13.2 Pluto und Charon

Der Zwergplanet Pluto (s. Abb. 151) hat einen Durchmesser von 2.274 Kilometer. Er bewegt sich mit seiner Masse von $1,27 \times 10^{22}$ kg auf einer Umlaufbahn, die 5.913.520.000 Kilometer (39,5 AE) von der Sonne entfernt ist.

Pluto war in der römischen Mythologie der Gott der Unterwelt, der in der griechischen Mythologie Hades genannt wurde.

Am 18. Februar 1930 wurde Pluto von Clyde W. Tombaugh entdeckt und galt 76 Jahre als neunter Planet des Sonnensystems. Pluto verfügt über fünf Monde, wovon Charon der Größte ist. Die Suche nach einem Planeten jenseits des Neptuns begann im Jahre 1905 durch den amerikanischen Astronomen Percival Lowell. Auslöser dafür waren Abweichungen zwischen der beobachteten und der berechneten Bewegung von den Planeten Uranus und Neptun. Die Masse von Pluto, ein Fünftel der Masse vom Erdmond, erscheint den Wissenschaftlern jedoch zu klein, um derartige Bahnstörungen des Neptuns verursachen zu können. Die Suche nach einem möglichen zehnten Planeten im Sonnensystem dauert noch an.

Abbildung 151 Am 24. August 2006 wurde Pluto von der IAU jedoch der Status eines vollwertigen Planeten aberkannt, weil er nicht wie die anderen großen Planeten das dominierende Objekt in seiner Umlaufbahn ist. Auch ist seine Bahn um die Sonne stark geneigt und zeigt eine große Exzentrizität.

Pluto umkreist die Sonne in 247,7 Jahren und seine Umlaufbahn ist so exzentrisch, dass er manchmal näher an der Sonne ist als Neptun. Den kürzesten Abstand zur Sonne hatte er dabei im Jahr 1 989 und er wird bis zum 14 März 1999 innerhalb der Umlaufbahn des Neptuns bleiben. Dabei kreuzt Pluto die Umlaufbahn von Neptun nie wirklich, obwohl es so aussieht und er wird nie mit Neptun kollidieren. Die Umlaufbahn von Pluto ist um mehr als 17,2° zur Ebene der Ekliptik geneigt. Außerdem wurde festgestellt, dass seine Rotationsachse um 122° gekippt ist. Pluto rotiert auch in Gegenrichtung der meisten Planeten im Sonnensystem.

Pluto wurde bisher von keiner Sonde besucht. Beobachtet man Pluto durch ein großes Teleskop, so weist er eine gelbliche Färbung auf. Lange Zeit war nichts über den Planeten bekannt, bis 1978 sein relativ großer Mond, genannt Charon, von J. Christy entdeckt wurde. Mit einem Durchmesser von 1.190 Kilometer ist er etwa halb so groß wie Pluto und seine Umlaufperiode um Pluto dauert 6,39 Tage. Durch die Entdeckung von Charon konnte erst der Durchmesser von Pluto genau bestimmt werden. Durch Berechnungen, welche Flächen welchen Körper zu einer bestimmten Zeit vom jeweils anderen verdeckt werden, und durch Beobachtungen der Helligkeitskurven, konnten Astronomen grobe Karten von Pluto und Charon mit hellen und dunklen Regionen erstellen.

Pluto hat mit 2g/cm^3 eine etwa doppelt so große Dichte wie Wasser und sein Kern besteht offensichtlich aus einem höheren Anteil an Stein- und Felsmaterial. Dies ist wahrscheinlich auf das Ergebnis von chemischen Vorgängen zurückzuführen, die bei niedrigen Temperaturen und niedrigem Druck während der Planetenbildung stattfanden. Auf den Kern folgt, so nehmen Wissenschaftler an, ein Gemisch aus Felsen (70%) und Wassereis (30%). Die hellen Regionen auf der Oberfläche von Pluto bestehen wahrscheinlich aus einem Gemisch aus gefrorenem Stickstoff, Methan und Kohlenmonoxids. Die Zusammensetzung der dunklen Regionen ist bisher unbekannt, aber Wissenschaftler nehmen an, dass sie auf ursprüngliches organische Material oder photochemische Reaktionen, die durch kosmische Strahlen hervorgerufen werden, zurückzuführen sind. Durch spektroskopische Beobachtungen wurde festgestellt, dass die Oberfläche von Pluto mit stark reflektierenden Methaneis bedeckt ist.

Die Oberflächentemperatur von Pluto liegt etwa zwischen -228° und -238° und wie beim Planeten Uranus ist der Äquator von Pluto fast im rechten Winkel zur Umlaufebene geneigt.

Pluto besitzt eine sehr dünne Atmosphäre, die wahrscheinlich hauptsächlich aus Stickstoff und geringen Anteilen an Kohlenmonoxid und Methan besteht. Der Luftdruck in dieser Atmosphäre liegt wenigen Millibar. Einige Wissenschaftler nehmen an, dass die Atmosphäre von Pluto nur dann gasförmig ist, wenn er sich in der Nähe seines Perihels befindet und es ist dann sehr wahrscheinlich, dass zu diesem Zeitpunkt ein Teil der Atmosphäre in den Weltraum entweicht. Eine Ursache dafür könnte die Wechselwirkung mit dem Plutomond Charon sein. In der anderen Zeit des langen Pluto-jahres sind dann seine atmosphärischen Gase zu Eis gefroren. Bei Beobachtung scheint es so, dass die Atmosphäre des Pluto sich während des Winters an den Polen kondensiert und sich zu Polkappen ausbildet.

Plutos ungewöhnliche Umlaufbahn, die Ähnlichkeit mit der Umlaufbahn von Triton hat, legt nahe, dass Triton wie auch Pluto einmal auf einer eigenen und unabhängigen Umlaufbahn um die Sonne kreiste und später von Neptun eingefangen wurde. Einige Wissenschaftler nehmen an, dass der Neptunmond Triton, Pluto und sein Mond Charon ursprünglich einer großen Klasse von Objekten angehörten, deren Rest aus der Oortschen Wolke ausgeworfen wurde. Wie der Mond der Erde, so könnte auch Charon das Ergebnis einer Kollision zwischen Pluto und einem anderen Körper sein.

Die Raumsonde New Horizon startete am 19. Januar 2006 und flog am 14. Juli 2015 an Pluto und Charon vorbei. Aufnahmen (s. Abb. 152 und 153) der Sonde im April 2015 übertrafen bereits die des Hubble-Teleskops.

Charon, der bisher einzige entdeckte Mond von Pluto, ist auf seiner Umlaufbahn 19.640 Kilometer von Pluto entfernt. Charon besitzt eine Masse von 1,9x10^{21} kg und sein Durchmesser beträgt 1.172 Kilometer.

In der griechischen Mythologie wurde der Fährmann, der die Toten über den Styx, dem Unterweltfluss in den Hades übersetzt, Charon genannt.

Im Jahre 1978 wurde der Plutomond Charon von Jim Christy entdeckt. Bis dahin glaubte man, dass Pluto größer wäre, nachdem auf Bildern Charon und Pluto zusammenhängend abgebildet wurden.

Seine geringe Dichte von 2 g/cm^3 lässt vermuten, dass er hauptsächlich aus Eis und einem beträcht-
lichen Felsenkern besteht. Das Spektrum von Charon weist auf Eisvorkommen hin, nicht aber auf
Methan. Pluto und sein Mond Charon sind insofern einzigartig, dass nicht nur Charon, sondern auch
Pluto synchron rotieren, d.h. beide wenden sich stets dieselbe Seite zu. Charon scheint im Gegensatz
zu Pluto keine großen Helligkeitsmerkmale zu haben, kleinere konnten festgestellt werden. Auch
konnte bisher nicht festgestellt werden, ob Charon eine eigene Atmosphäre besitzt.
Wissenschaftler nehmen an, dass der Mond Charon durch einen gigantischen Einschlag auf einen
großen Körper geformt wurde.

Abbildung 152 Aufnahmen von Pluto durch die Raumsonde
New Horizon.

Abbildung 153 Aufnahmen von Charon beim Vorbeiflug durch die
Raumsonde New Horizon 15 Juli 2015.

13.3 Eris

Der am 29. Juli entdeckte Zwergplanet Eris (s. Abb. 154) ist mit einem Äquatordurchmesser von 2326 Kilometer minimal kleiner und etwas schwerer als Pluto.

Abbildung 154 Eris und sein Mond Dysnomia, aufgenommen durch das Weltraumteleskop Hubble.

13.4 Makemake

Am 14. Juli 2008 wurde Makemake (s. Abb. 155) in die Klasse der Zwergplanten aufgenommen. Er besitzt einen Äquatordurchmesser von 1502 Kilometern.

Abbildung 155 Aufnahme des Weltraumteleskops Hubble. von Makemake und seinem Mond S/2015 (136472).

13.5 Haumea

Am 17. September 2008 wurde Haumea (s. Abb. 156) und der Status eines Zwergplaneten zugewiesen. Wegen seiner schnellen Rotation hat er mit einem Äquatordurchmesser von etwa 2200 km bei einem Abstand der Pole von nur etwa 1100 km eine stark ellipsoide Form.

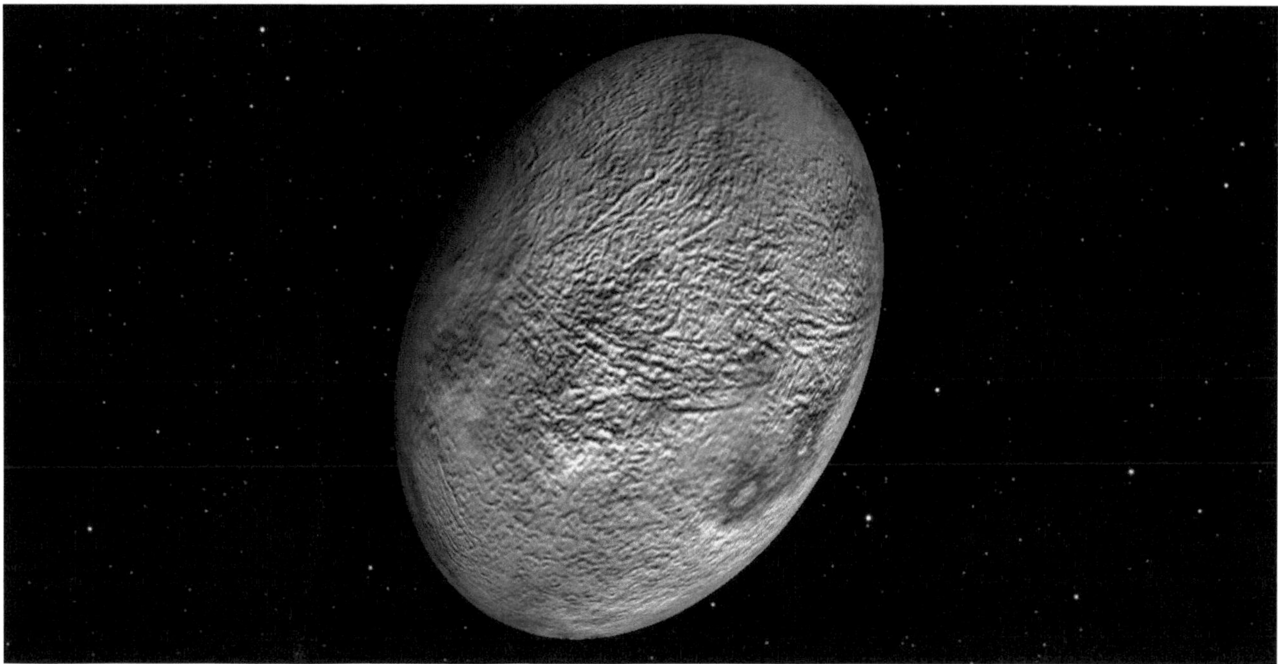

Abbildung 156 Aufnahme von Haumea.

13.6 Sedna

Am 14. November 2003 wurde Sedna von Mike Brown, Chad Trujillo und David Rabinowitz mit dem Teleskop am Mount Palomar Observatorium entdeckt.

Die Meeresgöttin der Inuit, die der Sage nach in den kalten Tiefen des Atlantik lebt war der Namensgeber.

Sedna hat einen Durchmesser von 995 Kilometern und rotiert in 10 Stunden einmal um seine Achse. Die Oberfläche hat eine stark rötliche Färbung (s. Abb. 157), deren Ursache bisher ungeklärt ist. Die geschätzte Oberflächentemperatur dürfte aufgrund der großen Distanz zur Sonne bei -243° liegen.

Abbildung 157 Sedna mit seiner roten Oberfläche.

14 Asteroiden

14.1 Aufbau, Entdeckung und Klassifizierung

Die Asteroiden (s. Abb. 158) sind kleine, den Planeten ähnliche Himmelskörper, die sich in großer Anzahl auf elliptischen Bahnen um die Sonne bewegen. Hauptsächlich bewegen sich diese Asteroiden zwischen den Bahnen der Planeten Mars und Jupiter, im so genannten Asteroidengürtel (s. Abb. 159). Dies ist ein Gebiet im Sonnensystem, das zwischen 2,0 und 3,3 AE von der Sonne entfernt ist. Innerhalb des Gürtels gibt es sowohl Konzentrationen von Umlaufbahnen, die Gruppen und Familien bilden, als auch Gebiete, die gemieden werden, den Kirkwood-Lücken. Beiden Kirkwood-Lücken handelt es sich um Regionen, in denen ein Objekt eine Umlaufdauer hätte, die ein einfacher Bruchteil der Umlaufdauer des Planeten Jupiter wäre und sehr leicht vom Jupiter in eine andere Umlaufbahn beschleunigt werden würde. Der Asteroidengürtel markiert die Übergangszone zwischen innerem und äußeren Sonnensystem.

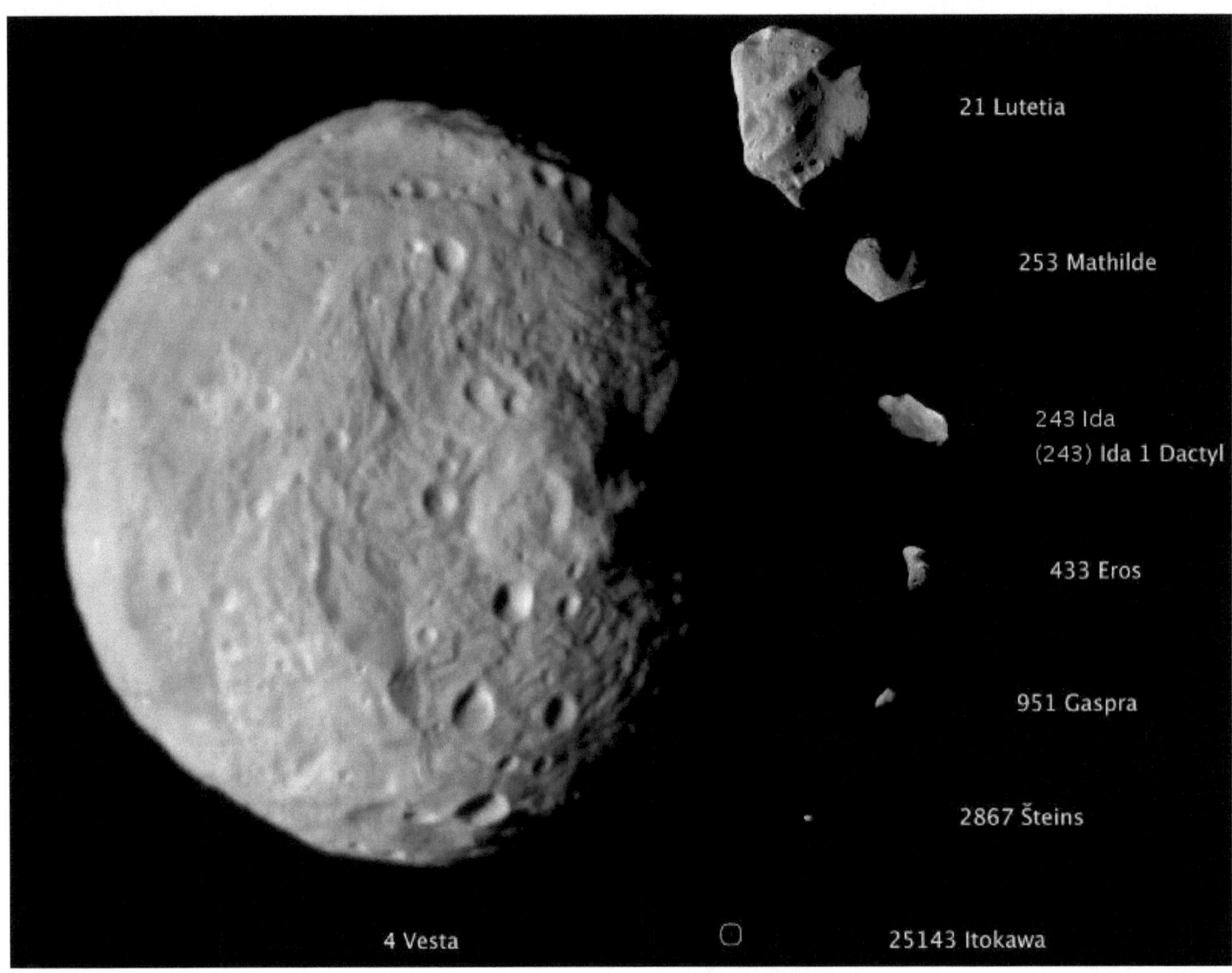

Abbildung 158 Eine Zusammenstellung aus verschiedenen Asteroiden.

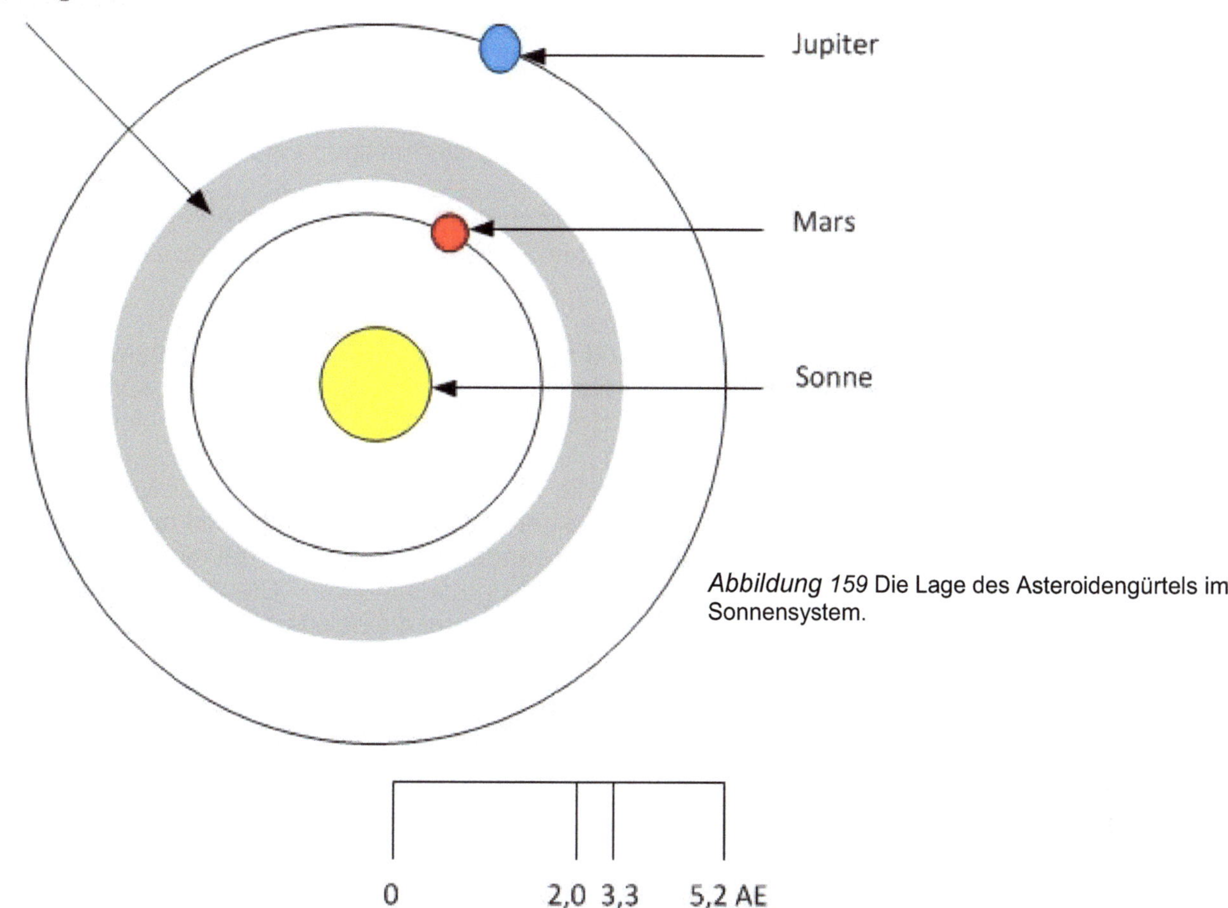

Abbildung 159 Die Lage des Asteroidengürtels im Sonnensystem.

Der italienische Astronom Giuseppe Piazzi entdeckte am 1. Januar 1801 ein Objekt, das er am Anfang für einen Kometen hielt. Nach der Berechnung der Umlaufbahn von diesem Objekt stand jedoch fest, dass es sich nicht um einen Kometen, sondern eher um einen kleinen Planeten handelt. Dieses kleine Objekt wurde von seinem Entdecker Piazzi nach der römischen Göttin des Getreides Ceres genannt. Ceres zählt mittlerweile zu den Zwergplaneten. In den darauffolgenden Jahren wurden noch die Asteroiden Pallas, Vesta und Juno entdeckt. Weitere Hunderte von Objekten wurden dann bis zum Ende des 19. Jahrhunderts entdeckt. Hunderttausende an Asteroiden wurden im 20 Jahrhundert entdeckt und mit vorläufigen Namen versehen. 99% der Asteroiden mit mehr als 100 Kilometer Durchmesser und ungefähr 50% der Asteroiden mit einem Durchmesser zwischen 10 und 100 Kilometer sind uns bisher bekannt. Von den Asteroiden mit kleineren Durchmessern wissen die Menschen noch wenig. Zählt man die Masse aller bisher entdeckten Asteroiden zusammen, so ist sie geringer als die Masse des Erdmondes.

Die Größe der Asteroiden bewegt sich von Pallas und Vesta mit ungefähr 500 Kilometer Durchmesser, bis herab zu Staubpartikeln. 16 Asteroiden haben einen Durchmesser von 240 Kilometer. Viele Tausende sind individuell identifiziert und man nimmt an, dass etwa eine halbe Million Asteroiden mit Durchmessern über 1,6 Kilometer existieren.

Jeder Asteroid wurde mit einer Nummer und einem Namen gekennzeichnet. Die Nummern werden aufsteigend nach dem Entdeckungszeitpunkt vergeben. Ceres erhielt dabei die Nummer 1, da er 1801 als erster Asteroid entdeckt wurde. weitere Beispiele für die Benummerung von Asteroiden sind Pallas, der die 2 erhielt, Vesta mit der Nummer 4 und Hygiea mit der Nummer 10.

Bei Beobachtung durch Teleskope sind die Asteroiden von der Erde aus als schwache Sternchen sichtbar. Die Klassifizierung der Asteroiden wird nach dem Spektrum des von ihnen reflektierten Sonnenlichts durchgeführt:

-   75 % der Asteroiden sind mit einer Albedo von 0,03 sehr dunkle, kohlenstoffhaltige C-Typen und sind mit der Krasse der Steinmeteoriten (kohlenstoffhaltigen Chondriten) verwandt.

-   weitere 17 % sind graue, silikathaltige Asteroiden des S- Typs, die mit den Stein-Eisen-Meteoriten verwandt sind. Die Asteroiden des S-Typs sind mit einer Albedo zwischen 0,1 und 0,22 sehr hell.

-   Die verbleibenden 10% an Asteroiden sind metallhaltige M-Typen, deren Zusammensetzung den Eisenmeteoriten entspricht. Diese Asteroiden bestehen also aus einer Eisen- Nickel-Legierung und ihr Albedowert bewegt sich zwischen 0,1 und 0,18.

-   Eine Anzahl von seltenen varianten bildet die vierte Gruppe in der Klassifizierung der Asteroiden. Eine dieser Varianten, zu denen der Asteroid Vesta zählt, sind mit der seltensten Klasse von Meteoriten, den Anchondriten verwandt. Ihre Oberfläche hat eine vulkanische Zusammensetzung, ähnlich den Laven der Erde und des Mondes. Die dunkelsten Asteroiden reflektieren etwa 3% des einfallenden Sonnenlichts und die hellsten bis zu 40%. Bei vielen ändert sich regelmäßig mit ihrer Umdrehung auch ihre Helligkeit.

Eine weitere Einteilung der Asteroiden erfolgt nach ihrer Position im Sonnensystem:

-   Die erste Gruppe von Asteroiden befindet sich im Asteroidengürtel (zwischen Mars und Jupiter) die weiterhin in folgende Untergruppen eingeteilt ist: Hungarias, Floras, Phocaea, Koronis, Eos, Themis, Cybeles und Hildas. Diese Untergruppen sind nach dem jeweiligen Hauptasteroiden der Gruppe benannt.
-   Die zweite Gruppe, die erdnahen Asteroiden, sind diejenigen Asteroiden, die sich der Erde sehr stark nähern, wie z.B. folgende Asteroiden. Atens Halbachse beispielsweise ist kleiner als 1,0 AE und sein Aphel - Abstand ist größer als 0,983 AE. Die Halbachse von Apollo ist größer als 1,0 AE und der Perihel - Abstand ist kleiner als 1 ,017 AE. Der Perihel - Abstand von Amor ist zwischen 1,017 und 1,3 AE.
-   Die dritte Gruppe bilden die Trojaner, die sich 60° vor und hinter der Umlaufbahn von Jupiter, also in seinen Lagrange- Punkten befinden. Einige hundert dieser Asteroiden sind uns bisher bekannt und seltsamerweise befinden sich im führenden Langrange-Punkt von Jupiter mehr als im nachfolgenden.
-   Die vierte Gruppe bilden die Zentauren, die sich im äußeren Bereich des Sonnensystems befinden. Der Asteroid 2060 Chiron kreist beispielsweise zwischen Saturn und Uranus und der Asteroid 5335 Damokles bewegt sich auf einer Umlaufbahn von nahe dem Mars bis hinter den Uranus. Zwischen dem Saturn bis hinter Neptun kreist der Asteroid 5145 Pholus.

Die größeren Asteroiden sind fast kugelförmig und die kleineren Asteroiden, mit Durchmessern unter 160 Kilometer, sind meist länglich und unregelmäßig geformt. Unabhängig von der Größe drehen sich alle Asteroiden zwischen 5 und 20 Stunden einmal um die eigene Achse. Manche Asteroiden besitzen sogar einen Begleiter.

Für die Entstehung der Asteroiden gibt es zwei Theorien. Die erste Theorie besagt, dass die Asteroiden der Überrest eines früheren Planeten sind. In der zweiten Theorie wird angenommen, dass es sich bei den Asteroiden um Materie eines sich bildenden Planeten handelt, dessen endgültige Verfestigung durch die riesigen Gravitationskräfte von Jupiter verhindert wird. Außerdem nimmt man an, dass die große Anzahl an Asteroiden durch die Zusammenstöße von einigerweniger ursprünglicher Asteroiden entstand.

14.2 Erforschung

Einige der erdnahen Asteroiden sind für die unbemannte Raumfahrt relativ leicht erreichbare Ziele.
Am 18. Oktober 1989 wurde die Galileo-Raumsonde gestartet und auf den Weg zum Planeten Jupiter
gebracht. Dabei machte sie am 29. Oktober 1991 auf ihrer Reise die ersten Nahaufnahmen vom
kleinen, unsymmetrisch geformten Asteroiden 951 Gaspra (s. Abb. 160), dessen Durchmesser
19x12x11 Kilometer beträgt, mit seinen Kratern auf der Oberfläche. Man erkennt außerdem auf seiner
Oberfläche lockeres Trümmermaterial, dem Regolith. Der Asteroid 951 Gaspra bewegt sich auf einer
durchschnittlichen
Umlaufbahn von 205.000.000 Kilometer um die Sonne. Gaspra wurde von Neujmin entdeckt und von
ihm nach einer Zuflucht auf der Halbinsel Krim benannt. Die Krater auf der wurden daraufhin nach
Urlaubsorten und Heilquellen benannt.

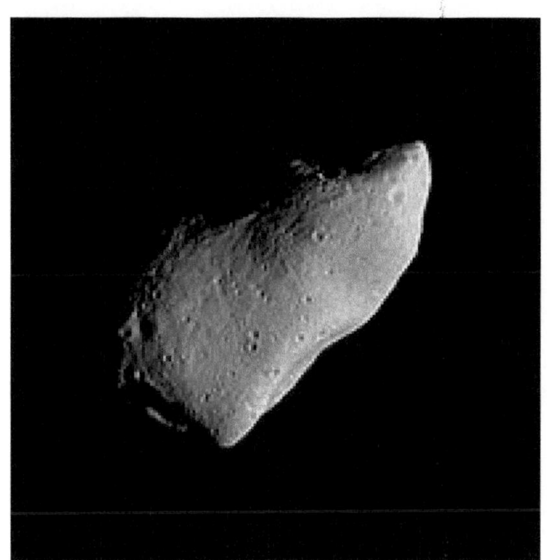

Abbildung 160 Am 29. Oktober 1991 machte die Raumsonde Galileo
diese Nahaufnahmen des Asteroiden Gaspra.

Am 28. August 1993 erreicht die Sonde Galileo den Asteroiden 243 Ida und übermittelte Bilder zur
Erde.243 Ida bewegt sich auf einer Umlaufbahn, die durchschnittlich 270.000.000 Kilometer von der
Sonne entfernt ist. Ida wurde nach einer Nymphe in der griechischen Mythologie benannt, die den
jungen Zeus großzog. Auf der griechischen Insel Kreta gibt es auch einen Berg namens Ida. Der
Asteroid 243 Ida ist unregelmäßig geformt und seine Größe beträgt 58x23 Kilometer. Außerdem
wurde ein natürlicher Satellit von Ida entdeckt, der nach einer Gruppe von Wesen aus der
griechischen Mythologie, den Dactyli, die auf dem Berg Ida hausten, Dactylus benannt wurde.
Dactylus ist ungefähr 1,6x1,2 Kilometer groß und sein Abstand von 243 Ida beträgt etwa 90 Kilometer.
Interessanterweise sind Ida und Dactylus sehr verschieden, obwohl ihre Spektren sich sehr ähnlich
sind. Dactylus ist kein ehemaliger Bestandteil von Ida, sondern Wissenschaftler nehmen an, dass sich
das binäre System während einer Kollision und dem daraus resultierenden Zerbrechen entstand, das
die Asteroidenfamilie Koronis formte.

Ein weiteres wissenschaftliches Programm zur Erforschung der Asteroiden ist die am 17. Februar 1
996 und mit 180 Millionen Mark verhältnismäßig günstige gestartete NEAR - Mission. Sie erreichte am
26. Oktober 2000 nach 1713 Tagen die Umlaufbahn des Asteroiden 433 Eros. Die Sonde NEAR jagte
in nur 5.300 Kilometer Höhe über die Oberfläche des Asteroiden 433 Eros (s. Abb. 161) und die Bord-
instrumente enthüllten dabei die Struktur der Felsen und stellte die Masse und die Dichte von 433
Eros fest. Mit diesen Daten kann dann die Menschheit Techniken entwickeln, die den Asteroiden
zerstören kann, wenn er einmal für die Erde gefährlich werden sollte.

Anfang 2001 war es dann soweit. Erstmals in der Geschichte der Raumfahrt ist dann ein von Menschenhand gebauter Raumflugkörper auf einem Asteroiden gelandet. Die Sonde NEAR setze um 21.03 Uhr MEZ (Mitteleuropäischer Zeit) weich auf dem Asteroiden Eros in dem vorausberechneten Gebiet nordwestlich vom Südpol auf. Dabei kippte die Sonde in einem von Kratern und Felsbrocken übersäten Gelände auf die Seite.

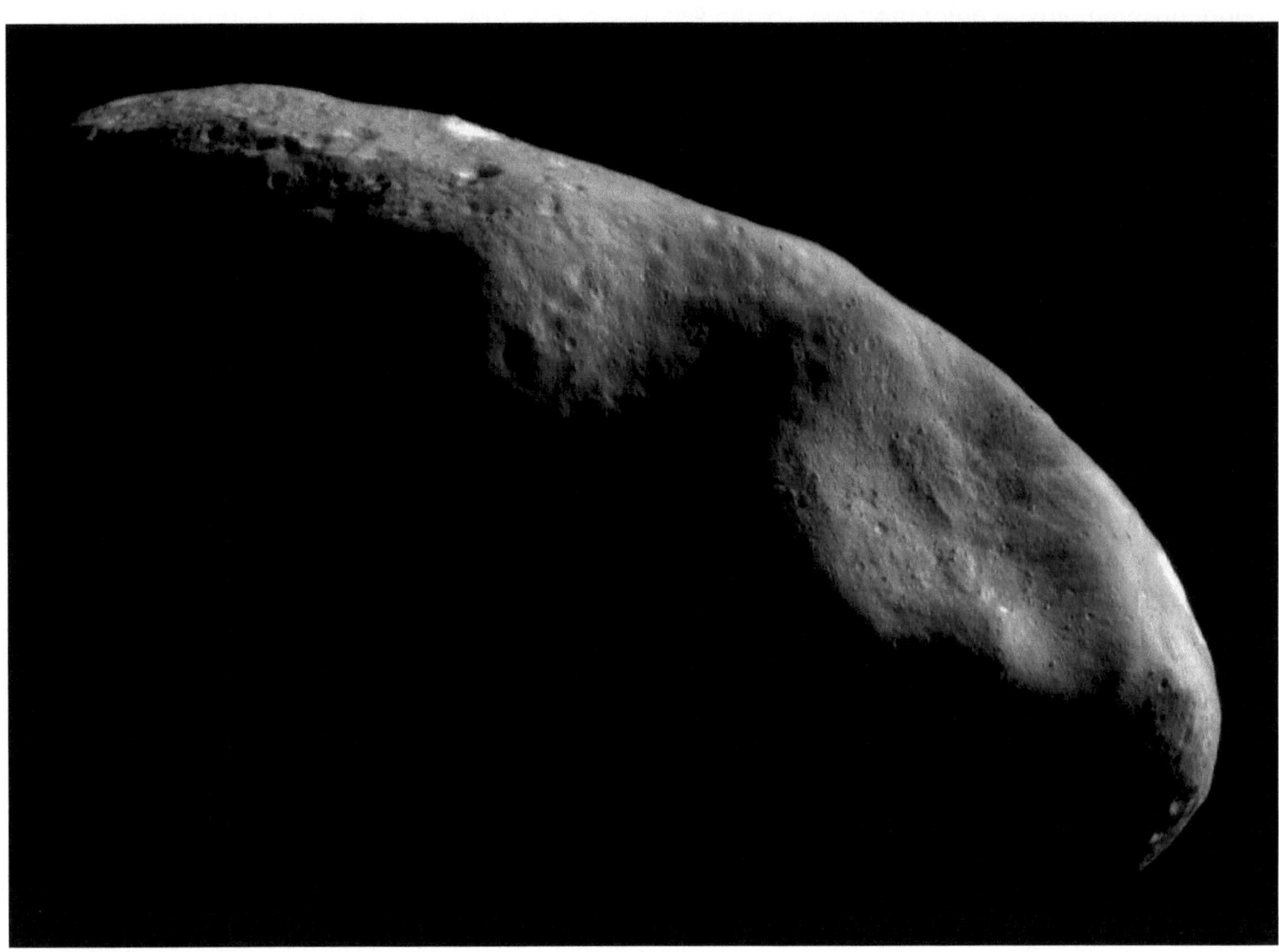

Abbildung 161 NEAR - Aufnahme von Eros mit Krater Himeros.

Trotzdem wurden aber schon kurz nach der Landung die ersten Funksignale von der Sonde NEAR auf der Erde empfangen. Das Raumfahrzeug ist so konstruiert, dass es den Asteroiden ein Jahr lang untersuchen kann.

NEAR fotografierte auf seiner Reise im März 1996 den Kometen Hyakutake und machte am 27. Juni 1997 bei einem schnellen Vorbeiflug noch Fotos vom Asteroiden 253 Mathilde. Dieser Asteroid wurde 1885 von Johann Palisa entdeckt, der den Asteroiden nach der Frau des Astronomen Moritz Loewy benannte. 253 Mathilde ist ein Asteroid aus dem Hauptgürtel mit einem relativ geringen Perihel von 1,94 AE. Die Größe des Asteroiden beträgt 59x47 Kilometer und seine durchschnittliche Umlaufbahn ist 394.000.000 Kilometer von der Sonne entfernt. Mathilde ist ein Asteroid des C-Typs. Auf der Oberfläche von 253 Mathilde befinden sich wenigstens 5 Krater mit einem Durchmesser von mindestens 20 Kilometer, da bisher nur 50% der Oberfläche fotografiert wurden. Mathildes Dichte beträgt nur 1,4 g/cm^3 und der Asteroid ist daher sehr porös, was die großen Krater auf der Oberfläche erklären könnte. Die trotz der Krater einheitliche Färbung der Oberfläche deutet auf ein homogenes Inneres des Asteroiden. Das Albedo von 253 Mathilde liegt bei 4%. Die hohe Rotationsgeschwindigkeit von 17,4 Tagen geht wahrscheinlich auf die schweren Einschläge auf der Oberfläche von 253 Mathilde zurück.

1999 flog die Sonde Deep Space 1 in 28 Kilometer Entfernung am Asteroiden Braille vorbei und 2001 erreichte sie den Kometen Borelly.

Der Asteroid Annefrank wurde 2002 von der Sonde in einem Abstand von 3.330 Kilometern passiert.

2008 erreichte die europäische Sonde Rosetta (s. Abb. 162) den Asteroiden Steins und 2010 Lutetia. 2014 umkreiste sie dann den Kometen 67P und setzte den Lander Philae auf dessen Oberfläche ab. 2016 kollidiert Rosetta geplant mit dem Kometen.

Abbildung 162 Die Sonde Rosetta und ihr Lander.

15 Kometen

15.1 Aufbau, Entdeckung und Klassifizierung

Ein Komet ist ein kleiner Körper, der die Sonne umkreist und bei einer Annäherung an die Sonne zum Teil verdunstet. Dabei bildet er eine diffuse Hülle aus Staub und Gas und einen oder mehrere Schweife. Kometen werden auch als "schmutzige Schneebälle" bezeichnet, da sie aus einem Gemenge aus Eis und Staub bestehen, das aus unbekannten Gründen nicht in die Planeten eingeflossen ist.

Die Kometen (s. Abb. 163) sind seit der Antike bekannt. Bis zum Jahre 1577 glaubte man, dass das Auftreten von Kometen eine Erscheinung in der Atmosphäre ist. Erst der dänische Astronom Tycho Brahe erbrachte den Beweis, dass es sich bei den Kometen um Himmelskörper handelt. Der englische

Abbildung 163 Aufnahme des optisch spektakulären Kometen West aus dem Jahre 1976.

Wissenschaftler Isaac Newton zeigte, dass die Bewegungen der Kometen den gleichen Gesetzen gehorchen, denen die Planeten in ihren Umlaufbahnen folgen.

Durch den Vergleich der Umlaufbahnen früherer Kometen, erbrachte Edmund Halley den Beweis für den nach ihm benannten Kometen Halley (s. Abb. 164), dass der 1682 auftretende Komet der gleiche war, der 1607 und 1531 bereits aufgetreten war. Er sagte auch sein Erscheinen im Jahre 1759 voraus und legte seine Umlaufperiode mit ca.76 Jahre fest. Die früheren Erscheinungen des Halleyschen Kometen sind daraufhin bis zum Jahre 240v. Chr. rückbestimmbar geworden. Die letzte Erscheinung des Halleyschen Kometen war im Jahr 1986 und er wurde dabei von den sowjetischen Sonden Vega 1 und Vega 2 und von der europäischen Sonde Giotto ein Stück weit auf seiner Umlaufbahn begleitet. Zwei japanische Sonden beobachten seinen Vorbeiflug aus großer Entfernung. Dabei stellten diese Sonden folgendes fest:
Der Orbit vom Kometen Halley ist gegenläufig und um 18° zur Ekliptik geneigt sowie stark exzentrisch. Der Kern des Kometen hat eine Größe von 16x8x8 Kilometer und das Albedo ist mit einem Wert von 0,03 dunkler als Kohle. Der Kern des Halleyschen Kometen ist also somit das dunkelste Objekt im Sonnensystem und seine Dichte beträgt ungefähr 0,1 g/cm^3. Dies deutet daraufhin, dass der Nukleus von Halley porös ist. Die Ursache dafür dürfte sein, dass der Kern zum größten Teil aus Staub besteht, der nach dem Verdampfen von Wasser und Gasen übriggeblieben ist.

Abbildung 164 Der Komet Halley.

Die aktuellste Erscheinung eines Kometen war im Jahre 1997. Der außergewöhnlich helle und große Komet Hale-Bopp (s. Abbildung 165), nach seinen Entdeckern Alan Hale und Thomas Bopp benannt, passierte die Erde in einem Abstand von nur 194 Millionen Kilometer und war leicht mit bloßem Auge zu sehen. Hale-Bopp hat einen Durchmesser von 40 Kilometer und wird erst wieder im Jahr 4377 die Erde passieren.

Abbildung 165 Aufnahme des Kometen Hale Bopp im März 1997.

Bis zum Jahr 1995 waren 878 Kometen katalogisiert und ihre Umlaufbahnen berechnet. Von diesen Kometen sind 184 mit Umlaufperioden um die Sonne unter 200 Jahre.

Kometen bestehen in der Regel aus einem harten Kern. Dies ließ sich durch Beobachtungen des Verhaltens von Kometen von der Erde aus und von den Untersuchungsergebnissen der Raumsonden, die den Halleyschen Kometen untersuchten, schließen. Die Kerne sind vergleichsweise fest und stabil und im Wesentlichen einige Kilometergroße schmutzige Schneebälle, die aus gefrorenem Wasser, Kohlendioxyd, Ammoniak und Methan bestehen. In diesem Eisgemisch sind noch Staub und Materie eingebettet.

Nähert sich ein Komet der Sonne, beginnt die Wärme der Sonne das Eis des Kerns zu verdunsten und das frei werdende Gas bildet eine leuchtende Hülle um den Kern, die Koma genannt wird. Der Kern ist für direkte Beobachtungen zu klein und hat ein Volumen von nur wenigen Kubikkilometern. Der Kern und das Koma bilden zusammen den Kopf des Kometen, der sogar größer als der Planet Jupiter sein kann. Ultraviolette Beobachtungen von Raumsonden zeigten, dass Kometen von riesigen Wasserstoffwolken umgeben sind, die viele Millionen Kilometer groß sind. Der Wasserstoff stammt von Wassermolekülen, die durch die warme Sonnenstrahlung aufgebrochen wurden.

Bei der Annäherung eines Kometen an die Sonne, verdampft oder sublimiert die Wärme der Sonne das Eis des Kerns woraufhin der Komet heller wird. Er kann leuchtende Schweife entwickeln, die sich Millionen Kilometerweit in den Weltraum ausdehnen. Dieser Schweif ist normalerweise von der Sonne abgewendet, auch dann, wenn sich der Komet von der Sonne entfernt. Staub und Gas verlassen den Kometenkern auf der Sonnenseite und strömen unter dem Strahlungsdruck der Sonne weg. Diese kleinen neutralen Staubteilchen bilden den Staubschweif eines Kometen, der meistens gekrümmt, breit und ohne innere Struktur ist. Große Staubteilchen werden entlang der Umlaufbahn des Kometen verstreut und bilden Meteorströme. Diese Staubschweife können bis zu zehn Millionen Kilometer lang sein.

Elektrisch geladene und somit ionisierte Atome werden direkt vom Magnetfeld des Sonnenwindes weggefegt und bilden geradlinige Ionenschweife, auch Plasmaschweife genannt. Die Ionenschweife können bis zu 100 Millionen Kilometer lang werden. Änderungen des Sonnenwindes verursachen Strukturänderungen in den Plasmaschweifen oder sogar Unterbrechungen. Da die Sterne durch die Schweife der Kometen ohne merkliche Abschwächung hindurch scheinen, schließt man, dass die Kometenschweife eine sehr geringe Dichte haben. Die Kometenschweife sind so dünn, dass bei einer Sonnenumrundung höchsten 1/500 der Kernmasse verloren geht. Je weiter sich ein Komet von der Sonne entfernt, umso weniger Staub und Gase verliert er, und die Schweife verschwinden. Einige Kometen mit kleinen Umlaufbahnen haben so kurze Schweife, dass sie sogar unsichtbar sind. Von etwa 1.400 bekannten Kometen waren ca. die Hälfte der Schweife mit bloßem Auge erkennbar, und weniger als 10% waren deutlich sichtbar.

Die Kometen haben elliptische Umlaufbahnen mit Perioden, die Zeit für einen Sonnenumlauf, zwischen 3,3 Jahren, die Periode des Encke'schen Kometen, und 2.000 Jahren, die Periode des Donati'schen Kometen von 1858. Die meisten Kometenumlaufbahnen sind so groß, dass sie von Parabeln nicht unterschieden werden können. Dies sind offene Kurven und führen die Kometen aus dem Sonnensystem hinaus. Wissenschaftler glauben aufgrund technischer Analysen, dass diese Umlaufbahnen auch Ellipsenform haben, und zwar sehr exzentrische, deren Periodenzeiten annähernd 40.000 Jahre oder vielleicht noch länger sein können. Kometen, mit hyperbolischen Bahnen, d.h. ihr Ursprung wäre der Weltraum, sind bis heute nicht bekannt. Es kann jedoch passieren, dass aufgrund extremer Bahnänderungen durch die Gravitationseinflüsse der Planeten, Kometen nie wieder in das Sonnensystem zurückkehren.

Man glaubt, dass alle Kometen aus der Oortschen Wolke stammen. Neue oder periodisch wieder entdeckte Kometen, bekommen eine provisorische Bezeichnung, die aus dem Jahr der Entdeckung und einem kleinen Buchstaben, z.B.1995b, besteht. Nach der Berechnung der Umlaufbahn bekommen die Kometen eine dauerhafte Bezeichnung mit römischen Zahlen nach der Ordnungszahl des Periheldurchgangs. 19981V wird z.B. der vierte Komet sein, der 1998 durchs Perihel geht. Neue Kometen werden nach ihren Entdeckern benannt. Die Namen der Periodischen Kometen werden durch Vorstellen eines P gekennzeichnet (z.B. P/Halley). Einige wenige Kometen wurden nach Einzelpersonen benannt, die ihre Bahnen berechnet haben, wie P/Halley oder P/Enck, und nach Observatorien oder Satelliten, wenn die Entdeckung auf eine größere Zahl von Personen zurückzuführen ist.

Kreisen mehrere Kometen mit verschiedenen Perioden auf fast gleichen Bahnen, so werden sie als Kometengruppe bezeichnet. Der Komet Ikeya-Seki von 1965 gehört zusammen mit sieben weiteren Kometen mit Perioden von etwa 1000 Jahren der berühmtesten Kometengruppe an.

Beziehungen bestehen auch zwischen den Bahnen von Kometen und Bahnen von Meteoriten. Der italienische Astronom Giovanni Schiaparelli bewies, dass sich die Perseid - Meteore auf der selben Bahn wie der Komet 1862III bewegen. Die Leonid-Meteore haben sich aus dem Kometen 1866ITempel-Tuttle gebildet. Einige Meteoritenregen werden auch in Beziehung zu bekannten Kometenbahnen gesetzt und werden als Teilchen angenommen, die ein Komet entlang seiner Bahn verliert.

Die Ursache für einen weiteren Meteoritenschauer, dem Orinidenschauer, war der Vorbeiflug des Halleyschen Kometen an der Erde.

Die meisten Kometen wurden zum ersten Mal von Amateurastronomen gesichtet. Da die Kometen am hellsten in Sonnennähe scheinen, sind sie normalerweise nur bei Sonnenaufgang bzw. bei Sonnenuntergang sichtbar.

Die Menschen haben Angst vor einer Kollision eines Kometen mit der Erde. Vor langer Zeit muss dies schon einmal geschehen sein, und zwar als die Dinosaurier durch den Einschlag eines Kometen vor der mexikanischen Küste ausstarben. 1992 wurde beobachtet, wie der Komet Shoemaker-Levy 9 in 21 große Teile zerbrach, als er durch das starke Gravitationsfeld des Jupiters zog. Im Juli 1994 stürzten diese Teile mit Geschwindigkeiten von ungefähr 210:000 Kilometern pro Stunde in die Atmosphäre des Jupiters (s. Abb. 166). Beim Aufprall wurde die gewaltige kinetische Energie der Kometenteile unter Auftreten gewaltiger Explosionen in Wärme umgewandelt. Dabei wurden Feuerbälle beobachtet, die größer als die Erde waren.

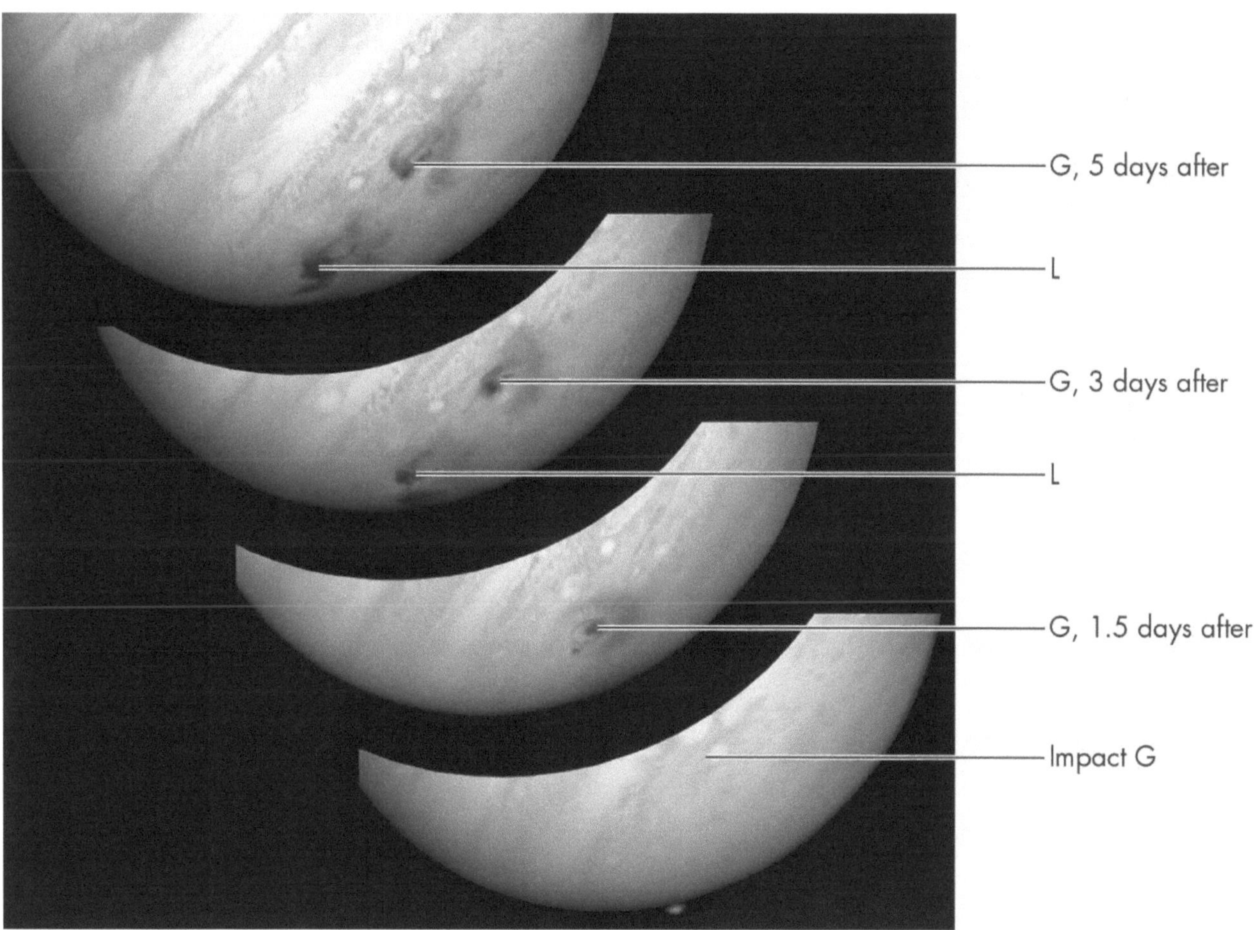

Abbildung 166 Einschlag des Kometen Shoemaker - Levy 9 auf dem Jupiter.

15.2 Erforschung

Am 12. August 1978 flog die NASA-Raumsonde International Cometary Explorer (ICE) durch den Plasmaschweif des Kometen Giacobini-Zinner. Dies war der Beginn der Kometenerforschung durch Raumfahrzeuge.
Daraufhin folgten die Sonden Giotto, Vega 1 und Vega 2, Sakigake und Suisei, die alle 1986 den Halleyschen Kometen erforschten.

Die Sonde Giotto flog außerdem im Jahre 1992 auch noch am Kometen Grigg Skjellerup vorbei.

Das Hubble Weltraumteleskop fotografierte 1994 die Kollision des Kometen Shoemaker-Levy9 mit dem Planeten Jupiter.

Das Raumfahrzeug NEAR fotografierte 1996 den Kometen Hyakutake auf seiner Reise zum Asteroiden 433 Eros.

Am 25. Oktober 1998 startete die Sonde Deep Space 1 und machte Vorbeiflüge am Asteroiden Braille und am Kometen Borelly.

Im Februar 1999 startete die Stardust - Mission mit dem Zielkometen P/Wild2. Ziel war die Gewinnung von Staubproben und flüchtigen Stoffen aus der Koma. Außerdem wurde der Kometenkern kartiert und die Proben zur Erde zurückgebracht.

Der Komet Wirtanen wurde 2014 vom Raumfahrzeug Rosetta, gestartet im März 2004, erforscht. Die Mission bestand aus einem Orbiter und Lander und vermass und kartierte den Kometen 67P/Churyumov-Gerasimenko und landete auf dem Kometenkern.

Am 12. Januar 2005 startete die Deep Impact - Mission. Beim Vorbeiflug am Kometen Tempel 1 wurde ein Projektil abgefeuert und der Einschlag untersucht. Die Mission wurde verlängert und soll unter der Bezeichnung EPOXI den Kometen Hartley 2 untersuchen.

16   Meteore und Meteoriten

16.1 Aufbau, Entdeckung und Klassifizierung

Meteoriten (s. Abb. 167) sind feste Körper mit Durchmessern unter 1 Kilometer, die um vieles kleiner als Asteroiden, jedoch um vieles größer als Atome oder Moleküle sind und in Sonnennähe keine Leuchterscheinungen zeigen. Die Benennung Meteor kommt vom griechischen 'meteoron' und bedeutet Himmelsphänomen.

Abbildung 167 Ein heller Meteorit am dunklen Nachthimmel. Der helle Stich ist ein Meteor des Perseid - Meteorschauers.

Diese Meteoriten können aus dem Weltraum kommend die Atmosphäre der Erde oder in das Schwerefeld bzw. die Atmosphäre eines anderen Planeten oder Mondes eindringen. Beim Flug der Meteore durch die Atmosphäre entsteht eine Leuchterscheinung und die Meteore können dabei, je nach Größe, verglühen oder aber auch die Oberfläche erreichen und dort durch ihren Einschlag einen Meteoritenkrater hinterlassen. Die Geschwindigkeiten beim Eintreten in die Erdatmosphären können je nach Einfallswinkel zwischen 12 km/s und Weltraumgeschwindigkeit bei großen Meteoren sein. Auf der Erde gibt es mehr als 120 solcher Einschlagskrater (s. Abbildung 168).

Abbildung 168 Diese Bild zeigt den Barringer Krater, der in der Nähe von Winslow, Arizona liegt. Er entstand vor 50.000 Jahren, als ein kleiner Eisenmeteorit, sein Durchmesser betrug etwa 30 - 50 Meter auf die Erdoberfläche aufschlug. Der Kraterdurchmesser beträgt 1.200 Meter und er ist 200 Metertief.

Die Benennung der Meteoriten erfolgte nach ihren Fundorten. Untersuchungen an Meteorspuren, insbesondere an den Feuerbällen ergaben, dass die Meteore aus dem Asteroidengürtel stammen und wahrscheinlich Überbleibsel von Kleinplaneten, Kometen und Asteroiden sind. Eine kleine Anzahl von Meteoriten stammt nachweisbar von unserem Mond, 15 Funde, sowie vom Mars, 13 Funde.

Ein Strom von Meteoren, die aus einem kleinen Gebiet im Asteroidengürtel kommen, und in die Erdatmosphäre auf parallelen Bahnen eindringen, nennt man Meteoritenschauer (s. Abb. 169). Ein solcher Schauertritt immer zu einer bestimmten Zeit im Jahr auf und dauert zwischen wenigen Stunden bis zu einigen Tagen. Die Ursache dafür ist die Durchquerung einer Meteoritenwolke von der Erde auf ihrer Sonnenumlaufbahn. Viele Bahnen der Meteoritenschwärme stimmen mit den Bahnen von bekannten Kometen überein. Wissenschaftlerschließen daraus, dass diese Kometen die Meteorlieferanten sind. Vermutlich ist ein junger Strom an Meteoriten noch in Wolken auf diesen Kometenbahnen konzentriert, die sich später weiten und die Teilchen werden entlang der Bahn verteilt.

Abbildung 169 Perseidenschauer 2015.

Wissenschaftler untersuchten die Meteoriten mit chemischen und physikalischen Methoden und erhielten Aufschlüsse über die Entstehung und Entwicklung des Sonnensystems. Auf der Erde gefundene Meteore werden nach ihrer chemischen Zusammensetzung unterteilt. Man unterscheidet drei Hauptgruppen, den C-Typ, den S-Typ und den M-Typ.

Unter den C-Typ fallen die Steinmeteore, die hauptsächlich aus Silikaten bestehen. Diese haben in ihrem Inneren so genannte Chondren, kleine kugelförmige Einschlüsse, die aus Metallen, Silikaten oder Sulfiden bestehen. Die Steinmeteore werden weiter in die Achondriten und Chondriten unterteilt. Die Achondriten werden wegen ihrer chemischen und mineralogischen Zusammensetzung in zahlreiche Untergruppen unterteilt. In der Antarktis gefunden Achondriten weisen chemische Zusammensetzungen auf, die Mondproben ähneln. Vermutlich wurden diese Steinmeteore bei Explosionen, die bei Einschlägen von Asteroiden entstanden, weggeschleudert. Chondrite haben eine ähnliche chemische Zusammensetzung wie die Sonne, nur dass sie keinen freien Wasserstoff und Helium sowie kein Lithium und Bor enthalten.

Unter den S-Typ fallen die Stein-Eisenmeteore. Diese enthalten etwa den gleichen Anteil an freien Metallen und steinigem Material. Die Stein-Eisenmeteore werden weiter in Pallasite, die aus Olivinkernen bestehen, die wiederum in Metall eingebettet sind, und Mesosiderite unterteilt. Diese Mesosiderite sind Verklumpungen von Metall und Silikaten.

Unter dem M-Typ fallen die Eisenmeteore, die hauptsächlich aus Eisen und Nickel bestehen, die in zwei Legierungen auftritt, dem Kamazit und Taenit. Eisenmeteorite werden aufgrund ihres Nickelgehalts unterschieden, der die Kristallstruktur festlegt. In ihnen wurden weiter 40 Mineralien nachgewiesen.

Mit "Fall" wird ein Meteorit bezeichnet, dessen Sturz auf die Erde beobachtete wurde. Einen nicht beobachteten Absturz, bei dem aber der Meteorit im Nachhinein gefunden wurde, wird als "Fund" bezeichnet.

n Namibia, in der Nähe von Grootfontein, wurde der 55 Tonnen schwere und damit größte Meteorit gefunden. Der zweitgrößte und 31 Tonnen schwere Meteorit 'Ahnighito' wurde 1894 in der Nähe von Cape York auf Grönland von dem amerikanischen Forscher Robert Edwin Peary entdeckt und wird jetzt im New Yorker Hayden-Planetarium ausgestellt. Da diese Meteoriten zum größten Teil aus Eisen bestehen, wurden sie von den Eskimos für die Herstellung von Messern und Waffen aus Metall verwendet.

Der größte Meteoritenkrater in Deutschland ist das Becken des Nördlinger Rieses mit einem Durchmesser von 25 Kilometern. Er ist etwa 15 Millionen Jahre alt und man wusste lange Zeit nicht, ob das Becken wirklich durch einen Meteoriteneinschlag entstand. Bewiesen wurde dies erst als die Hochdruckmodifikationen von Quarz, Coesit und Stishovit, die nur bei Meteoriteneinschlägen entstehen, im Nördlinger Ries entdeckt wurden.

17 Kosmische Objekte

Die einzige Informationsquelle über die Objekte des Weltraums ist der sichtbare Teil der elektromagnetischen Strahlung, nämlich das Licht. Das Licht setzt sich aus Spektralfarben zusammen. Sie werden durch die Wellenlänge λ, (griechischer Buchstabe Lambda) charakterisiert. Die Maßeinheit von Lambda beträgt 1 nm (1 Milliardstel Meter). Die sichtbare Strahlung reicht von Violett λ = 300 nm) bis Dunkelrot λ = 700 nm). Dazwischen befinden sich die Farben Blau, Gelb und Orange. Manche kosmischen Objekte strahlen aber nur in bestimmten und begrenzten Farbbereiche, in Spektrallinien.

Kosmische Objekte (werden von Erdsatelliten aus beobachtet, da die Erdatmosphäre neben dem sichtbaren Licht nur einige Bereiche der Infrarot- und Radiostrahlung durchlässt. Von dort aus werden diese Objekte mit Hilfe von Spezialgeräten durch Ultraviolette-, Infrarot-, Röntgen- und Gammastrahlen erforscht. Auf den nächsten Seiten werden folgende kosmischen Objekte beschrieben: Sterne, Doppelsterne und Mehrfachsterne, Veränderliche Sterne, Schwarze Löcher, Sternhaufen, Nebel, Galaxien und das Universum.

17.1 Sterne

Sterne sind heiße, aus Plasma bestehende Gaskugeln, die ihre Energie im Innern ihres heißen Kerns durch Kernfusion erzeugen und durch die Gravitation zusammengehalten werden (s. Abb. 170). Zum Vergleich des Durchmessers, der Masse, der Leuchtkraft und anderer Eigenschaften der Sterne, wird unsere Sonne verwendet.

Abbildung 170 Sterne.

Die Hauptbestandteile der Sterne sind Wasserstoff und Beimengungen von Helium. Bei unserer Sonne, ein typischer Durchschnittsstern, bestehen 94% der Atome aus Wasserstoff, 5,9% aus Helium und 0,1% aus andere Elementen. Die Gewichtsanteile der Sonnenmaterie liegen bei 73% Wasserstoff, 25% Helium, 0,8% Kohlenstoff, 0,3% Sauerstoff sowie 0,9% anderer Elemente.

Die kleinste Masse zur Sternenbildung liegt bei 1/21 Sonnenmassen. Dies ist die Grenze, bei der die Schwerkraft der zusammenballenden Massen gerade noch reicht, um die Materie auf eine Temperatur aufzuheizen, bei der die Verschmelzung von Wasserstoff und Helium einsetzen kann. Die schwersten bekannten Sterne haben etwa 60 Sonnenmassen.

Sterne Entstehen im Inneren von Gas- und Staubwolken des Interstellaren Mediums (s. Abb.171).
Dabei ballt sich zunächst die Materie zu einem Protostern zusammen, der sich immer weiter aus-
dehnt. Der Kern des neuen Sterns heizt sich unter Abgabe von Gravitationsenergie soweit auf, bis
schließlich eine Temperatur erreicht wird, bei der die Verschmelzung von Wasserstoff und Helium
einsetzt. Die Dauer dieses Prozesses hängt stark von der Masse des Protosterns ab. Das Wasser-
stoffbrennen im Sternenkern kann solange andauern, bis alle Reserven erschöpft sind. Während
dieser Phase befindet sich der Stern auf der Hauptreihe des Hertzsprung - Russel - Diagramms.

Das Hertzsprung - Russel - Diagramm ist für eine Reihe von Sternen die grafische Wiedergabe der
Beziehung zwischen ihrem Spektraltyp und ihrer Leuchtkraft. Die Spektralklasse als Größe kann dabei
durch die Farbe, die Temperatur oder eine andere vergleichbare Größe ersetzt werden.

Das Hertzsprung - Russel - Diagramm wurde zum ersten Mal 1913 von Henry Norris Russel
dargestellt. Später wurde festgestellt, dass Ejnar Hertzsprung unabhängig davon zur gleichen Zeit
ähnliche Ideen verfolgte.

Abbildung 171 Das Interstellare Medium.

Jeder Stern, dessen Spektraltyp und Leuchtkraft bekannt ist, kann in dieses Diagramm eingezeichnet
werden. Eine besondere Bedeutung bekommt dieses Diagramm, wenn man Sterne einer speziellen
Gruppe, wie eines Sternhaufens, einträgt. Dabei sind die Punkte nicht statistisch verteilt. Die meisten
Punkte liegen auf einem Band, das diagonal von der oberen linken Ecke zur unteren rechten Ecke
verläuft, der so genannten Hauptreihe.

Die Hauptreihe ist ein schmales Band in der Sternverteilung im Hertzsprung - Russel - Diagramm (s.
Abb. 172), in dem die Leuchtkraft gegen die Temperatur aufgetragen wird, wobei die Temperatur nach
rechts hin abnimmt. Die meisten Sterne befinden sich auf dieser Hauptreihe, weil ihre Leuchtkraft und
ihre Temperatur im Wesentlichen durch die Masse der Sterne festgelegt wird. Abweichungen können
durch chemische Zusammensetzungen entstehen.

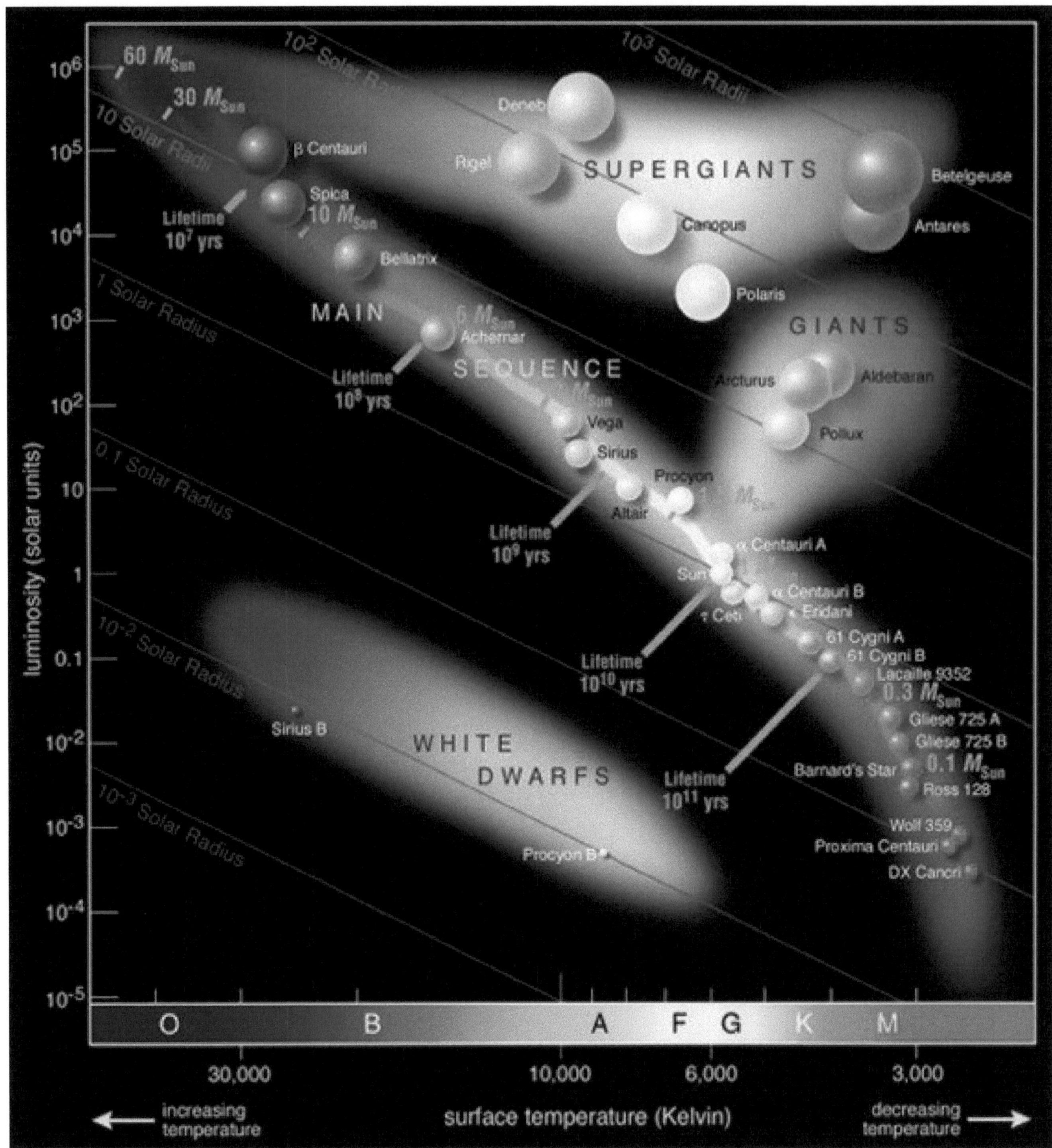

Abbildung 172 Das Herzsprung - Russel - Diagramm (HRD) verdeutlicht, wie viele Sterne eines Entwicklungsstadiums vorhanden sind. In Verbindung mit dem Wissen, wie die Entwicklungsgeschwindigkeit von der Sternenmasse abhängt, ergibt dies einen wichtigen Schlüssel für das Alter des Sternenhaufens. In dem man statt der absoluten Leuchtkraft die scheinbare Helligkeit auf der senkrechten Achse aufträgt, kann man die Entfernung des Sternhaufens bestimmen. Hertzsprung - Russel-Diagramme dienen auch der Darstellung von Farb- und Leuchtkraftänderungen, die im Verlauf der Entwicklung eines einzelnen Sterns vor und nach der Hauptreihe stattfinden. Das Ergebnis ist der Entwicklungspfad.

Der Spektraltyp teilt die Sterne nach ihren spektralen Eigenheiten ein und basiert auf den Zusammenhang zwischen der Oberflächentemperatur und der Leuchtkraft der Sterne. Zusätzliche Informationen über den Zustand der Sterne liefern Merkmale im Spektrum, wie etwa Emissions- oder starke Metallinien.

Die Klassifikation erfolgt in alphabetischer Reihenfolge: O, B, A, F, G, K, M. Diese einzelnen Hauptklassen können mit den Ziffern 0 bis 9 weiter unterteilt werden (z. B. K5 usw.). Verschiedenen voran- und nachgestellten Abkürzungen geben Auskunft überweitere Eigenarten (z.B. d = Zwergstern der Hauptreihe, vom engl. darf abgeleitet). Die Leuchtkraftklassen werden mit römischen Ziffern versehen (z.B. Ib = weniger leuchtkräftiger Überriese).

Am Nachthimmel sieht man die Sterne nur als verschieden helle Punkte. Ihre Helligkeit wird in Einheiten der scheinbaren Sternengröße m (m = magnitudo) angegeben. Um die Leuchtkraft der Sterne objektiv beurteilen zu können, rechnet man die scheinbare Größe in die absolute Sterngröße M, wie sie die Sterne in einer Einheitsentfernung von 10 Parsec (= 32,6 Lichtjahre) hätten. Zur Berechnung muss aber die genaue Entfernung des Sterns bekannt sein.

Die Entfernung eines Sterns bestimmt man durch eine trigonometrische Methode mit Hilfe des Winkels, unter dem der Erdbahnradius vom Stern aus erscheinen würde. Diesen Winkel nennt man Parallaxe. Sind Sterne mehr als 300 Lichtjahre entfernt, so kann diese Methode nicht mehr verwendet werden, da der parallaktische Winkel unmessbar klein wird. In solchen Fällen verwendet man die absolute Sternengröße M, falls sie sich unabhängig von der Sternentfernung bestimmen lässt, und kann dann aus der Differenz M - m die Entfernung ableiten. Den Wert M kann man z.B. aus dem Temperatur-Leuchtkraft- Diagramm ablesen, in das der Stern nach seiner Spektralklasse eingeordnet wurde.

17.2 Doppel- und Mehrfachsterne

Die einfachsten Sternsysteme, die sich um einen gemeinsamen Schwerpunkt bewegen, sind die
Doppelsterne (s. Abb. 173) und die Mehrfachsterne. Mehr als die Hälfte der Sterne sind Teile von
Doppel- oder Mehrfachsternsystemen. 1803 wurden diese Systeme erstmals von dem britischen
Astronomen William Herschel als solche erkannt.

Kann man durch ein Teleskop alle Bestandteile eines Doppelsterns erkennen, so bezeichnet man ihn
als visuellen Doppelstern. Liegen die Bestandteile eines Doppelsterns aber zu nahe zusammen und
sie lassen sich erst im Spektrum unterscheiden, so spricht man von einem spektroskopischen Doppelstern. Doppelsterne bei denen sich die Bestandteile zeitweise während ihres Umlaufs überdecken,
nennt man bedeckungsveränderliche Doppelsterne. Diese Überdeckung ist mit regelmäßigen
Helligkeitsschwankungen verbunden. Durch die Beobachtung von Doppelsternen und Mehrfach-
sternen lassen sich die Masse, die Größe und Einzelheiten ihrer Komponenten ableiten. Die Bestandteile dieser Sterne können verschiedene Farbkontraste haben.

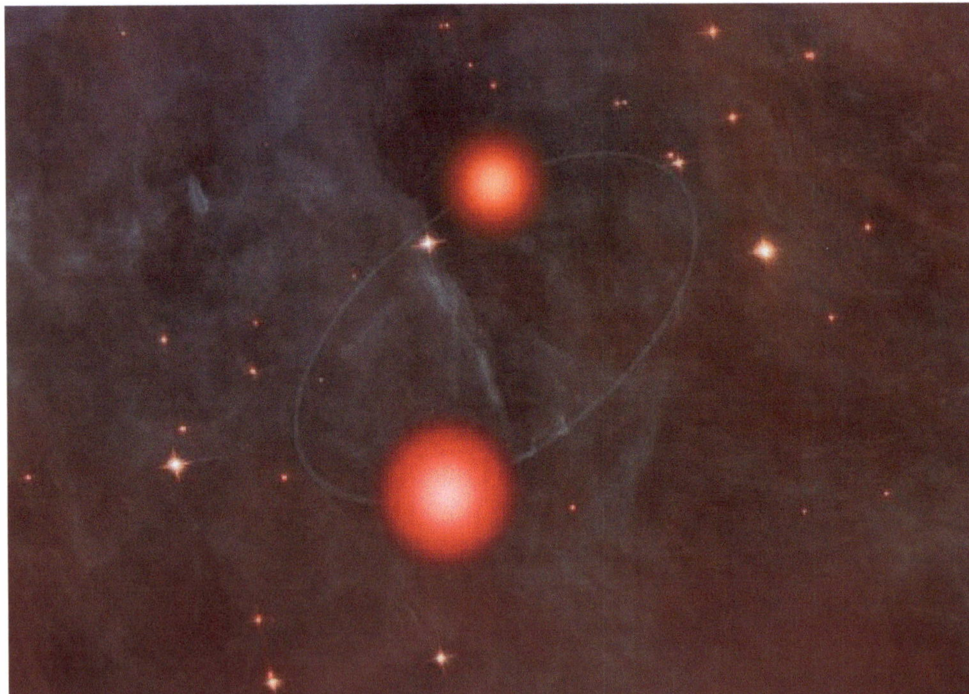

Abbildung 173 Beispiel für Doppelsternsystem indem sich beide Sterne umkreisen.

17.3 Veränderliche Sterne

Bei Veränderlichen Sternen (s. Abb. 174) ändert sich aus physikalischen Gründen regelmäßig oder unregelmäßig ihre Helligkeit. Dies hängt damit zusammen, dass die Wasserstoff-Fusion im Kern des Sterns aufgrund des aufgebrauchten Brennstoffs erlischt. Dabei kommt es zu Umstrukturierungen, in deren Verlauf er auf die veränderte Situation reagiert. Der träge Kern des Sterns zieht sich zusammen und setzt dabei Gravitationsenergie frei, die die umhüllende Wasserstoffschale soweit aufheizt, dass die Fusion des Wasserstoffs erneut einsetzt. Sie spielt sich aber diesmal nur in der Kugelschale des Sternenkerns ab. Die dabei entfachte Energie lässt die äußeren Sternenschichten anwachsen. Die Gasschichten dehnen sich aus, kühlen ab, und der Stern wird zum Roten Riesen. Das Wechselspiel von sich ausdehnender Größe und sinkender Temperatur sorgt für eine konstante Leuchtkraft. Inzwischen zieht sich der Kern aus Helium weiter zusammen und erreicht eine Temperatur von annähernd 100 Millionen Grad. Daraufhin setzt die Verschmelzung von Helium in Kohlenstoff und Sauerstoff ein und die Phase des Heliumbrennens ist erreicht. Das Helium sammelt sich im Kern und je nach Masse des Sterns bewirkt die auf die Erschöpfung der Energiereserven zurückzuführende Kernzusammenziehung ein erneutes Zünden der Brennstoffasche. Das führt zum Eisenanreichern im Sternenzentrum, während der Kern von Schalen umgeben ist, in denen gleichzeitig Silizium, Sauerstoff, Kohlenstoff, Helium und ganz außen Wasserstoff verbrennt. Bildet sich im Innern eines Sterns dabei ein Eisenkern von mindestens einer Sonnenmasse, so kann eine völlig neue Reaktionskette einsetzen. Dabei kann der Eisenkern so weit in sich zusammenfallen, dass es zu einer Implusion und damit zum Ausbruch einer Supernova kommt.

Abbildung 174 Veränderliche Sterne

Supernovae (s. Abb. 175) werden in zwei Gruppen unterteilt. Supernovae des Typs I bestehen aus weißen Zwergen in Doppelsystemen, bei denen ein Masseaustausch mit dem Begleiter stattfindet. Supernovae des Typ II sind Sterne mit 8 Sonnenmassen, die den Lebensweg der stellaren Entwicklung abgeschlossen haben und deren nuklearer Brennstoff im Kern völlig aufgebraucht ist. Ihre innere Struktur gleicht in diesem Stadium einer Zwiebel. In den zahlreichen Schalen, aus denen der Stern inzwischen aufgebaut ist, laufen noch verschiedene nukleare Reaktionen ab. Supernovae hinterlassen eine sich ausdehnende Masse, die als helle Gaswolke oder Nebel zu sehen ist. Manchmal entsteht im Zentrum der Überreste auch ein Pulsar. Übrig bleibt vom Stern lediglich der extrem verdichtete Kern. Aus diesem bildet sich ein Neutronenstern.

Abbildung 175
Supernovaexplosion

Pulsare sind rotierende Neutronensterne und stellare Radioquelle, die Radioimpulse mit hoher Frequenz und großer Regelmäßigkeit aussenden. Eine plötzliche Änderung in der Rotationsperiode eines Pulsars nennt man Glitch. Man nimmt an, dass diese durch Sternenbeben verursacht werden. Mit zunehmenden Alter des Pulsars verliert er Rotationsenergie und die Rotationsfrequenz nimmt ab. Pulsare (s. Abb. 176) können auch Impulse im Optischen- oder Röntgenbereich aussenden.

Abbildung 176 Pulsar

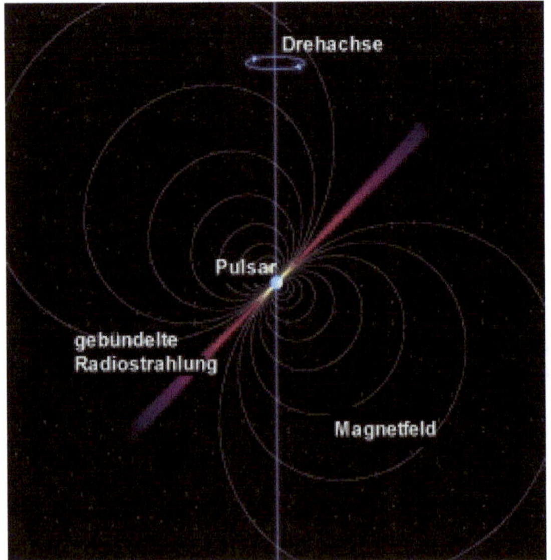

Eine weiter Gruppe von veränderlichen Sternen sind die Bedeckungsveränderlichen (s. Abb. 177), die ihre Helligkeit nicht aus einem inneren, sondern aus einem äußeren Grund ändern. Diese Gruppe besteht aus Doppelsternen, die aus einem hellen und einem relativ schwach leuchtenden Stern besteht. Diese umkreisen sich gegenseitig in einer Ebene, in der auch die Sichtlinie der Erde liegt. Wenn der dunklere Stern den helleren verdeckt, verringert sich die scheinbare Helligkeit sehr stark. Eine ähnliche, aber weniger stark ausgeprägte Verfinsterung ereignet sich, wenn der hellere Stern den schwächeren verdeckt. Diese Bedeckungsveränderlichen sind bei der Berechnung von Sternen-massen Interessant und werden deshalb beobachtet.

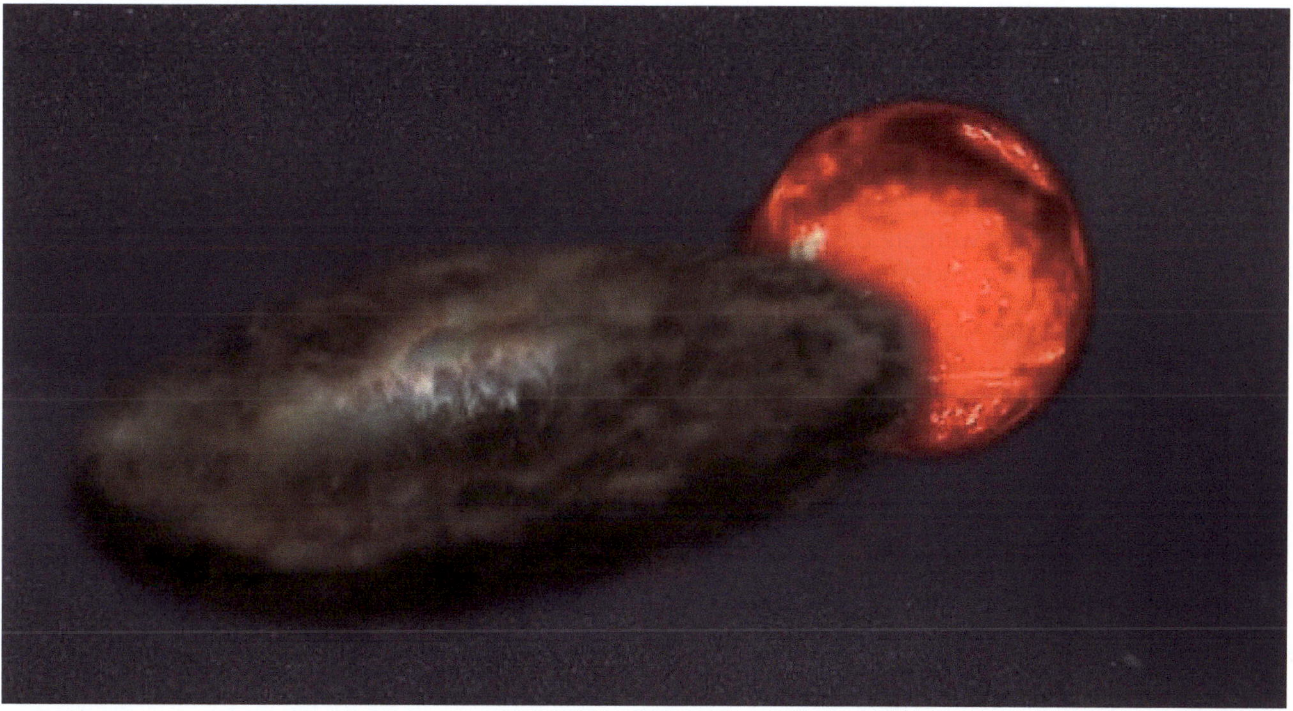

Abbildung 177 Bedeckungsveränderliche Doppelsterne.

17.4 Schwarzes Loch und Quasar

Ein Schwarzes Loch (s. Abb. 178) ist ein Raumgebiet, in dem die Gravitationskraft so groß ist, dass nicht einmal Licht daraus entkommt. Sie bilden sich bei dem schnellen Zusammenstürzen von Materie und dieser Betrag einer kritischen Masse konzentriert sich dann in einem kleinen Gebiet.

Stellare Schwarzen Löcher bilden sich beim Explodieren von massereichen Sternen, bei denen der Reststern mehr als drei Sonnenmassen behält.

Wissenschaftler vermuten, dass sich kleine Schwarze Löcher aus den starke Dichtefluktuationen gebildet haben. Der Einfall von Materie auf super-massereiche Schwarze Löcher ist als Erklärung für die extrem hohe Energieproduktion in gewissen aktiven galaktischen Kernen und Quasaren vorgeschlagen worden.

Aktive galaktische Kerne sind Zentralbereiche aktiver Galaxien, in denen extrem hohe Energiebeträge von einer Quelle erzeugt werden, die nicht mit dem normalen Energieausstoß einzelner erklärt werden kann. Dabei ist die Energiequelle im Kern konzentriert.

Abbildung 178 Das Schwarze Loch hat eine so starke Gravitation, dass kein Licht aus ihm entkommen kann. Dies führt zu einer untypischen Verzerrung In der Nähe des Schwarzen Lochs kann man den ganzen Himmelsehen, d.h. das Licht aus jeder Richtung krümmt sich um einem herum und kommt dann zu ihm zurück.

Quasare (s. Abb. 179) sind sternenförmige extragalaktische Objekte mit einer hohen Leuchtkraft und einer großen Rotverschiebung. Unter Rotverschiebung versteht man die Zunahme der Länge einer elektro-magnetischen Welle. Sie wird entweder durch das Fortbewegen der Strahlungsquelle vom Beobachter oder durch die Anwesenheit eines Gravitationsfeldes verursacht. Quasar ist die Abkürzung für den Begriff quasistellare Radioquelle. Wissenschaftler glauben, dass Quasare die leuchtkräftigsten Vertreter der aktiven galaktischen Kerne sind.

Die meisten Quasare besitzen ein Spektrum mit Emissionslinien und die Rotverschiebung liegt zwischen 0,5 und 4,0. Quasare sind selbst bei einer Entfernung von 10 Milliarden Kilometer noch sichtbar. Sie müssen deshalb sehr leuchtkräftig sein. Ihre Leuchtkraft übersteigt das einer Galaxis um das Zehntausendfache. Durch die Analyse der Emissionslinien schließt man, dass die Energie nicht thermisch erzeugt wird, sondern durch den Einfall von Materie auf ein massereiches Schwarzes Loch. Mit der Very Long Baseline - Interferometrie wurde herausgefunden, dass die zentrale Energiequelle nicht weiter ausgedehnt sein kann als unser Sonnensystem. Die Very Long Baseline - Interferometrie ist eine Technik in der Radioastronomie, die extrem genaue Positionen von Radioquellen liefert.

Schwarze Löcher können nicht direkt beobachtet werden. Sie können nur durch ihren Gravitationseffekt und durch Strahlung, die von einfallender Materie erzeugt wird, nachgewiesen werden.

Abbildung 179 Quasare sind die hellsten Objekte im Universum. Sie sind sogar so hell dass sie sogar auf der anderen Seite des Universums noch erkennbar sind.

17.5 Sternenhaufen

Gemeinsam entstandene und entwickelte Sternsysteme, die durch die Schwerkraft aneinander-
gebunden sind, nennt man Sternhaufen (s. Abb. 180).

Abbildung 180 Sternenhaufen M13.

Offene Sternhaufen enthalten bis zu Tausende von Sternen und ihr Durchmesser ist zwischen 5 und
50 Lichtjahren. Offene Sternhaufen sind verhältnismäßig jung und enthalten viele heiße und
leuchtkräftige Sterne, die weit voneinander entfernt sind. Sie befinden sich in der Ebene der Galaxis
und erscheinen deshalb im Band der Milchstraße, unserer Heimatgalaxis. Bekannteste Beispiele für
einen offenen Sternhaufen sind die Plejaden (s. Abb. 181), die Hyaden und das Schmuckkästchen
(s. Abb. 182).

Abbildung 181 Der Plejaden-Sternhaufen ist einer der
hellsten am nördlichen Sternenhimmel. Er besteht aus vielen
hellen und heißen Sternen, die alle zur gleichen Zeit innerhalb
einer großen Wolke aus interstellaren Staub und Gas
entstanden sind. Der blaue Dunst der die Sterne des Haufens
umgibt, kommt vom sehr feinen Staub der noch übriggeblieben
ist und hauptsächlich das blaue Licht der
Sterne reflektiert.

Kugelsternhaufen enthalten bis zu Zehnmillionen Sternen. Ihre Form ist kugelförmig und am Rand stehen die Sterne weniger dicht als in ihrem Zentrum. Der Durchmesser der Kugelsternhaufen liegt zwischen 50 und 300 Lichtjahren. Diese Kugelsternhaufen gehören zu dem so genannten galaktischen Halo und sind mit die ältesten Objekte der Galaxie. Sie bewegen sich in stark elliptischen Bahnen um das Zentrum der Galaxis. Die Kugelsternhaufen in unserer Galaxis enthalten Elemente, die schwerer als Helium sind mit nur geringer Häufigkeit. Dies ist ein Hinweis darauf, dass sie sich aus dem ursprünglichen Material der Galaxis gebildet haben, bevor die Zusammensetzung des interstellaren Mediums mit Elementen angereichert wurde, die nur im Innern der Sterne entstehen konnten.

Abbildung 182 Das 'Schmuckkästchen' ist ein offener Sternhaufen junger heller Sterne, die mitbloßem Auge neben Mimosa, dem zweithellsten Stern im Kreuz des Südens, zu erkennen ist. Der helle orangefarbene Stern ist Kappa Crucis, ein sehr großer und auch sehr leuchtkräftiger, noch junger Stern in der Roten-Riesen-Phase, die anzeigt, dass seine Lebenszeit zu Ende geht. Das 'Schmuckkästchen' ist 7.800 Lichtjahre entfernt.

17.6 Nebel

Im interstellaren Raum befindliche Gebilde aus Staub oder Gas, vor allem Wasserstoff, nennt man
Nebel (s. Abb. 183). Befinden sich diese Nebel in der Nähe von heißen Sternen, die ultraviolettes
Licht aussenden, so werden diese Nebel ionisiert und sind als intensiv leuchtende Emissionsnebel,
besonders im roten Teil des Spektrums, zu sehen.

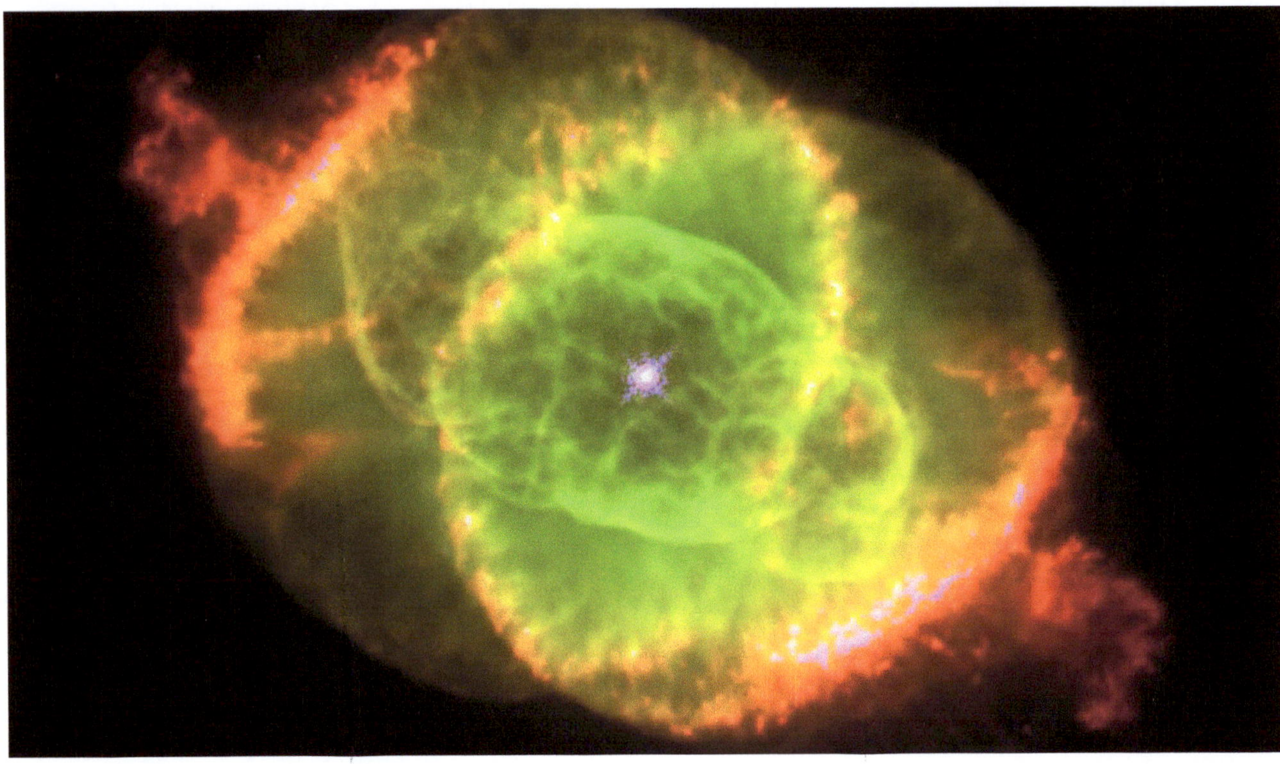

Abbildung 183 Aufnahme vom Weltraumteleskop Hubble des Nebels 'Katzenauge'. Dieser 3.000 Lichtjahre von der Erde
entfernte Nebel entstand durch einen sterbenden Stern, der glühendes Gas in den Weltraum schleudert und zu den
planetarischen Nebelwolken zählt.

Besteht ein Nebel aus Staubteilchen, die auch das Licht naher, weniger heißer Sterne streuen, so
spricht man von einem Reflexionsnebel. In diesem Nebel herrscht die blaue Spektrumfarbe vor.

Die meisten Nebel enthalten Gas und Staubteilchen (s. Abb. 183) und so findet man sehr oft
Emissionsnebel (s. Abb. 184) und Reflexionsnebel zusammen.

Befinden sich Nebel mit interstellarer Materie weit von Sternen entfernt, so leuchten sie nicht. Nebel
mit Staubteilchen nehmen das Licht von weit entfernten Sternen auf und bilden Dunkelnebel, die sich
deutlich gegen den Hintergrund von Sternenfelder abheben.

Stößt ein Stern am Ende seiner Entwicklung die äußere Schicht seiner Atmosphäre ab, so bildet sich
aus dieser eine Gasschale, aus der schließlich ein Planetarischer Nebel entsteht, dessen Bestandteile
sich im Weltraum im Laufe der Zeit immer mehr verflüchtigen. Der Name stammt von William
Herschel, der in ihrer runden Form Ähnlichkeit mit dem Bild einer Planetenscheibe sah. Tatsächlich
gibt es jedoch keinen Zusammenhang zwischen Planetarischen Nebel und Planeten. Diese
planetarischen Nebel können ring-, scheiben oder hantelförmige Formen aufweisen. Der Zentralstern
dieser Nebel ist sehr heiß und sendet meist eine intensive ultraviolette Strahlung aus, die ein leuchten
des Nebelgases verursacht.

Abbildung 183 Aufnahme durch das 4-Meter-Mayall-Teleskop des Kitt Peak vom Adler-Nebel im Sternbild Schlange. Er ist ein unregelmäßiger Gasnebel mit vielen Schockfronten, die sich zwischen Gaswolken mit unterschiedlichen Ionisationszuständen als helle Begrenzung ausbilden. Die dunklen Flächen wegen dichtem Gas und Staub undurchsichtig.

Abbildung 184 Abbildung eines Emissionsnebels in M16, dass ein typisches Sternentstehungsgebiet ist. Es ist ein junger Sternhaufen zu sehen, der sich vor etwa zwei Millionen Jahren gebildet hat, in dem sich sehr heiße und massereiche Sterne befinden. Die dunklen Flecken im Nebel sind wahrscheinlich Kondensationen aus Staub und Gas, aus denen einmal Sterne entstehen könnten. Die hellen roten Gebiete bestehen aus photoionisiertem Wasserstoff.

17.7 Galaxien

Eine Galaxie besteht aus einer riesigen Ansammlung von einigen hundert Millionen bis einigen
Milliarden Sternen, die sich gegenseitig durch ihre Schwerkraft beeinflussen und die sich um ein
gemeinsames Zentrum drehen. Außer Sternen und Planeten enthalten Galaxien noch Sternhaufen,
atomaren Wasserstoff, molekularen Wasserstoff, komplexe Moleküle, die unter anderem aus
Wasserstoff, Stickstoff, Kohlenstoff und Silizium bestehen, und kosmische Strahlen.

Mit bloßem Auge können die drei Galaxien Andromeda (s. Abb. 185), die Kleine und die Große
Magellanische Wolke (s. Abb. 186) gesehen werden.

Die bekannteste Galaxie ist die Milchstraße (s. Abb. 187), in der sich unsere Erde befindet. Sie ist eine
flache, in
der Mitte verdickte Scheibe mit einem Durchmesser von 90.000 Lichtjahren und gleicht einer
Sterneninsel. Die Scheibe besitzt eine Spiralstruktur und in der Nähe ihrer Zentralebene befinden sich
Nebel aus Staub und Gas. Unser Sonnensystem befindet sich 30.000 Lichtjahre vom Zentrum
entfernt.

Abbildung 185 Aufnahme der Andromeda - Galaxis, die zu uns die nähest gelegene Hauptgalaxis ist. Unsere Galaxis, die
Milchstraße sieht von außen betrachtet dieser Galaxis ähnlich. Die Andromeda- Galaxis, die auch M31 genannt wird, ist über
2 Millionen Lichtjahre entfernt.

Abbildung 186 Die Große Magellanische Wolke befindet sich relativ Nähe der Milchstraße. Sie befindet sich im Sternbild Schwertfisch und ist von der südlichen Hemisphäre der Erde aus mit bloßem Auge zu erkennen. Sie wurde in Europa 1521 durch den portugiesischen Seefahrer Fernao de Magalhäes bekannt und nach ihm benannt. Sie ist ca. 154.000 Lichtjahre von uns entfernt.

Abbildung 187 Der Satellit COBE machte diese Aufnahme vom Zentrum unserer Milchstraße. Unsere Galaxis ist eine typische Spiralgalaxis mit einer Zentrumverdickung und einer diskusförmigen Scheibe aus Sternen.

Das System der Milchstraße wird von einer riesigen Kugel umgeben, dem so genannten Halo (griechisch Halo = Kreis), dessen Durchmesser 100.000 Lichtjahre beträgt. Dieses Halo enthält Sternenhaufen und interstellares Gas und besitzt eine sehr geringe Dichte. Auf dieses Halo folgt die Korona, die einen Durchmesser von 400.000 Lichtjahre und eine äußerst geringe Dichte hat. Die Zusammensetzung dieser Korona ist noch unbekannt und macht sich nur durch ihre Gravitationseinwirkung auf die Rotation der Galaxis bemerkbar.

Die Galaxien sind die Bausteine des Universums und haben verschieden Masse und Strukturen. Man kann nach ihrer Form elliptische- oder kugelförmige, Spiral- und Balkenspiralgalaxien unterscheiden.

Die elliptischen Galaxien haben eine ellipsoide Form mit einem scharfen Rand und enthalten vor allem alte Sterne, wenig sichtbares Gas oder Staub und nur wenige junge Sterne. Sie kommen in allen Größen vor.

Spiralgalaxien sind abgeflachte Scheiben, die neben einigen alten Sternen auch große Mengen junger Sterne sowie viel Gas, Staub und Molekülwolken enthalten, aus denen Sterne entstehen. Oft sind die Gebiete mit den hellen jungen Sternen und Gaswolken in Form von langen Spiralarmen angeordnet, die sich um die Galaxie herumwirbeln. Gewöhnlich umgibt ein Halo aus schwachen älteren Sternen die Scheibe. Die Spiralgalaxien werden nach der Entfaltung ihrer Spiralarme und der sich verkleinernden Kernausmaße eingeteilt. Befinden sich diese Spiralarme erst am Ende des Kerns, so spricht man von einer Balkenspiralgalaxis.

Galaxien mit einer unregelmäßigen Form werden irreguläre Galaxien genannt. Sie haben ebenfalls eine große Menge an Gas, Staub und jungen Sternen, die aber nicht spiralförmig angeordnet sind. Sie befinden sich meistens in der Nähe größerer Galaxien. Ihre unregelmäßige Form ist wahrscheinlich auf die Schwerkrafteinwirkungen der großen Galaxie zurückzuführen.

Eine Galaxis mit ungewöhnlich hohen Radioemissionen, nennt man Radiogalaxis. Die Radioemission ist eine Synchrotronstrahlung von Elektronen, die sich mit annähernd Lichtgeschwindigkeit bewegen. Radiogalaxien sind mit den Quasaren verwandt, die auch ähnliche Radioeigenschaften aufweisen.

Die Galaxien schließen sich zu Systemen zusammen, die aus unterschiedlich vielen Einzelgalaxien bestehen. Diese Systeme können aus einigen Galaxien bis zu Tausende von Galaxien zusammensetzten. Die Milchstraße gehört zur lokalen Gruppe und besteht aus 25 Einzelgalaxien.

Diese Galaxiengruppen sind im Universum nicht gleichmäßig verteilt. Sie sind mit zehntausenden von Galaxien in langen, bandartigen Reihen angeordnet und von riesigen Leerräumen umgeben.

In dem sich immer weiter ausdehnenden Universum entfernen sich die Galaxien immer weiter voneinander, und zwar umso schneller, je weiter sie auseinander entfernt sind. Diese Erkenntnis wird bei der Entfernungsbestimmung von Galaxien verwendet.

Die entferntesten Galaxien sind die schwachen blauen Objekte am Rand des beobachteten Universums. Bilder von diesen Objekten erhält man, wenn man ein Teleskop auf offensichtlich leere Regionen im Weltraum richtet und mit einem festen Ladungsdetektor das sehr schwache Licht sammelt und dann die Bilder mit dem Computer bearbeitet.

17.8 Universum

Bis 1929 glaubte man an die Unveränderlichkeit des Universums bis der amerikanische Astrophysiker Edwin Hubble, nach ihm wurde das Hubble Weltraumteleskop benannt, die unablässige Expansion des Universums nachweisen konnte (s. Abb.188). Er hatte mit einem Spektrosgraphen das Licht ferner Galaxien in deren Bestanteile zerlegt und stellte dabei fest, dass sich die Spektrallinien im Spektrum nach rot hin verschieben. Diese Rotverschiebung ist aber ein Maß für die Geschwindigkeit, mit der sich die Galaxis vom Beobachterweg bewegt. Je größer diese Fluchtgeschwindigkeit ist, umso größer ist die Entfernung der Galaxis. Das Verhältnis von Fluchtgeschwindigkeit zur Entfernung bleibt dabei annähernd konstant und man nennt diesen Quotientenwert Hubble- Konstante. Mit diesem Wert ist die Entfernung jeder beliebigen Galaxis berechenbar. Da sich aber das Universum von einem Punkt aus ausgedehnt hat, kann mit dem Kehrwert der Hubble-Konstante auf das Entstehungsalter des Universums geschlossen werden.

Abbildung 188 Das Bild zeigt eine kleine Himmelsregion südwestlich vom Orion im Sternbildbild Chemischer Ofen, die ein halbes Jahr lang vom Hubbleteleskop aufgenommen wurde. Diese Region wurde deshalb ausgewählt, da sie fast keine störenden hellen Sterne im Vordergrund besitzt.